JN231663

組合せ論
パーフェクト・マスター

めざせ, 数学オリンピック

鈴木晋一

編著

日本評論社

International Mathematical Olympiad

まえがき

　数学オリンピックでは，初期の段階から，初等幾何・初等整数・代数と解析・組合せ論の 4 大分野からの出題が中心で，現在も初等幾何を G，初等整数を N，代数と解析を A，組合せ論を C という表現で続いています．G, N, A の分野についてパーフェクト・マスターのシリーズにおいて過去問を集めて分類し解答を付けました．本書は，これらの既刊書に倣って，組合せ論 (Combinatorics) の過去問を分類し解答を付け，解説したものです．

　組合せ論の問題は雑多で，定番の解決法がないといえます．順列・組合せの基本事項の他には特別の知識も必要ではなく，問題ごとに持ち合わせの知識と数学的センスを総動員して解答を導くことになります．問題文も長く，解答も長くなるのが最大の特徴と言えると思います．ただし，日本代表選手の組合せ論に関する成績はかなり優秀で，これまで大きな得点源になっています．

　近年この分野の問題はあまりにも多くて，選ぶのに苦労しましたが，日本の問題を中心にしました．一応，初級・中級・上級と分けてみましたが，この分類はあくまで編著者の主観によるもので，厳密な基準はありません．問題を易しいと感ずるか難しいと感ずるかは受験者の感性に負うところが大きいのも組合せ論の問題の特徴と言えると思います．

　この問題集が，数学オリンピックへの挑戦の足がかりになることを念じつつ．

　問題の収集には，数学オリンピック財団の資料を最大限に活用しました．

　本書の作成に当たっては，亀井英子氏がきれいな図版を作成され，また丁寧な校正を行ってくださいました．また出版に当たっては，亀書房の亀井哲治郎氏に終始お世話になりました．お二人には心からお礼申し上げます．

2018 年 12 月 10 日

鈴木晋一

目次

問題の出典の略記号

AIME	American Invitational Mathhematics Examination
AMC	American Mathematics Contest
APMO	Asia Pacific Mathematics Olympiad
AUSTRALIAN MO	Australian Mathematical Olympiad
AUSTRIAN MO	Austrian Mathematical Olympiad
BALKAN MO	Balkan Mathematical Olympiad
BIMC	International Mathematics Competition at Bulugaria
BRITISH MO	British Mathematical Olympiad
BULUGARIAN MO	Bulugarian Mathematical Olympiad
CHINA MO	China Mathematical Olympiad
CHINA MC	China Mathematical Competition
DUTCH MO	Dutch Mathematical Olympiad
HUNGARIAN MO	Hungary Mathematical Olympiad
IMO	International Mathematical Olympiad
IREMO	Ireland Mathematical Olympiad
JJMO	Japan Junior Mathematical Olympiad
JMO	Japan Mathematical Olympiad
KIMC	International Mathematical Competition at Korea
ROMANIAN MC	Romanian Mathematical Competition
ROMANIAN MO	Romanian Mathematical Olympiad
SMO	Singapore Mathematical Olympiad
TAIMC	International Mathematics Competition at Taiwan
USAMO	United States of America Mathematical Olympiad
VIETNAM MO	Vietnamese Mathematical Olympiad

　なお，TST は Team Selection Test の略で，その国（地域）の代表チームの選手を選抜するための試験および関連するトレーニング試験を示す．また Shortlist は提案問題（不採用）を示す．

第1章 集合と写像

　「集合」に関する基礎的な知識は国際数学オリンピックでは必須で，用語としても記号としても自由に使用され，さらに集合そのものが問題の対象にもなっている．そんなわけで，まず集合から始める．数学でいう集合は厳密には難しいのだが，

　(1)　**集合**とは，われわれの直観または思考の対象で，確定していて，互いに明確に区別されるものを1つの全体としてまとめたものである（G. Cantor, 1845–1918）……という素朴集合論の立場で取り扱う．

　集合に属する対象を，その集合の**元**または**要素**という．

$$a \in A \Longleftrightarrow a \text{ は集合 } A \text{ の元である（} a \text{ は } A \text{ に属する）.}$$

$$a \notin A \Longleftrightarrow a \text{ は集合 } A \text{ の元ではない（} a \text{ は } A \text{ に属さない）.}$$

　元をもたないものも集合の仲間に入れ，**空集合**といい，$\emptyset$ で表す．

●集合の表し方
（ i ）　元を書き並べて表す．　　例　$\{1, 2, 3, 4, 5\}$

（ii）　元の性質を述べて表す．　　例　$\{x \mid 1 \leq x \leq 5, x \text{ は整数}\}$

　(2)　**普遍集合**　集合を扱う際には，対象の範囲を指定して考察する．この指定した範囲を**普遍集合**あるいは**全体集合**という．

　ほとんどの場合，普遍集合を明示していないが，その場合は自然に考えればよい．例えば，$\{x \mid 0 \leq x \leq 5\}$ については，普遍集合は実数全体の集合 $\mathbb{R}$ と考える．実際，問題を解く際に，行き詰まったら，今どこで考えているのか，つまり普遍集合を確認すると先が見えてくることがある．

(3) **部分集合** 集合 A は集合 B の**部分集合**であるとは，任意の $x \in A$ について，$x \in B$ が成り立つ場合をいい，$A \subset B$，または $B \supset A$ で表す．

集合 A と集合 B が等しい：$A = B \iff A \subset B$ かつ $A \supset B$.

(4) **共通部分，和集合，補集合** 普遍集合 $\mathcal{U}$ の部分集合 A, B について，

共通部分 $A \cap B = \{x \mid x \in A$ かつ $x \in B\} = \{x \mid x \in A,\ x \in B\}$

和集合 $A \cup B = \{x \mid x \in A$ または $x \in B\}$

補集合 $\bar{A} = \{x \mid x \notin A\}$

差集合 $A \backslash B = \{x \mid x \in A$ かつ $x \notin B\} = \{x \mid x \in A,\ x \notin B\}$

(5) **結合律，分配律** 普遍集合 $\mathcal{U}$ の部分集合 A, B, C について，

$$A \cap (B \cap C) = (A \cap B) \cap C = A \cap B \cap C$$
$$A \cup (B \cup C) = (A \cup B) \cup C = A \cup B \cup C$$
$$A \cup (B \cap C) = (A \cup B) \cap (A \cup C)$$
$$A \cap (B \cup C) = (A \cap B) \cup (A \cap C)$$

(6) **ド・モルガンの法則**

$$\overline{A \cup B} = \overline{A} \cap \overline{B}, \qquad \overline{A \cap B} = \overline{A} \cup \overline{B}$$

(7) **写像** A, B を2つの空でない集合とする．A の各元に対して，B の元を1つ対応させる規則 f を A から B への**写像**といい，

$$f \ : \ A \to B$$

で表す．元 $a \in A$ に対応する元 $b \in B$ を写像 f による a の**像**といい，$b = f(a)$ と表す．逆に，a を f による b の**原像**という．

(8) **単射・全射・全単射** 写像 $f : A \to B$ が**単射**であるとは，

$$a, a' \in A \text{ について，} \quad a \neq a' \text{ ならば } f(a) \neq f(a')$$

が成り立つ場合をいう．

写像 $f : A \to B$ が**全射**であるとは，

$$\text{任意の } b \in B \text{ に対して，} f(a) = b$$

となる $a \in A$ が存在する場合をいう.

単射でかつ全射でもある写像を**全単射**であるという.

(9) **合成写像**　2つの写像 $f : A \to B$, $g : B \to C$ について, 各元 $a \in A$ に対し, C の元 $g(f(a))$ を対応させる写像を f と g の**合成写像**といい, $g \circ f$ で表す.

(10) **制限写像**　写像 $f : A \to B$ と部分集合 $C \subset A$ について, $f|_C : C \to B$ を $c \in C$ に対し $f|_C(c) = f(c)$ と定め, f の C への制限写像という.

(11) **有限集合**　集合 A が**有限集合**であるとは, $A = \emptyset$ であるか, またはある正整数 n と全単射 $f : \{1, 2, \cdots, n\} \to A$ が存在する場合をいう. このとき, n を A の**元の個数**といい, $|A|$ で表す. なお, 空集合については, $|\emptyset| = 0$ である.

包除の原理　有限集合 $A_1, A_2, \cdots, A_n$ について, 次の等式が成立する:

$$|A_1 \cup A_2 \cup \cdots \cup A_n| = \sum_{i=1}^{n} |A_i| - \sum_{1 \le i < j \le n} |A_i \cap A_j|$$

$$+ \sum_{1 \le i < j < k \le n} |A_i \cap A_j \cap A_k| + \cdots$$

$$+ (-1)^{n-1} |A_1 \cap A_2 \cap \cdots \cap A_n|.$$

とくに,

$$|A_1 \cup A_2| = |A_1| + |A_2| - |A_1 \cap A_2|,$$

$$|A_1 \cup A_2 \cup A_3| = |A_1| + |A_2| + |A_3|$$
$$- |A_1 \cap A_2| - |A_2 \cap A_3| - |A_3 \cap A_1|$$
$$+ |A_1 \cap A_2 \cap A_3|.$$

例題 1 (AMC12/2001)　2001 以下の正の整数であって, 3 もしくは 4 の倍数であるが, 5 の倍数でないようなものはいくつあるか.

解答　2001 以下の正の整数のうち, 3 の倍数は $\lfloor 2001/3 \rfloor = 667$ 個, 4 の倍数は $\lfloor 2001/4 \rfloor = 500$ 個ある. 3 の倍数でありかつ 4 の倍数でもあるものは 12 の倍

数であり，12 の倍数は $\lfloor 2001/12 \rfloor = 166$ 個ある．よって，3 または 4 の倍数は全部で $667 + 500 - 166 = 1001$ 個ある．この中から，5 の倍数を取り除く．このような数は 15 もしくは 20 の倍数である．15 の倍数は $\lfloor 2001/15 \rfloor = 133$ 個，20 の倍数は $\lfloor 2001/20 \rfloor = 100$ 個ある．このうち 15 の倍数でありかつ 20 の倍数でもあるものは 60 の倍数であり，60 の倍数は $\lfloor 2001/60 \rfloor = 33$ 個ある．よって，5 の倍数であり，3 もしくは 4 の倍数であるものは $133 + 100 - 33 = 200$ 個である．

よって，求める整数の個数は，$1001 - 200 = \mathbf{801}$ である． ∎

鳩の巣原理（部屋割り論法，抽斗論法） n, m を正の整数とする．n 個の巣箱があり，$mn + 1$ 羽の鳩がいる．すべての鳩がこれらの巣箱に入ると，$m + 1$ 羽以上の鳩が入っている巣箱が必ず存在する．

例題 2（CHINA MO/2005） 黒板に生徒達が，$\{0, 1, 2, 3, 4\}$ の元を用いて，17 個の非負整数を書いた．この 17 個の整数から次の条件をみたすように，5 個を選び出すことができることを示せ．

条件：それら 5 個の和は，5 で割り切れる．

解答 1 桁目の数字によって，17 個の非負整数を 5 つの類に分ける：C_0，C_1，C_2，C_3，C_4 とする．

すべての類が空集合ではないとき，各類から 1 つずつ任意に選んだ 5 個は条件をみたす．

少なくとも 1 つの類が空集合であるとき，鳩の巣原理より，少なくとも $\lfloor 16/4 \rfloor + 1 = 5$ 個の元を含む類が存在する．この類から任意に選んだ 5 個は，1 桁目の数字が同じだから，その和は 5 で割り切れる． ∎

天井記号・床記号 実数 x に対して，$\lceil x \rceil$ は x 以上の最小の整数，$\lfloor x \rfloor$ は x 以下の最大の整数を表す．$\lceil\ \rceil$ を天井記号，$\lfloor\ \rfloor$ を床記号という．日本では床記号の代わりにガウス記号 $[x]$ がよく使われるが，数式の中の括弧として (x)，$\{x\}$，$[x]$ の順に使われることが多いので，ガウス記号 $[\ \ ]$ はなるべく使用しない．

第 1 章 練習問題 (初級)

1. (CHINA MC/2004)　n を 2 以上の整数とする．長さ 1 の線分 AB 上に $n+1$ 個の点を任意に選ぶとき，その間の距離が $1/n$ 以下となるような 2 点が存在することを示せ．

2. (ROMANIAN MO/2015/Grade 5(3))　正の整数全体を，次のように部分集合に分割する：

$$\{1,2\}, \quad \{3,4,5\}, \quad \{6,7,8,9\}, \quad \{10,11,12,13,14\}, \quad \cdots$$

(a)　第 100 番目の部分集合の中の最小の要素を求めよ．

(b)　2015 はこのようなある部分集合の中の最大の要素であるか．

3. (AMC/2017/12A(21))　集合 S は次のようにして構成される．

当初は $S = \{0,10\}$ であった．

x がある正整数 n について，n 次方程式

$$a_n x^n + a_{n-1} x^{n-1} + \cdots + a_1 x + a_0 = 0 \quad (a_0, a_1, \cdots, a_{n-1}, a_n \in S)$$

の整数解になるとき，解 x を S の元として加える．

これ以上 S に追加する元がなくなったときの S を求めよ．

4. (DUTCH MO/2014/TST)　A, B を正の整数の有限集合とする．A の任意の相異なる 2 つの元の和は B の元である．また，B の最大元は残りの元で割り切れ，その商は A の元である．このとき，$A \cup B$ の元の個数の最大値を求めよ．

5. (AUSTRALIA MC/2006)　2006 以下の正の整数から 15 個の合成数を選んだとき，その中に互いに素ではない 2 つの数が存在することを証明せよ．

第 1 章 練習問題 (中級)

1. (CHINA Girls' MO/2010/1)　n を整数で，$n > 2$ とする．$A_1, A_2, \cdots, A_{2n}$ を，$\{1, 2, \cdots, n\}$ の空でない部分集合で，$A_i \neq A_j \, (1 \leq i < j \leq 2n)$ をみたすとする．次の最大値を求めよ：

$$\sum_{i=1}^{2n} \frac{|A_i \cap A_{i+1}|}{|A_i| \cdot |A_{i+1}|}.$$

ここで, $A_{2n+1} = A_1$ とする. 集合 X について, $|X|$ で X の元の個数を表す.

2. (JMO/2017/予選11)　あるクラスには30人の生徒がいて, 出席番号 $1, 2, \cdots,$ 30 が割り当てられている. このクラスでいくつかの問題からなるテストを実施した. 先生が採点をしたところ, $\{1, 2, \cdots, 30\}$ の部分集合 S に対する次の2つの命題が同値であることに気がついた.

1. どの問題についても, ある S の元 k があって, 出席番号 k の生徒が正答している.

2. S は1以上30以下の2の倍数をすべて含む, または, 1以上30以下の3の倍数をすべて含む, または, 1以上30以下の5の倍数をすべて含む.

このとき, テストに出題された問題の数としてありうる最小の値を求めよ.

3. (CHINA MO/2011/4)　n を正整数とし, $S = \{1, 2, \cdots, n\}$ とする. 実数の空でない有限集合 A, B について,

$$|A \triangle S| + |B \triangle S| + |C \triangle S|$$

の最小値を求めよ.

ただし, $C = \{a + b \mid a \in A, b \in B\}$, $X \triangle Y = \{x \mid x \in X \cup Y, x \notin X \cap Y\}$ であり, $|X|$ は集合 X の元の個数を表す.

4. (ROMANIAN MC/2003/Grade7)　集合 $U = \{1, 2, 3, \cdots, 10\}$ の部分集合 B, C で, 次の3条件をみたすものをすべて決定せよ:

(1)　$B \cup C = U$,

(2)　$B \cap C = \emptyset$,

(3)　B の要素の和は, C の要素の積と等しい.

5. (ROMANIAN MO/2008/TST)　n を2以上の整数とし, m を $2^{n-1} + 1$ 以上の整数とする. $A_1, A_2, \cdots, A_m$ を相異なる $\{1, 2, \cdots, n\}$ の空でない部分集合とする. このとき, $A_i \cup A_j = A_k$ をみたす相異なる整数 i, j, k が存在することを示せ.

第1章 練習問題（上級）

1. (IMO/2001/3)　21人の女子と21人の男子が数学のコンテストに参加した. その結果は以下のようになった.

- どの参加者も6題の問題を解いた.
- どの女子1人と男子1人の組についても, その女子と男子の両方が解いた問題が少なくとも1題あった.

このとき, 3人以上の女子と3人以上の男子が解いた問題が, 少なくとも1題は存在することを示せ.

2. (CHINA MO/2011/3)　$A_1, A_2, \cdots, A_n$ を実数の有限集合 A の空でない部分集合とし, 以下の条件をみたすとする:

(1)　A の元の総和は0である.

(2)　$A_1, A_2, \cdots, A_n$ の各々から1つの元を任意に取り出すと, それらの総和は正である.

このとき, 集合 $A_{i_1}, A_{i_2}, \cdots, A_{i_k}, 1 \leq i_1 < i_2 < \cdots < i_k \leq n$ が存在して,

$$|A_{i_1} \cup A_{i_2} \cup \cdots \cup A_{i_k}| < \frac{k}{n}|A|$$

をみたすことを証明せよ.

ただし, 有限集合 X について, $|X|$ は X の元の個数を表す.

3. (APMO/2014/2)　集合 S を $S = \{1, 2, \cdots, 2014\}$ で定める. S の空集合でない部分集合 T に対して, T の元を1つ選ぶことを考える. このとき, 選ばれた元を T の**代表元**とよぶことにする.

S の空集合でないすべての部分集合に対して代表元を選ぶとき, 以下の条件をみたす選び方は何通りあるか.

条件：空集合でない S の部分集合 A, B, C がどの2つに関しても共通部分をもたないとき, D を A, B, C の和集合とすると, D の代表元は A, B, C のいずれかの代表元と一致する.

4. (APMO/2014/4)　n と b を正の整数とする. 以下の条件をみたす集合 S が存在するとき, n は b-**識別可能**であるということにする：

条件：集合 S は b 未満の相異なる正の整数 n 個からなる．また，U の元の総和と V の元の総和が一致するような異なる S の部分集合 U, V が存在しない．

このとき，以下の 2 つの問にそれぞれ答えよ．

(a) 8 は 100–識別可能であることを示せ．

(b) 9 は 100–識別可能でないことを示せ．

5. (ROMANIAN MO/2005/Grade 12)　整数 $n \geq 2$ について，n 個の有限集合 $A_1, A_2, \cdots, A_n$ は次の性質をもつ：

（ⅰ）　任意の $i \in \{1, 2, \cdots, n\}$ について，$|A_i| \geq 2$；

（ⅱ）　任意の $i, j \in \{1, 2, \cdots, n\}$ について，$|A_i \cap A_j| \neq 1$.

このとき，集合 $A_1 \cup A_2 \cup \cdots \cup A_n$ の元は，どの A_i も単色にならないように，2 色で彩色できることを証明せよ．

第2章　順列・組合せ

●数え上げの原則

(1) **和の法則**　2つのことがら A, B について，A である場合が m 通り，B である場合が n 通りある．A でありかつ B である場合がないならば，A または B である場合の数は，$m + n$ 通りである．

(2) **積の法則**　2つのことがら A, B について，A である場合が m 通りあり，そのどの場合についても B である場合が n 通りある．このとき，A に続いて B である場合の数は，$m \times n$ 通りである．

(3) **階乗**　**n の階乗** $n! = n(n-1)(n-2)\cdots 3 \times 2 \times 1.$　$0! = 1$ と決める．

(4) **順列**　異なる n 個のものから r 個を取り出して1列に並べたものを **n 個から r 個とる順列**といい，その総数は，

$$_n\mathrm{P}_r = n(n-1)(n-2)\cdots 3 \times 2 \times 1 = \frac{n!}{(n-r)!}. \quad \text{とくに，} \quad _n\mathrm{P}_n = n!.$$

(5) **円順列**　異なる n 個のものを円周上に並べる方法の総数は，

$$\frac{_n\mathrm{P}_n}{n} = (n-1)!.$$

円順列は，1個を円周上に固定した他の $n-1$ 個の順列と考えてもよい．

(6) **重複順列**　異なる n 個のものから重複を許して r 個並べる方法の総数は，

$$n^r.$$

(7) **同じものを含む順列**　n 個のもののうち，同じものが，それぞれ，p 個，q 個，r 個，$\cdots$ あるとき，これら n 個のものを1列に並べる方法の総数は，

$$\frac{n!}{p!\, q!\, r!\, \cdots}. \quad \text{ただし，} \quad n = p + q + r + \cdots.$$

(8) **組合せ**　異なる n 個のものから r 個取り出して1組にしたものを，**n 個か**

ら r 個とる組合せといい，その総数は，

$$_n\mathrm{C}_r = \frac{_n\mathrm{P}_r}{r!} = \frac{n(n-1)(n-2)\cdots(n-r+1)}{r(r-1)(r-2)\cdots 1} = \frac{n!}{r!\,(n-r)!}.$$

とくに，　$_n\mathrm{C}_0 = 1.$

(9)　**重複組合せ**　異なる n 個のものから，同じものを繰り返し使うことを許して r 個取り出して組としたものを**重複組合せ**といい，その総数は，

$$_n\mathrm{H}_r = {_{n+r-1}\mathrm{C}_r}.$$

(10)　**組合せの関係式**

（ i ）　$_n\mathrm{C}_r = {_n\mathrm{C}_{n-r}},$

（ ii ）　$_n\mathrm{C}_r = {_{n-1}\mathrm{C}_{r-1}} + {_{n-1}\mathrm{C}_r}.$

(11)　**二項定理・二項係数**

$(a+b)^n$

$$= {_n\mathrm{C}_0}a^n + {_n\mathrm{C}_1}a^{n-1}b + {_n\mathrm{C}_2}a^{n-2}b^2 + \cdots + {_n\mathrm{C}_r}a^{n-r}b^r + \cdots + {_n\mathrm{C}_n}b^n$$

$$= \sum_{r=0}^{n} {_n\mathrm{C}_r}a^{n-r}b^r.$$

二項定理の展開式の係数 $_n\mathrm{C}_0,\ _n\mathrm{C}_1,\ \cdots,\ _n\mathrm{C}_n$ を**二項係数**という．

(12)　**二項係数の関係**

$$_n\mathrm{C}_0 + {_n\mathrm{C}_1} + {_n\mathrm{C}_2} + \cdots + {_n\mathrm{C}_n} = 2^n.$$

(13)　**多項定理**

$$(x_1 + x_2 + \cdots + x_k)^n = \sum_{r_1+r_2+\cdots+r_k=n} \frac{n!}{r_1!\,r_2!\cdots r_k!}\,x_1^{r_1}x_2^{r_2}\cdots x_k^{r_k}.$$

右辺に登場する係数 $\dfrac{n!}{r_1!\,r_2!\cdots r_k!}$ を**多項係数**という．

特に，$(a+b+c)^n$ の展開式において，

$$a^p b^q c^r\,(p+q+r=n)\ \text{の係数は，}\quad \frac{n!}{p!\,q!\,r!}.$$

例題 1　(1)　n を 2 以上の偶数とするとき，

$$_n\mathrm{C}_1,\ _n\mathrm{C}_2,\ \cdots,\ _n\mathrm{C}_{\frac{n}{2}}$$

の中に奇数は奇数個あることを示せ.

(2)　n を 3 以上の奇数とするとき,

$$_n\mathrm{C}_1,\ \ _n\mathrm{C}_2,\ \cdots,\ \ _n\mathrm{C}_{\frac{n-1}{2}}$$

の中に奇数は奇数個あることを示せ.

解答　(1)　これらの正整数の和は

$$_n\mathrm{C}_1 + {}_n\mathrm{C}_2 + \cdots + {}_n\mathrm{C}_{\frac{n}{2}} = \frac{1}{2}({}_n\mathrm{C}_1 + {}_n\mathrm{C}_2 + \cdots + {}_n\mathrm{C}_{n-1})$$
$$= \frac{1}{2}(2^n - 2) = 2^{n-1} - 1$$

であり, 奇数である. よって示された.

(2)　これらの正整数の和は

$$\frac{1}{2}\left({}_n\mathrm{C}_1 + {}_n\mathrm{C}_2 + \cdots + {}_n\mathrm{C}_{n-1}\right) = \frac{1}{2}(2^n - 2) = 2^{n-1} - 1$$

であり, 奇数である. よって示された. ∎

例題 2 (KIMC/2014/A9)　太郎, 次郎, 花子を含む 8 人が円形のテーブルに座る. 太郎と次郎が隣り合い, 太郎と花子が隣り合わないような座り方は何通りあるか. ただし, 回転して一致する座り方は同じとみなす.

解答　回転して一致する並び方は同じとみなすので, 太郎の位置を固定してよい. 太郎と次郎が隣り合うような並び方は, 次郎の位置が 2 通り, 他の 6 人の並び方が $6! = 720$ 通りなので, 全部で $2 \times 720 = 1440$ 通りある. 太郎と次郎が隣り合い, 太郎と花子も隣り合うような並び方は, 次郎と花子の配置が 2 通り, 他の 5 人の並び方が $5! = 120$ 通りなので, 全部で $2 \times 120 = 240$ 通りある. よって, 太郎と次郎が隣り合い, 太郎と花子が隣り合わない並び方は, $1440 - 240 = \mathbf{1200}$ 通りである. ∎

第 2 章 練習問題 (初級)

1. (BIMC/2013/A8)　花子さんはダイアモンド, 金, 象牙の指輪を 1 つずつ

持っている．彼女はそれら 3 つを右手の指にはめる．それぞれの指輪は 5 本の指のうちどの指にはめてもよく，同じ指に 2 つ以上はめるときは，はめる順番も区別するものとする．このとき，3 つの指輪のはめ方は何通りあるか．

2. (JMO/2010/予選 1)　$a > b > c > d > e > f$ をみたし，$a + f = b + e = c + d = 22$ となるような正の整数の組 (a, b, c, d, e, f) はいくつあるか．

3. (JMO/2009/予選 5)　赤い玉 6 個，青い玉 3 個，黄色い玉 3 個を一列に並べる．隣り合うどの 2 つの玉も異なる色であるような並べ方は何通りあるか．ただし，同じ色の玉は区別しないものとする．

4. (JJMO/2018/予選 3)　太郎君は 10 回ある集会のうち，ちょうど 6 回参加する．3 回連続で休んではいけないとき，参加する回の選び方は何通りあるか．

5. (JMO/2014/予選 2)　正 8 角形があり，その頂点に 1 以上 8 以下の整数を 1 つずつ書き込む．このとき，以下の 2 条件をみたすような書き込み方は何通りあるか．ただし，回転や裏返しにより一致する書き込み方も異なるものとして数える．

- 書き込まれた数はすべて異なる．
- 隣り合う 2 頂点に書き込まれた数は互いに素である．

6. (IRISH MO/2016/TST)　任意の正整数 n について，

$$C_n = \frac{1}{n+1} \times {}_{2n}\mathrm{C}_n$$

とする．ただし，${}_{2n}\mathrm{C}_n = \dfrac{(2n)!}{(n!)^2}$ である．

(1)　C_n は整数であることを証明せよ．
(2)　$n > 3$ のとき，C_n は素数ではないことを証明せよ．

■■■ 第 2 章 練習問題（中級）　■■■

1. (JMO/2001/予選 3)　2001 個の自然数 1, 2, 3, $\cdots$, 2001 の中から何個かの数を一度に選ぶとき，選んだ数の総和が奇数であるような選び方は何通りあるか．ただし，1 個も選ばないときはその総和は 0 であると約束する．また，2001 個

すべてを選んでもよい.

2. (JMO/2010/予選 9) 白石 2010 個と黒石 2010 個を横一列に並べるとき,以下の条件をみたす並べ方はいくつあるか.

条件:列中の白石 1 個と黒石 1 個の組であって,白石が黒石より右にあるようなものが奇数組ある.

3. (JMO/2011/予選 9) 赤い玉,青い玉,黄色い玉合わせて 12 個を横一列に並べるとき,以下の条件をみたす並べ方は何通りあるか.ただし,並べる玉の色が 2 種類以下の場合も考えるものとする.

条件:どの玉に対しても,その玉と同じ色で,その玉に隣接するような玉が存在する.

4. (BIMC/2013/B3) 8 枚のコインが一列に並んでおり,すべて表向きになっている.1 回の操作で,隣接する 2 枚がともに表またはともに裏のときにその 2 枚をひっくり返すことができる.有限回の操作で得られる表裏の並びは何通りあるか.

5. (JMO/2013/予選 6) 2 種類のお菓子 A, B がそれぞれ 24 個ずつある.これを X, Y, Z の 3 人で余りなく分けることにした.ここで,ある人が 1 個ももらわないお菓子の種類があってもよい.X, Y, Z の 3 人のうちに,以下の条件をみたす 2 人が存在しないような分け方は何通りあるか.

条件:2 人のうち 1 人は A を a 個,B を b 個もらい,もう 1 人は A を a' 個,B を b' 個もらうとき,

$$a \leq a' \quad \text{かつ} \quad b \leq b' \quad \text{かつ} \quad a+b < a'+b'$$

が成り立っている.

6. (JMO/2017/予選 9) 1, 2, $\cdots$, 2017 の並べ替え $\sigma = (\sigma(1), \sigma(2), \cdots, \sigma(2017))$ について,$\sigma(i) = i$ となる $1 \leq i \leq 2017$ の個数を $F(\sigma)$ とする.すべての並べ替え σ について $F(\sigma)^4$ を足し合わせた値を求めよ.

第2章 練習問題（上級）

1. (VIETNAM MO/2015/TST)　100人の学生が口頭試問を受けることになった．試験官は25人である．各学生はこれらの試験官のうちの1人と面接する．各学生には，少なくとも10人の好みの試験官がいることがわかっている．

(a)　どの学生にとっても，その中に少なくとも1人の好みの試験官がいるように，7人の試験官を選べることを証明せよ．

(b)　口頭試問の日程を，次の条件をみたすように調整できることを証明せよ：

条件：すべての学生は自分の好みの試験官と面接し，各試験官は高々10人の学生と面接する．

2. (IMO/2001/4)　nを1より大きな奇数とし，$k_1, k_2, \cdots, k_n$を与えられた整数とする．

$n!$個の$1, 2, \cdots, n$の順列$a = (a_1, a_2, \cdots, a_n)$に対し，それぞれ，

$$S(a) = \sum_{i=1}^{n} k_i a_i$$

とおく．このとき，$S(b) - S(c)$が$n!$で割り切れるような，2つの異なる順列b, cが存在することを示せ．

3. (JMO/2002/予選11)　円板の片面が，7個の合同な扇形に区切られている．赤，青，黄，緑の4本の色鉛筆があるので，これらを使ってそれぞれの扇形に，1つずつ色を塗ろうと思う．同じ色を何度使ってもよいし，4色すべてを用いる必要はないが，隣り合った2つの扇形には別々の色を塗ることにしたい．

塗り方は何通りあるか．ただし，ある塗り方をした円板を回転してできる塗り方は同じ塗り方とする．

第3章　場合の数・個数の処理

この章では，順列や組合せで処理できない「場合の数」を取り扱う．問題としてはこの形が最も多い．状況を正確に把握して，的確に処理する必要がある．

例題 1 (JMO/2005/予選 8)　7つの席に区切られた長椅子に，7人の人が1人ずつ来て座る．ただし，他人と隣り合わない席が残っているうちは，どの人も他人の隣には座らない．席が埋まっていく順は何通りあるか．

解答　他人と隣り合わない席がとりつくされる瞬間が，必ず一度だけ訪れる．その直後の長椅子の状態は，埋まっている席を ■ で，空いている席を □ で表すと，次のいずれかである．

①の場合，■ の4席は 4! 通り，残りの3席は 3! 通りの埋まり順がある．②〜⑦のそれぞれの場合，■ の3席は 3! 通り，残りの4席は 4! 通りの埋まり順がある．合わせて $4! \times 3! + 6 \times 3! \times 4! = \mathbf{1008}$ 通りある．■

例題 2 (JJMO/2010/予選 2)　1, 2, 3, 4 の数がそれぞれ書かれたスペードのトランプ4枚，1, 2, 3, $\cdots$, 6 がそれぞれ書かれたハートのトランプ6枚，1, 2, 3, $\cdots$, 8 がそれぞれ書かれたダイヤのトランプ8枚がある．

各マークから 1 枚ずつ計 3 枚選ぶとき，選んだ 3 枚のトランプに書かれた数の和が 7 の倍数となるような選び方は何通りあるか．

解答 選んだスペードの数を a，ハートの数を b，ダイヤの数を c とおく．

$a + c$ が 7 の倍数でないとき，$a + c$ を 7 で割った余りを $k\,(1 \leq k \leq 6)$ とおくと，$b = 7 - k$ のときのみ $a + b + c$ は 7 の倍数となる．

$a + c$ が 7 の倍数となるとき，$1 \leq b \leq 6$ であるから，$a + b + c$ は 7 の倍数にはならない．よって，求める選び方の数は，(a, c) の選び方 $4 \times 8 = 32$ 通りから $a + c$ が 7 の倍数となる $(a, c) = (1, 6), (2, 5), (3, 4), (4, 3)$ の 4 通りを引いた $32 - 4 = \mathbf{28}$ 通りである． ∎

第 3 章 練習問題（初級）

1. (JMO/2003/予選 1) 　1 円玉，5 円玉，10 円玉，50 円玉，100 円玉，500 円玉を使って，ちょうど 777 円を支払い，支払う硬貨の合計枚数が最小になるようにする．このときの合計枚数を求めよ．

ただし，どの硬貨も十分な枚数をもっているものとし，使わない硬貨があってもよいものとする．

2. (JJMO/2009/予選 11) 　1 以上 9 以下の整数が書かれた玉が 1 個ずつあり，この中からいくつかを選ぶ．以下の条件をみたすような選び方は何通りあるか．

ただし，玉を 1 つも選ばない場合も 1 通りと数える．

条件：選んだ玉のうちいくつかを赤い箱に，残りの選んだ玉を青い箱にうまく入れることで，同じ色の箱に入っている 2 つの玉で，それらに書かれた数の差が 3 以上となるものは存在しないようにできる．

3. (JJMO/2010/予選 6) 　天秤があり，左の皿には重さ 22, 24, 26, 28 の分銅が 1 つずつ置かれており，右の皿には重さ 23, 25, 27, 29 の分銅が 1 つずつ置かれている．この天秤は置かれている分銅の重さの総和が大きい皿が下に傾き，等しいときにはつりあう．各時点で下に傾いている皿から 1 つの分銅を取り除くということを，天秤がつりあうまで繰り返す．つりあったときにすべての分銅が取り除かれているような取り除き方は何通りあるか．

4. (JMO/2004/予選 1)　りんごの 10 個入った箱と 6 個入った箱がそれぞれいくつかある．りんごが合計で 38 個入っているとき，箱は合わせていくつあるか．

5. (JJMO/2016/予選 4)　りんごとみかんが 2016 個ずつあり，これらを次の条件の下で 2016 人に配った：

- すべての果物を配らなければならない．
- 果物を 1 個をもらわない人がいてもよい．
- どの人も 2 種類合わせて 4 個までしかもらうことができない．

このとき，りんごをみかんより 1 個以上多くもらった人は最大で何人存在するか．

6. (JMO/2008/予選 3)　太郎君は，1000 円札と 100 円玉と 10 円玉と 1 円玉を 1 枚ずつもって買い物に行き，ある品物を買って，4 枚すべてを支払いに用いた．品物の価格として考えられる値は何通りあるか．

ただし，太郎君は，自分の支払うお金と釣り銭とに共通のものがないような支払い方のうち，釣り銭を渡された後の手持ちのお金の枚数が最小になるようなやり方を選ぶものとする．

なお，釣り銭は枚数が最小になるように渡されるものとする．また，お釣りが 0 円であることもある．

7. (JMO/2007/予選 6)　1, 2, $\cdots$, 15 の数が書かれたカードがそれぞれ 1 枚ずつある．この中から 1 枚以上のカードを選んだところ，選ばれたどのカードに書かれた数も，選んだカードの枚数以上であった．選んだカードの組合せとして考えられるものは何通りか．

8. (JJMO/2011/予選 5)　ある魔法使いは，以下の 3 種類の魔法を何度でも使うことができる．

　魔法 A：みかん 1 個とぶどう 1 個をりんご 2 個に変える．
　魔法 B：ぶどう 1 個とりんご 1 個をみかん 3 個に変える．
　魔法 C：りんご 1 個とみかん 1 個をぶどう 4 個に変える．

りんご，みかん，ぶどうが 2011 個ずつある状態から始めて魔法を 1 回以上使った結果，りんごとぶどうは 2011 個に戻り，みかんは 2011 個以上になった．このとき，みかんは，最も少なくて何個あるか．

9. (JJMO/2012/予選 1)　A 君は 1 歩につき 2 段ずつ階段を昇り，B 君は 1 歩につき 5 段ずつ階段を昇る．ただし，2 人とも，階段の最後の何段かがこの段数に満たない場合は 1 歩で昇る．ある階段を A 君と B 君が昇ったところ，かかった歩数の差は 6 歩であった．この階段の段数として考えられる値をすべて求めよ．

10. (Singapore JMO/2015/3)　30 人の子供達 a_1, a_2, $\cdots$, a_{30} が円周上に内向きで時計回りに座っている．先生は子供達の後ろを時計回りに移動しながら 1000 個のキャンディを配る．先生はまず a_1 の後ろにキャンディを置いた．次に 1 人飛び越して a_3 の後ろにキャンディを置いた．次に 2 人を飛び越して a_6 の後ろにキャンディを置いた．このようにして，各段階で前回より 1 人だけ多い子供を飛び越して辿り着いた子供の後ろにキャンディを置き続けた．1000 個のキャンディを配り終えたとき，キャンディをもらえなかった子供は何人か．

11. (AIME/2012/3)　ある大学の数理科学科は，数学専攻・統計学専攻・計算機科学専攻の 3 つの専攻から構成されている．各専攻には 2 人の男性教授と 2 人の女性教授がいる．学科の運営委員会は，男性 3 人と女性 3 人の 6 人の教授で構成され，しかも各専攻から 2 人ずつ選ばれることになっている．これらの条件をみたすような運営委員会のメンバーの選び方は何通りあるか．

12. (JMO/2018/予選 5)　11 個のオセロの石が 1 列に (a) のように並んでいる．次のように石を裏返すことを何回か行う：

> 表の色が同じで隣り合わない 2 つの石であって，その間にはもう一方の色の石しかないものを選ぶ．そしてその間の石をすべて同時に裏返す．

このとき，(b) のようになるまでの裏返し方は何通りあるか．

　(a)　●○●○●○●○●○●　　　(b)　●●●●●●●●●●●

ただし，オセロの石は片面が●，もう片面が○である．

13. (AMC/2017/12A(14))　Alice, Bob, Carla, Derek, Eric の 5 人が観劇に出かけ，横一列に並んだ 5 つの席に座ることになった．Alice は Bob または Carla の隣に座るのを拒んだ．Derek は Eric の隣に座るのを拒んだ．このような条件下で，5 人が座る方法は何通りあるか．

14. (JMO/2010/予選 6)　赤色の島，青色の島，黄色の島がそれぞれちょうど

3つずつある．これらの島に次の2条件をみたすようにいくつかの橋を架ける．

- どの2つの島も，1本の橋で結ばれているか結ばれていないかのいずれかであって，橋の両端は相異なる2つの島につながっている．
- 同色の2つの島を選ぶと，その2つの島は橋で直接結ばれておらず，その2つの島の両方と直接結ばれている島も存在しない．

橋の架け方は何通りあるか．ただし，1本も橋を架けない場合も1通りと数える．

第3章 練習問題（中級）

1. (JJMO/2010/予選10)　30人の生徒が全3問からなる試験を受けた．各問題を正解するとそれぞれ1点，2点，4点が与えられ，正解でない場合は0点である．

試験の結果，どの問題についても正解者が10人であったとき，受験者の得点30個の組として考えられるものは何通りか．

ただし，順番を並べ替えただけの組は同じとみなす．

2. (IMO/2011/4)　nを正の整数とする．てんびんと，重さが2^0, 2^1, $\cdots$, 2^{n-1}のn個のおもりがある．これらのおもりを，1つずつ，右の皿が左の皿よりも重くなることがいちどもないようにてんびんにのせていき，皿にのっていないおもりがなくなるまでこれを続ける．

このようにおもりをのせる方法は何通りあるか．

3. (JMO/2013/本選1)　n, kを正の整数とし，$n \geq k$とする．

n人の人がいて，どの人も団体$1, \cdots$, 団体kのちょうど1つに属している．また，どの団体にも1人以上の人が属している．このとき，次の条件をすべてみたすようにn人の人にn^2個のお菓子を配ることができることを示せ．

- どの人にも少なくとも1つのお菓子を配る．
- 団体iに属する人にはa_i個ずつのお菓子を配る $(1 \leq i \leq k)$．
- $1 \leq i < j \leq k$ ならば，$a_i > a_j$ である．

4. (IMO/2017/5)　Nを正の整数とする．身長が相異なる$N(N+1)$人のサッカー選手が1列に並んでいる．鈴木監督は$N(N-1)$人の選手を列から取り除き，

残った $2N$ 人の選手からなる新たな列が次の N 個の条件をみたすようにしたい：

(1) 身長が最も高い 2 人の選手の間には誰もいない．

(2) 身長が 3 番目に高い選手と 4 番目に高い選手の間には誰もいない．

$\vdots$

(N) 身長が最も低い 2 人の選手の間には誰もいない．

このようなことが必ず可能であることを示せ．

5. (JMO/2004/予選 9) 7 人の政治家がおり，いくつかの派閥がある．派閥とは 1 人以上の政治家が属する集団である．2 つの派閥は，もしその両方に属する政治家と，どちらにも属さない政治家がともに存在すれば，必ず一方が他方を含むという．派閥の個数の最大値を求めよ．

ただし，7 人全員からなる集団も派閥であるとする．

6. (BRITISH MO/2013/4) 太郎君は 9 日間の休日の過ごし方の計画を立てている．各日には，サーフィン，または水上スキー，または完全休養のいずれか 1 つを割り当てる．また，サーフィンと水上スキーを続けることはしない．この休日の過ごし方として，何通りの計画があり得るか．

7. (AUSTRIAN MO/2015/6) 1 から 2015 までのラベルが付けられた壺が 2015 個あり，またコインが無制限にたくさんある．次に挙げるような初期の配置を考える：

(a) すべての壺は空である．

(b) 壺 1 は 1 個，壺 2 は 2 個，壺 3 は 3 個とだんだん増えていき，壺 2015 は 2015 個のコインを含む．

(c) 壺 1 は 2015 個，壺 2 は 2014 個，壺 3 は 2013 個とだんだん減っていき，壺 2015 は 1 個のコインを含む．

太郎君は，次の移動を行う：各段階で 1 から 2015 までの数から数 n を選び，壺 n 以外のすべての壺に n 個のコインを加える．

初期配置が (a), (b), (c) いずれの場合も，太郎君は有限回の移動で，すべての壺に含まれるコインの数が等しくなるようにできることを示せ．

8. (IRISH MO/2016/TST) あるパーティにおいて，各出席者はちょうど 20

人の出席者を知っていた。また，お互いに知り合いである出席者の組の各々に対して，この両方を知っている出席者がちょうど1人存在した。これに対して，お互いに知り合いでない出席者の組の各々に対して，この両方を知っている出席者がちょうど6人存在した。ただし，もし A が B を知っているとき，B も A を知っているものとする。

このパーティの出席者の数を求めよ。

■■■ 第3章 練習問題（上級）■■■

1. (JJMO/2017/本選3)　n を正の整数とする。正 $2n+1$ 角形の各頂点に実数が割り当てられており，どの隣り合う2頂点に割り当てられた数の和も0以上である。$2n+1$ 個の数のうち正のものの和を S，負のものの和を T とするとき，

$$nS + (n+1)T \geq 0$$

が成り立つことを示せ。ただし，頂点に割り当てられた数の中に，正のものが存在しないときは $S=0$，負のものが存在しないときは $T=0$ とする。

2. (JJMO/2017/本選1)　n を正の整数とする。円周上に等間隔に n 個の椅子が並んでいて，それぞれに1人ずつ人が座っている。それぞれの人は円周上を時計回りに0周以上1周未満移動し，椅子に座った。このとき，人が移動した長さの種類は最大何通りか求めよ。

ただし，人は移動前後で座る椅子が異なるとは限らず（同じ場合は移動した長さは0とする）。また，移動後もすべての椅子にちょうど1人座るものとする。

3. (JJMO/2018/予選12)　JJMO鉄道は，円周上に並ぶ2018個の駅を結ぶ鉄道路線を運営している。現在，すべての駅に反時計回りに順に停車していく**各駅停車**の列車のみが走っているが，JJMO鉄道の社長は，新たに**急行**の列車を走らせる計画を立てている。急行の列車は，社長の指定した駅のみに反時計回りに順に停車していく。どの列車も，駅を出発すると次にその列車が停車する駅までちょうど1分で移動する。このとき，次の条件をみたすように急行の列車の停車駅を指定することができる整数 m のうち最小のものを求めよ。

条件：どの異なる2つの駅 A, B についても，A から B へ m 分以内に移動できる。

ただし，停車時間や乗り換え時間は考えない．また，乗り換えは何回行ってもよい．

4. (JMO/2008/予選 10)　2008 人の男子と 2008 人の女子が集まってプレゼントの交換をする．男子は花束を，女子はチョコレートをプレゼントとして用意し，円形に並べられた椅子に全員が内側を向いて座る．

このとき，「持っているプレゼントを全員同時に右隣の人に渡す」という動作を何回か繰り返すと，男子全員がチョコレートを，女子全員が花束を持っている状態になった．男子が座っている椅子の組合せとして考えられるものは何通りあるか．

5. (JMO/2009/予選 9)　ある数学の国際大会に 10 人の通訳が招待された．各通訳は，ギリシャ語，スロベニア語，ベトナム語，スペイン語，ドイツ語のうちちょうど 2 つを話すことができる．また，どの 2 人についても，話せる言語の組合せは異なる．

この通訳達を 2 人ずつ 5 つの部屋に宿泊させることになった．どの部屋に宿泊する 2 人も共通の言語を話せるような部屋割りにしたい．このような方法は何通りあるか．

ただし，部屋を替えただけで人の組合せがまったく同じ部屋割りは，同一のものとして数える．

6. (APMO/2006/5)　あるサーカスには n 人のピエロがいる．あらかじめ，全部で 12 色の色が決められていて，それぞれのピエロはそれらの色の中から 5 色以上を選んで顔のペイントや服の色を決めている．ある日，団長はピエロ達に以下のような命令をした．

命令：どの 2 人のピエロをとっても，全く同じ色の組合せにはなることなく，またどの 1 つの色をとっても，その色を使うピエロが 20 人以下となるようにせよ．

この団長の命令を実現できるようなピエロの人数 n（正整数）の最大値を求めよ．

7. (IMO/2005/6)　ある数学コンテストにおいて，6 問の問題が出題された．コンテストの結果，どの 2 問をとっても，それらに両方正解した人は参加者全体の $\frac{2}{5}$ より多かった．また，6 問すべてに正解した参加者はいなかった．

ちょうど 5 問の問題に正解した参加者が少なくとも 2 人いることを示せ．

8. (EGMO/2014/5)　n を正の整数とする．n 個の箱があり，それぞれの箱には非負整数個の石が入っている．いま，次の操作を行うことができる：

　　操作：1 つの箱を選んで 2 個の石を取り出し，1 個の石を捨て，もう 1 個の石を別の箱を選んで入れる．

　石の初期状態が**可解**であるとは，有限回（0 回でもよい）の操作で，空の箱がない状態にできることをいう．可解でない初期状態であって，どの箱に新しく 1 個の石を追加したときも可解となるようなものをすべて求めよ．

第4章　確率

　場合の数が求まれば十分と考えるせいか，数学オリンピックにおいて確率を求める形の問題はあまり多くはない．しかし，基本事項はしっかり押さえておきたい．

(1) 事象

試行　同じ条件のもとで繰り返すことができる実験や観測

事象　試行の結果起こることがら

根元事象　それ以上分けることのできない事象

全事象　根元事象の全体からなる事象

同様に確からしい　1つの試行において，全事象に属する根元事象のどれが起こることも，同じ程度であると期待されるとき，これらの根元事象は，同様に確からしいという．

(2) 確率の定義

根元事象がすべて同様に確からしい試行において，

　　　全事象 U に属する根元事象の個数を $n(U)$

　　　事象 A に属する根元事象の個数を $n(A)$

とするとき，$\dfrac{n(A)}{n(U)}$ を事象 A の**確率**といい，$P(A)$ で表す．

(3) 事象の確率

任意の事象 A について，$0 \leq P(A) \leq 1.$

　　　全事象 U の確率　$P(U) = 1.$

　　　空事象 $\emptyset$ の確率　$P(\emptyset) = 0.$

(4) 全事象の中に事象 A, B があるとき，

$$P(A \cup B) = P(A) + P(B) - P(A \cap B).$$

$A \cap B = \emptyset$ のとき，A と B は**排反事象**であるという.

(5) 余事象

全事象 U の中の事象 A について，A が起こらないという事象を A の**余事象**といい，$\bar{A}$ で表す. $A \cup \bar{A} = U$, $A \cap \bar{A} = \emptyset$.

(6) 期待値

ある数量 x のとり得る値のすべてが $x_1, x_2, \cdots, x_n$ であり，その値をとる事象の確率 p を，それぞれ，$p_1, p_2, \cdots, p_n \,(p_1 + p_2 + \cdots + p_n = 1)$ とするとき，

$$E = x_1 p_1 + x_2 p_2 + \cdots + x_n p_n$$

を数量 x の**期待値**または**平均**という.

(7) 条件付き確率

事象 A, B があって，$P(A) \neq 0$ とする.

A が起こったとして，そのとき B の起こる確率を $P_A(B)$ で表し，これを A が起こったときの B の**条件付き確率**という.

例1　A, B, C, D, E, F, G の 7 人から，3 人の代表を選ぶとき，次の確率を求めよ.

(1)　代表の中に A が入っている確率

(2)　代表の中に A が入って，B が入らない確率

解答　A, B, C, D, E, F, G の 7 人から 3 人を選ぶ選び方は，${}_7\mathrm{C}_3$ 通りである.

(1)　A が入っている選び方は，A を除く 6 人から 2 人を選ぶ選び方と同じだから，${}_6\mathrm{C}_2$ 通り. よって，求める確率は，$\dfrac{{}_6\mathrm{C}_2}{{}_7\mathrm{C}_3} = \dfrac{3}{7}$.

(2)　A が入って B が入らない選び方は，A, B を除く 5 人から 2 人を選ぶ選び方と同じだから，${}_5\mathrm{C}_2$ 通り. よって，求める確率は，$\dfrac{{}_5\mathrm{C}_2}{{}_7\mathrm{C}_3} = \dfrac{2}{7}$. ∎

注　A, B, C, D, E, F, G の 7 人から 3 人を選ぶ選び方のそれぞれの場合が根元事象になる.

　7人から3人を選ぶ選び方は，7つのものから3つをとる組合せと同じで，全部で$_7\mathrm{C}_3$通りあり，それらは同様に確からしい．

例2　a, b, c, d, e, f, g, hの8枚のカードをよくきって，1列に並べるとき，次の確率を求めよ．
(1)　先頭がaで末尾がbになる確率
(2)　aとbが両端にくる確率

解答　8枚のカードの並べ方の数は，$_8\mathrm{P}_8$通りである．
(1)　先頭がaで末尾がbになる場合の数は，$_6\mathrm{P}_6$通りである．よって，求める確率は，

$$\frac{_6\mathrm{P}_6}{_8\mathrm{P}_8} = \frac{6\,!}{8\,!} = \frac{1}{56}.$$

(2)　aとbが両端にくる場合は，(1)の場合と，先頭がbで末尾がaになる場合だから，その場合の数は，$2 \times {}_6\mathrm{P}_6$．よって，求める確率は，

$$\frac{2 \times {}_6\mathrm{P}_6}{_8\mathrm{P}_8} = \frac{1}{28}.$$

第4章 練習問題（初級）

1. (JMO/2008/予選5)　2, 3, 4, 5, 6の数が書かれたカードが1枚ずつ，合計5枚ある．これらのカードを無作為に横一列に並べたとき，どの$i = 1, 2, 3, 4, 5$に対しても左からi番目のカードに書かれた数がi以上となる確率を求めよ．

2. (JMO/2008/予選8)　8枚の硬貨がすべて表を向いて横一列に並んでいる．次の条件をみたす表向きの硬貨を無作為に選んで裏返す．

　条件：その硬貨より右に裏向きの硬貨が1枚もない，もしくは，その硬貨より左に裏向きの硬貨が1枚もない．

条件をみたす表向きの硬貨がなくなるまでこの操作を続けたとき，裏向きになっている硬貨の枚数の期待値を求めよ．

3. (JMO/2004/予選3)　机の上にある何枚かの硬貨を同時に投げ，裏が出た硬

貨だけをみな机の上から取り除くという操作を考える．机の上に 3 枚の硬貨がある状態から始めて，硬貨がすべて取り除かれるまで，この操作を繰り返す．操作が 4 回以上行われる確率を求めよ．

4. (CIMC/2015/B2)　1 以上 9 以下の整数の中から相異なる 3 つの数を無作為に取り出し，大きい順に左から並べて 3 桁の整数を作る．同様のことを 1 以上 8 以下の整数に対しても行い，3 桁の整数を得る．1 つ目の整数が 2 つ目の整数より真に大きい確率を求めよ．

5. (JMO/1998/6)　8 本の紐（ひも）が平行に上下に並んでいる．無作為に，紐の上端を 2 本ずつ 4 組結び，下端を 2 本ずつ 4 組結ぶ．このとき，8 本の紐全部がつながって 1 本の大きな輪になる確率を求めよ．

■■■ 第 4 章 練習問題（中級） ■■■

1. (早稲田大)　ジョーカーを除いたトランプ 52 枚の中から 1 枚のカードを抜き出し，表を見ないで箱の中にしまった．そして残りのカードをよくきってから 3 枚抜き出したところ，3 枚ともダイヤであった．このとき，箱の中のカードがダイヤである確率はいくらか．

2. (JMO/2005/予選 4)　1 から 6 までの目が等確率で出るさいころを 6 回振る．何回目かまでに出た目の総和がちょうど 6 になることがあるような確率を求めよ．

3. (AIME II/2014/6)　太郎君は 2 つのサイコロを持っている．その 1 つは公正であるが，もう一方は 6 の目の出る確率が $\frac{2}{3}$ であり，その他の 1 から 5 までの目が出る確率は，それぞれ，$\frac{1}{15}$ である．

太郎君はこれらの 2 つのサイコロから無作為に 1 つを取り出し，それを三度だけ転がした．初めの二度の転がしではいずれも 6 の目が出た．三度目の転がしでまた 6 の目が出る確率を求めよ．

4. (AIME I/2014/2)　第 1 の壺に 4 個の赤球と 6 個の青球が入っており，第 2 の壺には 16 個の赤球と N 個の青球が入っている．各壺から勝手に 1 個ずつの球

を取り出した．両方の球が同じ色である確率は 0.58 であった．N を求めよ．

■ 第 4 章 練習問題（上級）■

1. (AIME I/2011/10) n を正の整数とする．正 n 角形の頂点から無作為に 3 つの相異なる頂点を選ぶ集合において，それが鈍角三角形となる確率が $\dfrac{93}{125}$ であるという．n をすべて求めよ．

2. (AIME I/2014/11) xy–座標平面の格子点の $(0,0)$ から出発して，格子上を移動する．一度の移動では，座標軸に平行に 1 だけ移動する．各移動は無作為に 4 つの方向のいずれかを選び，それ以前の移動とは無関係である．この移動を六度繰り返したとき，グラフ $|y| = |x|$ 上の点である確率を求めよ．

第5章　マス目の彩色

　組合せ論の問題では，マス目を使ったものが圧倒的に多い．マス目にある規則のもとで色を塗る問題，数字を記入する問題，マス目をある形のタイルで覆う問題等々多彩である．この章では色を塗る問題を扱う．日本では「マス目」という表現で統一されているが，欧米では「チェス盤」という表現もよく使われる．ただし，市松模様に白黒でマス目が塗り分けられているわけではない．

　マス目のサイズを $m \times n$ で示し，m 行 n 列のマス目という．この際，「行 (row)」は $1 \times n$ の横に長い帯で，「列 (column)」は $m \times 1$ の縦に長い帯を意味し，世界で共通の表現である．

　なおこの章では擬似マス目と立体の彩色問題も取り上げてある．

　例題 1 (AIME/1996)　7×7 のマス目がある．そのうちの 2 つのマスを黒く塗る．マス目を平面上で回転して同じになるような塗り方を同じものとして数えるとき，異なる塗り方は何通りあるか．

　解答　2 つの黒いマスの選び方は，回転して重なるものも含めて，${}_{49}\mathrm{C}_2 = 1176$ 通りある．点対称の位置にない 2 マスを黒に塗った場合，回転して重なる塗り方は 4 通りある．点対称の位置にある 2 マスの選び方は $\dfrac{49-1}{2} = 24$ 通りあり，このような 2 マスを黒に塗ると，回転して重なる塗り方は 2 通りしかない．よって，異なる塗り方は全部で

$$\frac{1176 - 24}{4} + \frac{24}{2} = \mathbf{300}$$

通りである．

例題 2 (JJMO/2016/予選 3) 6×6 のマス目があり，このうち 6 つのマスを選んで黒く塗る．マス目と同じ大きさの透明な板を何枚か用意し，得られたマス目を書き写す．それぞれの板に回転や裏返しを施して，同じ大きさの正方形の上にはみ出さないように重ねて置いたところ，正方形全体を黒く塗った部分で覆うことができた．このとき，はじめのマス目の塗り方は何通りあるか．

ただし，回転や裏返しで重なるものも異なるものとして数える．

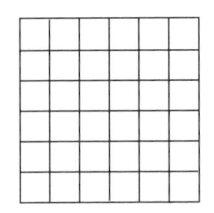

解答 以下のように各マスに文字 A, B, C, D, E, F を書く．

A	D	E	E	D	A
D	B	F	F	B	D
E	F	C	C	F	E
E	F	C	C	F	E
D	B	F	F	B	D
A	D	E	E	D	A

同じ文字が書かれたマスは板の回転や裏返しで互いに移りあい，逆に異なる文字が書かれたマスは板の回転や裏返しで互いに移りあわない．したがって，各文字に対し，同じ文字の書かれたマスのうち少なくとも 1 つのマスは黒く塗られていなければならない．書かれた文字は 6 種類あり，黒く塗るマスも 6 つなので，各文字に対して，その文字の書かれたマスのうちちょうど 1 つが黒く塗られる．A, B, C が書かれたマスは 4 つずつ，D, E, F が書かれたマスは 8 つずつあるので，求めるマス目の塗り方は，$4^3 \times 8^3 = \mathbf{32768}$ 通りである．∎

第 5 章 練習問題（初級）

1. (JMO/2006/予選 6)　3×3 のマス目があり，各マスを赤または青で塗りつぶす．赤いマスのみからなる 2×2 の正方形も，青いマスのみからなる 2×2 の正方形もできないような塗り方は何通りあるか．

ただし，回転や裏返しにより重なり合う塗り方も異なるものとして数える．

2. (JMO/2001/本選 1)　$m \times n$ のマス目がある．次の条件をみたすように各マスを黒または白に塗る．

条件：すべての黒マスについて，そのマスに隣接する黒マスの個数は奇数である．

このとき，黒マスの総数は，偶数であることを示せ．ただし，2 つのマスが隣接するとは，それらが異なり，かつ 1 辺を共有することである．

3. (ROMANIAN MC/2016/TST)　4×4 のマス目があり，すべてのマスは白で塗られている．そこで，色の塗り替えの操作を次のように定める：

操作：マス目から 1×3 または 3×1 の長方形を選び，その部分のマスの色を，白を黒に，黒を白に塗り替える．

この操作を反復して続けることで，すべてのマスを黒にすることができるか．

4. (Dutch MO/2013/1)　n を正整数とする．$n \times n$ のマス目があり，各マスは黒か白のいずれかで塗られている．どの 2 行とどの 2 列についても，これらが交差する 4 つのマスが同一色になることはないという．このような塗り方が可能な n の最大値を求めよ．

5. (BULGARIA MO/2014/2)　$m \geq 2, n \geq 2$ を整数とする．$m \times n$ のマス目の各マスに 4 色白，緑，赤，青のうちの 1 色を塗る．このような彩色が**面白い**とは，このマス目の中の任意の 2×2 の部分マス目が 4 色で塗られている場合をいう．面白い彩色は何通りあるか．

■■ ■■ | 第5章 練習問題（中級） | ■■ ■■

1. (JMO/2012/予選6)　2×100 のマス目があり，各マスを赤または青で塗りつぶす．以下の2つの条件をともにみたすような塗り方は何通りあるか．

ただし，回転や裏返しにより重なり合う塗り方も異なるものとして数える．

- 赤く塗られたマスも青く塗られたマスもそれぞれ1つ以上存在する．
- 赤く塗られたマス全体は1つに繋がっており，青く塗られたマス全体も1つに繋がっている．

　ここで，異なる2つのマスは辺を共有するときに繋がっていると考える．

2. (JJMO/2011/予選11)　1辺の長さが1の小正方形が8行8列に並んで，1辺の長さが8の正方形 ABCD をなしている．その中からいくつかの小正方形を次の3条件をみたすように塗りつぶす．

- 塗りつぶされた小正方形の配置は，対角線 AC, BD の両方に関して線対称になっている．
- どの行についても，塗りつぶされた小正方形は1つ以下である．
- どの列についても，塗りつぶされた小正方形は1つ以下である．

塗りつぶした結果として考えられるものは何通りあるか．ただし，小正方形は1つも塗りつぶさなくともよい．

3. (EGMO/2016/3)　m を正の整数とする．$4m \times 4m$ のマス目がある．2つの異なるマスが**仲間**であるとは，同じ行または同じ列にあることをいう．ただし，どのマスも自分自身とは仲間ではないとする．いくつかのマスを青く塗り，どのマスも少なくとも2つの青く塗られたマスと仲間であるようにしたい．青く塗るマスの個数としてありうる最小の値を求めよ．

4. (CHINA MO/2003)　4×28 のマス目があり，各マスは赤，青，黄のいずれかが塗られている．このとき，4隅が同一の色で塗られた長方形が存在することを示せ．

5. (Singapore MO/2015/4)　9×9 のマス目がある．いくつかのマスを，次の条件をみたすように，黒で塗ることができるか．もしできるならば，黒で塗られたマスの最大個数を求めよ．

条件：マス目の中のどんな 2×3 と 3×2 の部分マス目についても，そこに含まれる黒マスはちょうど 2 個である.

6. (JJMO/2018/予選 9)　1 辺 1 の立方体が 8 個あり，その各面を赤または青のいずれか 1 色で塗る. 次の 2 つの条件を同時にみたす塗り方は何通りあるか.

（ⅰ）　5 つの赤い面と 1 つの青い面をもつ 1 辺 2 の立方体になるように積むことができる.

（ⅱ）　1 つの赤い面と 5 つの青い面をもつ 1 辺 2 の立方体になるように積むことができる.

ただし，立方体どうしを入れ替えたり，立方体を回転させたりして一致する塗り方は同じものとみなす.

7. (IMO/2002/1)　n を正の整数とする. 座標平面上の点 (x, y) で，x, y が 0 以上の整数で $x + y < n$ をみたすようなもの全体の集合を T とする. T の各点は，次の条件をみたすように赤または青に塗られている.

条件：点 (x, y) が赤ならば，$x' \leq x$ かつ $y' \leq y$ であるような T のすべての点 (x', y') は赤である.

n 個の青い点からなる集合であって，それらの x 座標がすべて異なるものを X 集合と呼ぶ. n 個の赤い点からなる集合であって，それらの y 座標がすべて異なるものを Y 集合と呼ぶ.

このとき，X 集合の個数と Y 集合の個数は等しいことを証明せよ.

第 5 章　練習問題（上級）

1. (JMO/2014/予選 10)　55×55 のマス目に対して，以下の操作を考える.

操作：いくつかのマスで構成される長方形の領域を 1 つ選び，その領域を白または黒の 1 色で塗る.

すべてのマスが白で塗られている状態から，次の 3 条件をみたす状態にするために必要な操作の回数の最小値を求めよ.

- 左上隅のマスは黒で塗られている.
- 黒で塗られたマスと辺を共有しているマスは，すべて白で塗られている.

- 白で塗られたマスと辺を共有しているマスは，すべて黒で塗られている．

2. (JMO/2015/本選 5) a を正の整数とする．十分に大きな整数 n について次が成り立つことを示せ：

無限に拡がっているマス目の中から n 個のマスを選び，黒色に塗る．
このとき，$a \times a$ のマス目であって，ちょうど a マスが黒色に塗られているものの数を K とする．K としてありうる最大の値は $a(n+1-a)$ である．

ただし，十分に大きな整数 n について成り立つとは，ある整数 N が存在して，任意の $n \geq N$ について成り立つことをいう．

3. (JMO/2012/予選 11) n を正の整数とする．$2n \times 2n$ のマス目があり，以下の条件をみたすように，ちょうど $2n^2$ 個のマスに色を塗る：

条件：あるマスに色が塗られているならば，そのマスと頂点のみを共有するマスには色が塗られていない．

このような塗り方は何通りあるか．ただし，回転や裏返しにより重なり合う塗り方も異なるものとして数える．

4. (ROMANIAN MO/2016/TST) n を $n \geq 2$ なる整数とする．$n \times n$ のマス目の各マスは黒か白で塗られており，黒で塗られた各マスは少なくとも 3 つの白で塗られたマスと辺を共有している．黒で塗られたマスは最大何個あるか．

5. (JJMO/2012/予選 11) $1 \times 1 \times 1$ の小立方体を集めて $a \times b \times c$ (a, b, c は正の整数) の直方体を作り，直方体の表面にある小立方体すべてに色を塗った．色を塗られた小立方体の個数が色を塗られていない小立方体の個数と等しいとき，組 (a, b, c) として考えられるものはいくつあるか．ただし，順番を替えただけのものは区別しないとする．

第6章 マス目と数字

この章では，マス目にある規則のもとで数字を記入する問題を取り扱う．色を塗る問題では，多くは2色で高々4色だが，数字の場合は1桁の整数はもちろん，相当に大きな数を扱うことがあるのが特徴である．

例題1 (JJMO/2017/予選5)　3×3 のマス目の各マスに，1以上9以下の相異なる整数を1つずつ書き込む方法であって，次の条件をみたすものは何通りあるか．

- マス目の**各行**に書かれている3個の整数の中で，1番右のマスに書かれている整数が最大であり，1番左のマスに書かれている整数が最小である．
- マス目の**1番左の列**に書かれている3個の整数の中で，1番上のマスに書かれている整数が最大であり，1番下のマスに書かれている整数が最小である．

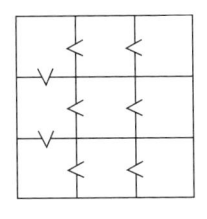

解答　1番左下のマスに書かれる整数は，他のどのマスの整数よりも小さいことから，1である．1番下の行の残り2マスに書かれる整数は，8個の整数2, 3, $\cdots$, 9

の中から2個，順序を区別せずに選び出す場合の数に等しい（選んだ2個の整数の中で，小さいものを中央列に，大きいものを右列に書く）から，$_8C_2 = 28$ 通りである．

この28通りそれぞれについて，残った6個の整数を上2行の6マスに書く方法は何通りあるかを考える．1番左下のマスについての議論と同様に，中央の行の1番左のマスには，残った6個の整数のうち最小のものが書かれることがわかる．中央の行の残りの2マスに書かれる整数は，6個の整数のうち最小のものを除いた5個の中から2個，順序を区別せずに選び出す場合の数に等しいから，$_5C_2 = 10$ 通りである．

最後に残った3個の整数を1番上の行に書き込む方法は，左から順に最小のもの，2番目に小さいもの，最大のものを書き込む場合の1通りだけである．

よって，答は，$28 \times 10 \times 1 = \mathbf{280}$ 通りである． ∎

例題 2 (JMO/2001/7)　4×4のマス目に，1から4までの数字を，それぞれ，4つずつ書き込む．ただし，以下の3つの条件をみたすとする．

1. 各行には $1, 2, 3, 4$ が1回ずつあらわれる．
2. 各列には $1, 2, 3, 4$ が1回ずつあらわれる．
3. 全体を下図のように太線で4つの部分に分けたとき，各部分に $1, 2, 3, 4$ が1回ずつあらわれる．

このような数字の書き込み方は何通りあるか．

解答　左上の 2×2 のマス目の部分には $1, 2, 3, 4$ を任意に入れられるので，この部分の書き方，すなわち配置は $4! = 24$ 通りある．いまその部分は右図のようになっているとしよう．すると右上の部分に入る数字は $3, 4$，下には $1, 2$ が入るので，この部分の配置は以下の

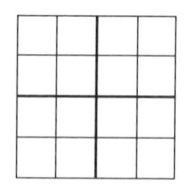

(i), (ii) に示したように，$2 \times 2 = 4$ 通りある．

(ⅰ)　右上が

のとき，左下の部分の左に入る数字は $2, 4$，右に入るのは $1, 3$ なので，$2 \times 2 = 4$ 通りあり，これらの各配置により，右下の部分の配置は 1 通りに定まる．

(ⅱ)　右上が

のとき，左下の部分の配置を考える．すると，$3, 2$ は横にも縦にも入り得ないので，斜め（対角的）に入る．よって 2 通りあり，以上の各配置により，右下の部分の配置は一意に定まる．

よって，求める書き方は $4! \times (2 \times 2 \times 2 + 2 \times 2) = \mathbf{288}$ 通りである．

第 6 章 練習問題（初級）

1. (JMO/2011/予選 7)　3×3 のマス目があり，1 以上 9 以下の整数がそれぞれ 1 回ずつ現れるように各マスに 1 つずつ書かれている．各列に対し，そこに書かれた 3 つの数のうち 2 番目に大きな数にそれぞれ印を付けると，印の付いた 3 つの数のうち 2 番目に大きな数が 5 になった．このとき，9 個の整数の配置として考えられるものは何通りあるか．

2. (JMO/2006/予選 3)　3 行 4 列のマス目の各マスに数 1, 2, 3, 4 のいずれかを書き込んで，以下の条件を両方ともみたすようにする方法は何通りあるか．

- 同じ数は同じ行に 2 回以上現れない．
- 同じ数は同じ列に 2 回以上現れない．

3. (JJMO/2010/予選 8)　左側に 4 行 3 列のマス目があり，右側に 3 行 4 列のマス目がある．左側のマス目には，次図のように数が書かれている．右側のマス目にはまだなにも書かれていない．

1	2	3
4	5	6
7	8	9
10	11	12

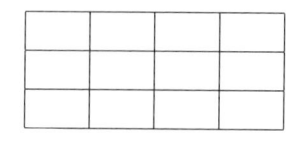

右側のマス目の各マスに1つずつ，1以上12以下の整数を書き込んで，2条件

- 右側のマス目のある行に n と m が書かれているならば，左側のマス目でも n は m と同じ行に書かれている．
- 右側のマス目のある列に n と m が書かれているならば，左側のマス目でも n は m と同じ列に書かれている．

をみたすようにする．書き込んだ結果として考えられるものは何通りあるか．

ただし，右側のマス目で2回以上書き込まれる数があってもよいし，1回も書き込まれない数があってもよい．

4. (ROMANIAN MO/2016/Grade 6(3))　4×4 のマス目の各マスに 1, 2, 3, $\cdots$, 16 が1つずつ書かれている．そこで各列の数を足し合わせる．ある列の和が残りの3列の和のいずれよりも大きいならば，その数を S とする．

(a)　$S = 40$ の例を挙げよ．

(b)　S としてあり得る最小の値を求めよ．

5. (IRISH MO/2016/7)　n を正整数とする．$4 \times n$ のマス目があり，各マスには正整数が書き込まれている．各列の4つの成分の和はいずれも20である．また，各行の成分はすべて異なっている．列の数 n としてあり得る最大値を求めよ．

6. (CIMC/2015/A1)　右図にある7つの小さな円の中に，1から7までの整数を1つずつ書き込む．大きな円と中くらいの円のそれぞれについて，その円周上にある小さな円に書かれた数の和が6の倍数になるようにしたい．中央にある小さな円に記入すべき数を求めよ．

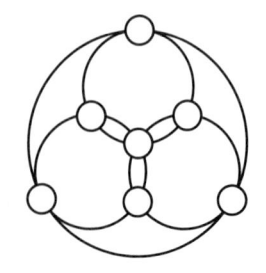

第 6 章 練習問題 (中級)

1. (JJMO/2016/本選 2)　n を 2 以上の整数とする. $n \times n$ のマス目があり, 各マスに 1 以上 n 以下の整数を 1 つ書き込んで, 各行, 各列に 1 以上 n 以下の整数が 1 回ずつ現れるようにする. このとき, 斜めに隣り合う 2 つのマスの組であって, 同じ数字が書かれているものの個数としてありうる最大の値を求めよ.

ただし, 2 つのマスの組が斜めに隣り合うとは, 辺は共有しないが頂点は共有することとする.

2. (JMO/2013/予選 2)　縦 20 マス, 横 13 マスの長方形状のマス目が 2 つある. それぞれのマス目の各マスに, 以下のように $1, 2, \cdots, 260$ の整数を書く:

- 一方のマス目には, 最も上の行に左から右へ $1, 2, \cdots, 13$, 上から 2 番目の行に左から右へ $14, 15, \cdots, 26, \cdots,$ 最も下の行に左から右へ $248, 249, \cdots, 260$ と書く.
- もう一方のマス目には, 最も右の列に上から下へ $1, 2, \cdots, 20$, 右から 2 番目の列に上から下へ $21, 22, \cdots, 40, \cdots,$ 最も左の列に上から下へ $241, 242, \cdots, 260$ と書く.

どちらのマス目でも同じ位置のマスに書かれるような整数をすべて求めよ.

3. (JJMO/2017/予選 10)　次図のような 2×7 のマス目の各マスに, 1 以上 14 以下の相異なる整数を 1 つずつ書き込む. 次の条件をみたすような書き込み方は何通りあるか.

- それぞれの行について, 書かれている 7 個の整数は左から小さい順に並んでいる.
- 1 以上 6 以下のすべての整数 k について, 左から $k+1$ 番目の列に書かれた 2 つの数の差は, k 番目の列に書かれた 2 つの数の差以上である.

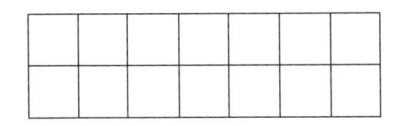

4. (APMO/2012/2)　2012×2012 のマス目があり, 各マスには 0 以上 1 以下の実数が 1 つずつ書き込まれている. マス目全体を, マスの辺に平行な直線によっ

て，マスからなる長方形 2 つに分割する．どのような分割に対しても，少なくとも一方の長方形に書き込まれた数の和は 1 以下である．

　このとき，書き込まれた 2012×2012 個の数の和としてありうる最大の値を求めよ．

5. (JMO/2001/予選 12) 　5×9 のマス目がある．次の条件をみたすように，各マスに 1 つずつ，0 以上の実数を書き込む．

1. 書き込まれた 45 個の実数の総和は 1 である．
2. 2×3 の長方形の枠を，縦や横にしてどのようにマス目に合わせても，中にある 6 つの数の和は S 以下である．

このような書き込み方が存在するような実数 S の最小値を求めよ．

6. (JMO/2015/予選 4) 　3×3 のマス目の各マスに，1 以上 9 以下の相異なる整数を 1 つずつ書き込む．各行および各列に並ぶ整数の和がすべて 3 の倍数になるような書き込み方は何通りあるか．

　ただし，回転や裏返しにより一致する書き込み方も異なるものとして数える．

■■■ 　第 6 章　練習問題（上級）　 ■■■

1. (JMO/2014/予選 11) 　6×6 のマス目があり，その各マスに 1 以上 6 以下の整数を書き込む．1 以上 6 以下の整数 i, j に対し，第 i 行第 j 列のマスに書き込まれた整数を $i \Diamond j$ と表すとき，以下の 2 条件をみたすように整数を書き込む方法は何通りあるか．

- 任意の 1 以上 6 以下の整数 i に対し，$i \Diamond i = i$ が成り立つ．
- 任意の 1 以上 6 以下の整数 i, j, k, l に対し，$(i \Diamond j) \Diamond (k \Diamond l) = i \Diamond l$ が成り立つ．

2. (JJMO/2013/予選 11) 　101×101 のマス目の各マスに，実数を 1 つずつ書き込む．

- あるマスに書かれた実数が，1 つ左のマスおよび 1 つ下のマスに書かれた実数のどちらよりも大きいとき，そのマスを**良いマス**とよぶ．左あるいは下にマスがない場合，良いマスではないとする．

- あるマスに書かれた実数が，1 つ右のマスおよび 1 つ上のマスに書かれた実数のどちらよりも小さいとき，そのマスを**悪いマス**とよぶ．右あるいは上にマスがない場合は，悪いマスではないとする．

良いマスであると同時に悪いマスであるものも存在しうることに注意せよ．

良いマスの個数から悪いマスの個数を引いた値として考えられる最大の値はいくつか．

第7章 マス目いろいろ

　マス目を使った問題は，彩色問題や数字を記入する問題の他にもいろいろ考えられている．また擬似マス目ともいえるような問題も工夫されている．この章では，第5,6章に納めきれない問題を集めてみた．

　例題1　次の4種類のタイル a, b, c, d のうち，その一種類だけ（回転や裏返しは許す）で，7×4 のマス目を覆えるか否かを判定せよ．

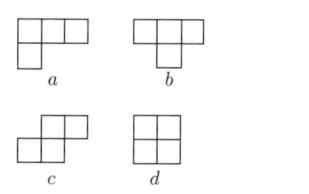 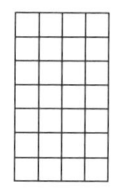

　解答　a, b, c, d のいずれについても，覆うことは不可能である．

　a について：次図Aのようにマス目を塗り分ける．a を1枚置くと，どの位置・向きに置いても奇数個の黒マスを覆う．だから，7枚の a を置けば奇数個の黒マスを覆うことになるが，マス目上の黒マスは全部で14個であるから，これは不可能である．

　b について：次図Bのようにマス目を塗り分ける．b を1枚置くと，どの位置・向きに置いても奇数個の黒マスを覆う．だから，7枚の b を置けば奇数個の黒マスを覆うことになるが，マス目上の黒マスは全部で14個であるから，これは不可能である．

　c, d について：次図Cのようにマス目を塗り分ける．1枚あたり必ず1個の黒

マスを覆うが, 黒マスは全部で 6 個しかないので, やはり不可能である.

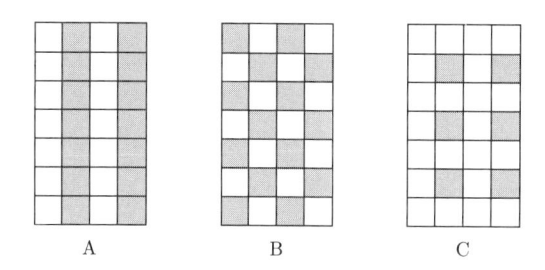

A B C

例題 2 (JJMO/2007/9) 19×19 のマス目がある. すべての辺が境界に沿っている長方形を「良い長方形」ということにする. 次の条件をみたす最小の整数 n を求めよ.

条件：どのように 9 個のマスを取り除いても, 残りの部分を n 個以下の良い長方形に分割できる.

解答　求める n の最小値が 28 であることを示す.

　まず, $n = 28$ が条件をみたすことを示す. 順に 1 つずつマスを取り除いていくことを考える. はじめ何も取り除かれていないとき, 全体は 1 つの良い長方形に分割される. 良い長方形から 1 つマスを取り除くと, 図のように, この良い長方形の残りの部分は高々 4 個の良い長方形に分けられる. これを繰り返すことにより, 取り除かれたマス以外の部分を $1 + 3 \times 9 = 28$ 個以下の良い長方形に分割できる.

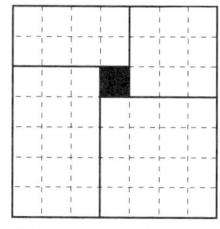 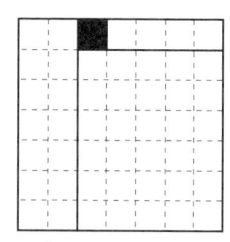 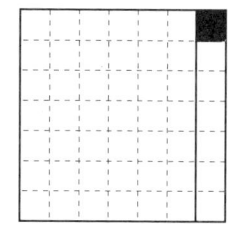

長方形の内部にある場合　　長方形の辺上にある場合　　長方形の頂点にある場合

　次に, 条件をみたす n は 28 以上であることを示す. $(2,2), (4,4), \cdots, (18,18)$ を取り除いたとき, 残りの部分を分割するには 28 個以上の良い長方形が必要であ

ることを示す．取り除かれたマスに隣り合うマスを「a」と記す．「a」と書かれた
マスは全部で $4 \times 9 = 36$ 個である．取り除かれていない部分を良い長方形に分割
したとき，「a」と書かれたマスを 2 つ以上含む良い長方形はどのようなものか考
える．

　「a」と書かれたマス $(1, 2)$, $(2, 1)$, $(18, 19)$, $(19, 18)$ に関しては，それを含む良
い長方形は他の「a」と書かれたマスを含むことはない．その他の「a」と書かれ
たマスを含む長方形については，回転や裏返しをすることにより，下図で「a」と
書かれたマス A を含む状況に帰着される．

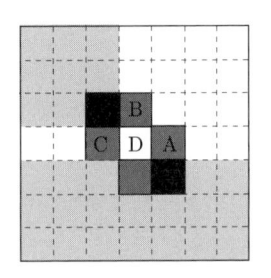

　「a」と書かれたマス A を含む良い長方形は下 3 段の色の薄い部分のマスは含ま
ない．なぜなら，そうすると取り除かれたマスを含んでしまうからである．下 3
段の色の薄い部分に含まれていない「a」と書かれたマスは B と C しかない．ま
た，B と C を同時に含むのは不可能であり，また，どちらかを含めば D もその良
い長方形に含まれる．すなわち，「a」と書かれたマスを 3 つ含むような良い長方形
は存在せず，「a」と書かれたマスを 2 つ含む良い長方形は必ず $(2k+1, 2k+1)$ (k
は 1 以上 8 以下の整数) という形のマスを含むので，高々 8 個ある．よって，次
を得る：
$$n \geq (36 - 2 \times 8) + 8 = \mathbf{28}.$$

■■■ 第 7 章 練習問題（初級） ■■■

　1. (JJMO/2015/予選 2)　同じ大きさの円が 10 個あり，図のように接してい
る．以下の 2 条件をみたすように，これらの円に整数を 1 つずつ書き込む方法は
何通りあるか．ただし，回転や裏返しにより一致する書き込み方も異なるものと
して数える．

- 1 を 1 個, 2 を 2 個, 3 を 3 個, 4 を 4 個書き込む.
- 互いに接している 2 つの円には異なる整数を書き込む.

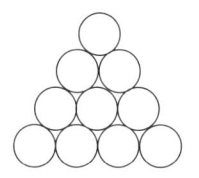

2. (CIMC/2015/A4)　下図は正方形 26 個と黒い穴 1 個からなる. このうち何個かの正方形からなる長方形の個数を求めよ. ただし, 中に黒い穴が含まれるような長方形は認めないものとする.

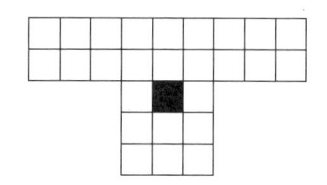

3. (JJMO/2012/本選 3)　a, b を正の整数とする. $a \times b$ のマス目があり, このうち N 個のマスに印が付いている. 以下の操作を何回か行ってすべてのマスに印を付けることができた.

　操作：ある行またはある列について, 1 マスを除いてすべてのマスに印が付いているとき残りのマスに印を付ける.

このとき, N として考えられる最小の値を a, b を使って表せ.

4. (BIMC/2013/A12)　ある工場では 2 種類の金属板を製造している. 1 種類目は 2×2 の正方形状であり, 2 種類目は下図のような 2×2 の正方形から 1 マスを除いた形である. 7×7 の金属板からこれら 2 種類の金属板を切り取り, 1 マスも残らないようにするとき, 切り取られてできる 2 種類の金属板の個数として考えられる最小値を求めよ.

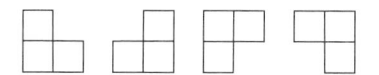

5. (EGMO 代表選抜 1 次試験/2017/3)　図のように，9 × 9 のマス目から 16 個のマスを取り除いた形の板がある．この板をマス目にそった長方形に分割するとき，分割してできる長方形の個数としてありうる最小の値を求めよ．

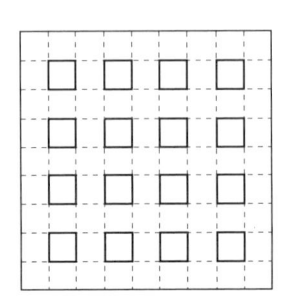

■■■ 第 7 章 練習問題（中級）■■■

1. (JJMO/2014/予選 9)　55 × 55 のマス目上の相異なる n 個のマスに 1 つずつ駒が置かれている．最初の駒の配置によらず，以下の操作を繰り返すことで中央のマスに駒が置かれている状態にできる．このとき，n として考えられる最小の値を求めよ．

　操作：駒を 1 つ選び，それを移動させる方向を上下左右のいずれかに定める．次に移動する場所が，マス目の外側でも駒の置かれているマスでもない限り，その方向に 1 マスずつ，選んだ駒を移動させることを繰り返す．

2. (JJMO/2015/予選 10)　3 × 100 のマス目がある．その各マスに，表と裏の区別のあるコインがすべて表向きで置かれている．以下の操作 1 と操作 2 を好きな順番で繰り返し行うことで得られるコインの配置は何通りあるか．

　操作 1：1 以上 3 以下の整数 i を 1 つ選び，第 i 行にあるマスのすべてのコインを表向きにする．

　操作 2：1 以上 100 以下の整数 j を 1 つ選び，第 j 列にあるマスすべてのコインを裏向きにする．

3. (JJMO/2015/本選 3)　n, k を $n \geq k$ なる正の整数とする．$n \times n$ のマス目があり，各マスを白または黒で塗る．アリが k 匹いて，それぞれのアリは隣り合

うマスに動くことを繰り返す．白のマスではアリは直進のみすることができ，黒のマスでは次に動くマスを隣り合うマスの中から好きなように選ぶことができる．あるマスを黒，他のマスを白で塗り，最初のアリの配置，動く向きをうまく決めると，すべてのマス目を少なくとも1匹のアリが訪れるようにできた．このような正の整数 m としてありうる最小の値を求めよ．

4. (JJMO/2018/予選6) 図の左の盤面に，図の右のようなタイル12枚をマス目にそって重ならないように置き，盤面全体を敷き詰める方法は何通りあるか．

ただし，タイルの表裏は区別しない．また，盤面の回転や裏返しにより一致する置き方は異なるものとして数える．

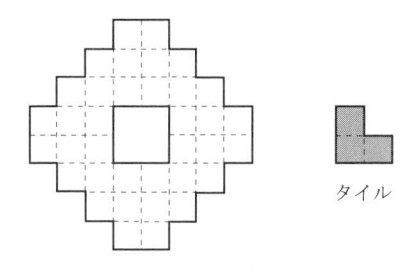

タイル

5. (IMO/2016/2) n を正の整数とする．$n \times n$ のマス目の各マスに，次の2条件をみたすように I, M, O のうちいずれか1文字を書き込むことを考える：

- 各行，各列には I, M, O の各文字がちょうど3分の1ずつ含まれる．
- 各斜線について，その斜線に含まれるマスの数が3の倍数であれば，その斜線には I, M, O の各文字がちょうど3分の1ずつ含まれる．

このようなことが可能な n をすべて求めよ．

> **注** $n \times n$ のマス目の各行，各列は上および左から順に1から n まで番号を付けることができる．したがって，各マスは $1 \le i, j \le n$ をみたす正整数の組 (i, j) に対応付けられる．このとき，**斜線**とは $i+j$ が一定となるような (i, j) 全体からなる集合，および $i-j$ が一定となるようなマス (i, j) 全体からなる集合のことであり，合計 $4n-2$ 本存在する．

6. (JJMO/2016/予選9) 15個の長方形が下図のように並んでいる．
これらの長方形のそれぞれを赤か青のいずれかの色で塗り，次の条件をみたす

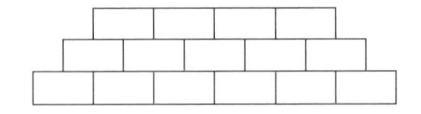

ようにする：

　　最下段以外の長方形を赤で塗るとき，その長方形のすぐ下にある 2 つの長方
　　形も赤で塗る．

　このような塗り方は何通りあるか．

7. (JMO/2016/予選 4)　　11×11 のマス目を，マス目にそった 5 つの長方形に
分割する．分割されてできた長方形のうちの 1 つが，もとのマス目の外周上に辺
を持たないような分割方法は何通りあるか．

　ただし，回転や裏返しにより一致する分割方法も異なるものとして数える．

■■■ 第 7 章 練習問題（上級） ■■■

1. (JMO/2005/本選 1)　　表裏の区別のある硬貨が 17×17 の正方形状にすべて
表を上にして並べられている．一回の操作で，縦に連続する 5 枚の硬貨，横に連
続する 5 枚の硬貨，または斜めに連続する 5 枚の硬貨を同時にひっくり返す．こ
の操作を何回か繰り返して，すべての硬貨が裏を上にして並んでいる状態にする
ことはできるか．

2. (IMO/2014/2)　　n を 2 以上の整数とする．$n \times n$ のマス目における**平和な**
配置とは，どの行と列にもちょうど 1 個の駒があるように n 個の駒が配置されて
いるものをいう．次の条件をみたす正の整数 k の最大値を求めよ：

　　条件：$n \times n$ のマス目における任意の平和な配置に対し，駒を一つも含まな
　　い $k \times k$ のマス目が存在する．

3. (IMO/2004/3)　　1 辺の長さが 1 である正方形 6 個からなる下のような図形
を考える．

　この図形と，この図形に回転や裏返しを施して得られる図形
を**フック**と呼ぶことにする．

　$m \times n$ の長方形であって，いくつかのフックで覆うことが

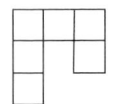

できるものをすべて決定せよ. ただし,

- 隙間や重なりがないように覆わなければならない.
- フックの一部が長方形からはみ出してはならない.

4. (EGMO/2016/5) k, n は整数であり, $k \geq 2$, $k \leq n \leq 2k - 1$ をみたしている. $1 \times k$ または $k \times 1$ の長方形のタイルを $n \times n$ のマス目に, どのタイルも k 個の連続するマスを覆うように, またどの 2 つのタイルも重ならないように置いていく. これを, それ以上タイルが置けなくなるまで行う. 各 k, n に対し, それ以上タイルが置けなくなったときのタイルの枚数としてありうる最小の値を求めよ.

5. (EGMO/2015/2) n を正整数とする. 2×1 または 1×2 のマス目をドミノとよぶ. $2n \times 2n$ のマス目に n^2 個のドミノを, 以下の条件をみたすように配置する方法は何通りあるか.

条件：どの 2×2 の部分マス目についても, 同じ行または同じ列にある 2 つのマスであってどちらもドミノで覆われていないようなものが存在する.

第8章　平面図形

　平面上の直線は，平面を 2 つの領域（半空間）に分割する．この事実を基に多くの問題が考えられている．また正多角形を舞台にした問題も多く，対角線を交えて，いろいろな問題が登場する．

例題 1 (JMO/2001/予選 10)　（平面・空間の分割（解説））
　空間内に 10 個の異なる平面がある．どの 2 個の平面も 1 つの直線を共有し，どの 3 個の平面もただ 1 点のみを共有し，どの 4 個の平面も共有点をもたない．これら 10 個の平面によって空間はいくつの部分に分割されるか．

　解答　(1)　直線上の点はその直線を 2 つの部分（半直線）に分割する．一般に，直線上の n 個の点はその直線を $n+1$ 個の部分に分割する．

　(2)　平面上の直線はその平面を 2 つの部分に分割する（パッシュ (Pasch) の公理）．一般に，平面上に $n \geq 2$ 本の異なる直線があり，どの 2 本の直線もただ 1 点で交わり，どの 3 本の直線も共有点をもたないとき，これらの直線は**一般の位置**にあるという．一般の位置にある n 本の直線はその平面を $1 + \dfrac{n(n+1)}{2}$ 個の領域に分割する．

　この事実は，次のようにして，帰納的に証明される：

　一般の位置にある k 本の直線によって平面が b_k 個の領域に分割されているとき，さらに 1 本の直線を（一般の位置にあるように）引くと，この直線は，k 本の直線とそれぞれ 1 点で交差するから，$k+1$ 個に分割され，各々が b_k の領域の 1 つを 2 つに分割する．すなわち，

$$b_{k+1} = b_k + (k+1) \quad (k = 0, 1, 2, \cdots)$$

が成り立つ. よって, 次を得る:

$$b_n = b_0 + \sum_{k=0}^{n-1} (k+1) = 1 + \frac{n(n+1)}{2}.$$

注　これら b_n 個の領域は, 境界を共有する領域が異なる色となるように, 2色で塗り分けられる (後の第 8 章練習問題 (中級 7) の補題を参照).

(3)　問題文の条件をみたす空間内の平面群は, **一般の位置**にあるといわれる. 一般の位置にある n 個の平面が空間を a_n 個の部分に分割するとしよう. $a_0 = 1$, $a_1 = 2$, $a_3 = 8$ である. 空間が k 個の一般の位置にある平面によって a_k 個の部分に分割されている. これに新たたに 1 個の平面を (一般の位置にあるように) 加えると, この平面は k 個の平面とそれぞれ 1 本の直線で交差するから, b_k 個の領域に分割される. この分割された各領域は, a_k 個に分割された部分の 1 つを 2 つに分割する.

よって,

$$a_{k+1} = a_k + b_k \quad (k = 0, 1, 2, \cdots)$$

が成り立ち, 次を得る:

$$a_n = a_0 + \sum_{k=0}^{n-1} b_k = 1 + \frac{n^3 + 5n}{6}.$$

求めたいのは a_{10} の値であったので, $n = 10$ を代入して, 次の答を得る:

$$a_{10} = 1 + \frac{10^3 + 5 \times 10}{6} = \mathbf{176}.$$

参考　実数 (有理数でも十分) m が無限にあることから, 傾き m の直線を考えることによって, 一般の位置にある直線は無限本引ける. 同様に, (平面の傾きを考えることで) 一般の位置にある平面も無限個存在することもわかる.

また, 平面上の点集合について, どの 3 点も同一直線上にないとき, この点集合は**一般の位置**にあるという.

例題 2 (BRITISH MO/2014/1)　正 2014 角形の対角線を n 色で彩色す

る．2本の対角線がそれらの内点で交差するとき，この2本の対角線には異なる色を塗るものとする．このような彩色が可能であるような n の最小値を求めよ．

解答　正2014角形の中心点を通る対角線を主対角線と呼ぶことにする．主対角線は1007本あり，これらはすべて中心点で交わるから，少なくとも1007色が必要である．

1本の主対角線の両端点から，それぞれ，時計回りに，順次対角線を引き，これらをその主対角線と同じ色で塗る（下の左図は正10角形の場合を示す）．このように定めた対角線どうしは内点では交わらないことに注意する．各主対角線についてこのような対角線の組を，主対角線と同じ色で塗る．これですべての対角線が得られるから，1007色あれば十分である．

よって，求める n の最小値は **1007** である．∎

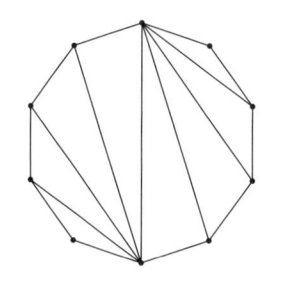 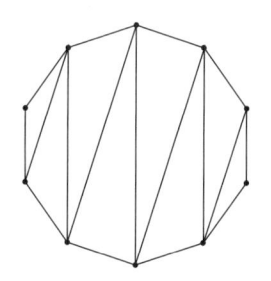

注　上の右図を使っても，同様な証明ができる．

第8章 練習問題（初級）

1. (JJMO/2010/本選3)　5本の線分がある．この中から3本を選ぶ方法は10通りあるが，そのうち9通りでは選んだ3本を辺とする鋭角三角形を作れる．このとき，残りの1通りで選んだ3本を辺とする三角形を作れることを示せ．

2. (Singapore Junior MO/2015/4)　A を集合 $\{1, 2, 3, \cdots, 2015\}$ の部分集合とし，次の性質をもつものとする：

性質：A の任意の相異なる 2 元は，これらを x, y とすると，これらを辺とする（正三角形ではない）二等辺三角形を一意に決定する.

このような性質をもつ集合の元の個数の最大値を求めよ.

3. (JJMO/2009/予選 7)　1 辺の長さが 1 の小立方体が 8 つある. これらを重ねて，下図のように 1 辺の長さが 2 の立方体を作った. もとの小立方体の頂点と一致する点を 2 点以上通るような直線は空間内に何本あるか.

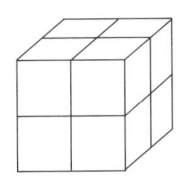

4. (JJMO/2013/予選 4)　下図のように 10 個の点が並んでおり，このうち相異なる 5 個の点に印がついている. 10 個の点のうち 4 個を通るような直線は 5 本あり，下図において実線で示されている. このうちどの直線についても，直線上にある 4 点のうち，印のついているものはちょうど 2 個であった. このような印の付き方は全部で何通りあるか. ただし，回転や裏返しで一致するものも区別して考える.

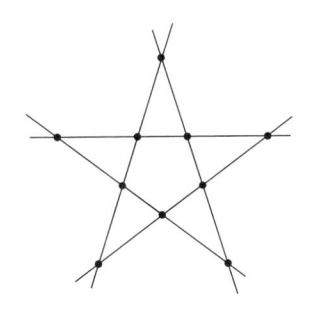

5. (AMC/2013/10B(22))　正八角形 ABCDEFGH の中心を J とする. 8 頂点 A, B, C, D, E, F, G, H と中心 J に 1 から 9 までの数字を，次の条件 (∗) をみたすように，重複なく一つずつ割り振る.

　(∗)　ライン AJE, BJF, CJG, DJH 上の 3 つの数字の和が等しい.

このような数字の割り振り方は何通りあるか.

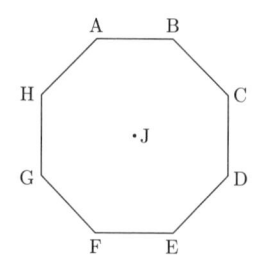

6. (AMC/2013/10A(25)) 正八角形にその 20 本の対角線をすべて書き込む.この正八角形の内部 (境界上にはない) の 2 本以上の対角線の交点の個数を求めよ.

7. (CHINA Girls' MO/2012/4) 正 13 角形の各頂点に,黒石または白石が 1 つずつ置かれている.2 つの石をうまく選んで入れ替えることで,正 13 角形の中心を通るある軸に関して石の色が対称であるようにできることを示せ.

第 8 章 練習問題 (中級)

1. (APMO/2011/2) 平面上に 5 つの点 A_1, A_2, A_3, A_4, A_5 があり,どの 3 点も同一直線上にはない.$\angle A_i A_j A_k$ (i, j, k は相異なる 1 以上 5 以下の整数) のうちで最小なものがとりうる最大の値を求めよ.ただし,角度は 0° 以上 180° 以下の範囲で考える.

2. (JMO/2007/予選 5) 平面上に 3 つの長方形があり,どの 2 つの長方形も互いに平行な辺をもつ.これらの長方形によって,平面は最大でいくつの部分に分割されるか.

ただし,どの長方形にも含まれない部分も 1 つと数える.たとえば長方形が 1 つあるときは,平面は 2 つの部分に分割される.

3. (JJMO/2014/予選 11) 円周上に 14 個の点がある.次の条件をみたすように各点からちょうど 1 つの点に向かって矢印を引く方法は何通りあるか.ただし,自分自身に向かって矢印が引かれているような点があってもよく,回転や裏返しにより一致する矢印の引き方も異なるものとして数える.

条件:どの点についても,その点を出発して矢印に従って 20 回移動した点と,時計回りに 2 つ隣の点から出発して矢印に従って 1 回移動した点が一致

する.

4. (JJMO/2017/予選 9) n を正の整数とする. xy–平面から n 個の点を選ぶ
と, これらは次の条件をみたしていた.

- いずれも x, y 座標がともに 0 以上 2017 以下の整数である.
- この中から相異なる 2 点 (a,b), (c,d) を選ぶと, 2 点の選び方によらず
  $|a - c| \neq |b - d|$ をみたす.

このようなことが起こりうる n のうちの最大のものを N としたとき, xy–平面
から条件をみたすように N 個の点を選ぶ方法は何通りあるか.

5. (APMO/2011/4) n を固定された正の整数とする. 座標平面上の**相異なる**
点 $P_0, P_1, \cdots, P_{m+1}$ (ただし, m は非負整数) を次の 3 つの条件をみたすように
とる:

(1) P_0 の座標は $(0,1)$, P_{m+1} の座標は $(n+1, n)$ であり, $1 \leq i \leq m$ なる整
    数 i に対しては P_i の x 座標, y 座標はともに 1 以上 n 以下の整数である.

(2) $0 \leq i \leq m$ なる整数 i に対して, i が偶数なら $P_i P_{i+1}$ は x 軸に平行であ
    り, i が奇数なら $P_i P_{i+1}$ は y 軸に平行である.

(3) $0 \leq i < j \leq m$ なる整数 i, j に対して, 線分 $P_i P_{i+1}$ と $P_j P_{j+1}$ は高々 1
    点を共有する.

このとき m として考えられる最大の値を求めよ.

6. (JJMO/2010/本選 5) n を 2 以上の整数とする. 円周上に白点と黒点が n
個ずつ計 $2n$ 個ある. これらの点に対し, 以下の条件をみたすように $2n$ 本の線分
を引くことを考える.

(1) どの線分も 1 つの白点と 1 つの黒点を端点にもつ.

(2) これらの線分を順に辿ることで, すべての点を 1 回ずつ通り 1 周すること
    ができる.

このとき, どのような配置に対しても, 線分どうしの交点が $n - 1$ 個以下にな
るように線分を引けることを示せ. ただし, 線分の端点は交点とみなさないこと
にする.

7. (EGMO/2017/3) 平面上にどの 3 直線も 1 点で交わらないような 2017 本

の直線がある．かたつむり君ははじめある直線上の交点でない点にいて，以下の条件をみたすように直線上を動く：かたつむり君は2直線の交点に達するまでは直線に沿って動き，交点に達すると左または右に曲がる．曲がる方向は左右が交互になるようにする．交点以外では動く方向を変えないとする．

このとき，一度通った線分を逆向きにもう一度通ることはありうるか．

8. (JJMO/2013/予選7)　正 100 角形の頂点のうち 2 個を赤色，2 個を青色で塗る．以下の条件をみたす塗り方は何通りあるか．ただし，同じ点を 2 つの色で塗ることはできないものとし，回転や裏返しで一致するものも区別して考える．

　条件：赤色で塗られた 2 頂点を通る直線と，青色で塗られた 2 頂点を通る直線が直交する．

9. (JJMO/2009/本選3)　n を 2 以上の整数とする．正 $2n$ 角形の各頂点に，1 以上 $2n$ 以下の相異なる整数を一つずつ割り当てる．

(1)　隣り合う頂点に割り当てた数の差がすべて $n-1$ 以上になるような割り当て方が存在することを示せ．

(2)　隣り合う頂点に割り当てた数の差がすべて n 以上になるような割り当て方は存在しないことを示せ．

■■■ 第 8 章 練習問題（上級）■■■

1. (IMO/2013/2)　4027 個の点が平面上にある．この点の配置が**コロンビア風**であるとは，それらが 2013 個の赤い点と 2014 個の青い点からなり，どの 3 点も同一直線上にないことである．平面上に何本かの直線を引くと，平面はいくつかの領域に分かれる．あるコロンビア風の配置に対し，以下の条件をみたす直線の集合は**良い**と定義する：

- どの直線も配置中の点を通らない．
- 直線によって分けられたどの領域も，両方の色の点を含むことはない．

どのようなコロンビア風の配置に対しても，k 本の直線からなる良い集合が存在するような k の最小値を求めよ．

2. (IMO/2015/1)　平面上の有限個の点からなる集合 **S** について，どの相異な

る S の 2 つの元 A, B についても，AC = BC をみたす S の元 C が存在するとき，S は**平衡集合**であるという．また，どの相異なる S の 3 つの元 A, B, C についても PA = PB = PC をみたす S の元 P が存在しないとき，S は**非中心的**であるという．

(a)　任意の整数 $n \geq 3$ について，n 点からなる平衡集合が存在することを示せ．

(b)　n 点からなる非中心的な集合が存在するような整数 $(n \geq 3)$ すべてを決定せよ．

3. (IMO/2014/6)　平面上の直線の集合が**一般の位置**にあるとは，その集合に属するどの 2 本の直線も平行ではなく，かつどの 3 本の直線も 1 点で交わらないことをいう．一般の位置にある直線の集合は平面をいくつかの領域に分割するが，そのうちで面積が有限のものを**有界領域**と呼ぶ．

十分大きなすべての整数 n について，任意の一般の位置にある n 本の直線の集合から次の条件をみたすように $\sqrt{n}$ 本以上の直線を選ぶことができることを示せ．

条件：選ばれた直線を青く塗ったとき，境界がすべて青く塗られているような有界領域は存在しない．

4. (IMO/2016/6)　n を 2 以上の整数とする．平面上に n 本の線分があり，どの 2 本も端点以外で交点をもち，どの 3 本も 1 点で交わらないとする．太郎君はそれぞれの線分についていずれかの端点を選び，もう片方の端点を向くように 1 匹ずつカエルを配置する．次に，太郎君は $n - 1$ 回手をたたく．太郎君が 1 回手をたたくごとに，それぞれのカエルは線分上の隣の交点に跳び移る．ただし，それぞれのカエルは移動する向きを変えないとする．太郎君の目標は，うまくカエルを配置することで，どの 2 匹のカエルも同時に同じ点にいることがないようにすることである．

1.　n が奇数のとき，太郎君は必ず目標を達成できることを示せ．

2.　n が偶数のとき，太郎君は決して目標を達成できないことを示せ．

5. (JMO/2009/予選 12 改)　n を正の整数とする．平面はその中の直線によって 2 つの部分に分かれるが，そのうち一方（直線は含まない）を半平面という．S を，どの 3 点も同一直線上にないような平面上の n 点からなる集合とする．このとき，S の部分集合であって，S とある半平面の共通部分となるものの個数は

$n^2 - n + 2$ であることを証明せよ.

6. (IMO/2006/2) 正 2006 角形 P がある. P の対角線で次の条件をみたすものを**奇線**とよぶことにする. 対角線の両端点で P の周を 2 つの部分に分けたとき, 各部分は奇数個の辺を含む. また, P の各辺も**奇線**とよぶ.

P を, 端点以外では共通点を持たないような 2003 本の対角線で三角形に分割するとき, 2 辺が奇線であるような二等辺三角形の個数のとりうる最大値を求めよ.

7. (JMO/2010/本選 5) 凸 2010 角形があり, どの 3 本の対角線も頂点以外の共有点をもたない 2010 本の対角線 (辺は含まない) からなり, すべての頂点をちょうど 1 回ずつ通るような閉折れ線を考える. このような閉折れ線の自己交差の回数としてありうる最大の値を求めよ.

ただし, 折れ線 $P_1 P_2 \cdots P_n P_{n+1}$ において $P_1 = P_{n+1}$ であるとき, これを閉折れ線とよぶ.

第9章　グラフ理論

　グラフ理論は数学オリンピックにおいて既知とする事項ではないが，単純で応用がきくことなどから，問題の中にもグラフ理論から発生したものや，グラフを使うと考えやすいものが多く見られる．ここで簡単に紹介する．

　グラフ $G = (V, E)$ とは，**頂点**と呼ばれる有限個の点と，それらを結ぶ**辺**と呼ばれる有限個の直線や曲線でできた図形である．頂点の集合を V で表し，G の**頂点集合**といい，辺の集合を E で表し，G の**辺集合**という．頂点 v とそれ自身を結ぶ辺を**ループ**という．また 2 頂点 u, v を結ぶ複数の辺は平行であるといい，まとめて**多重辺**という．ループも多重辺ももたないグラフを**単純グラフ**という．グラフの頂点 v ついて，v に接続する辺の本数を頂点 v の**次数**といい，$deg(v)$ で表す．

　ただし，ループについては 1 本を 2 と数えるものとする．

　握手の補題　グラフ $G = (V, E)$ において，$V = \{v_1, \cdots, v_n\}$ とすると，

$$\sum_{v \in V} deg(v) = \sum_{i=1}^{n} deg(v_i) = deg(v_1) + \cdots + deg(v_n) = 2|E|.$$

　奇頂点定理　任意のグラフにおいて，次数が奇数の頂点は偶数個である．

　グラフ $G = (V, E)$ 上で，ある頂点 v_0 から出発して，辺・頂点・辺・頂点 $\cdots$ と辿り，頂点 v_k に到る経路

$$W = v_0 e_1 v_1 e_2 v_2 \cdots v_{k-1} e_k v_k \tag{$*$}$$

を，v_0 と v_k を結ぶ**歩道**(walk) という．特に，$v_0 \neq v_k$ のとき**開歩道**，$v_0 = v_k$ の

とき**閉歩道**という．歩道 W において，すべての辺 $e_1, \cdots, e_k$ が互いに異なるとき，W を特に**小径** (trail) という．$v_0 \neq v_k$ のとき**開小径**，$v_0 = v_k$ のとき**閉小径**という．開小径において，すべての頂点が互いに異なるとき，W を特に**道** (pass) といい，閉小径においてすべての頂点が互いに異なるとき，W を**サイクル**という．

グラフ $G = (V, E)$ において，

(1) 任意の2頂点 u, v について，u と v を結ぶ道が存在するとき，G は**連結**であるという．

(2) すべての辺を含む開小径を**オイラー小径**，すべての辺を含む閉小径を**オイラー周遊**という．これらを含むグラフは一筆書き可能である．

(3) すべての頂点を含む道を**ハミルトン道**，すべての頂点を含むサイクルを**ハミルトンサイクル**という．

オイラーの一筆書き定理 $G = (V, E)$ を連結グラフとする．

 G がオイラー周遊をもつ $\Longleftrightarrow$ G のすべての頂点の次数は偶数である．

頂点数 n の単純グラフで，どの2頂点も結ばれているものを **n–頂点完全グラフ**といい，K_n で表す．K_n の辺の本数は $\dfrac{n(n-1)}{2}$ である．

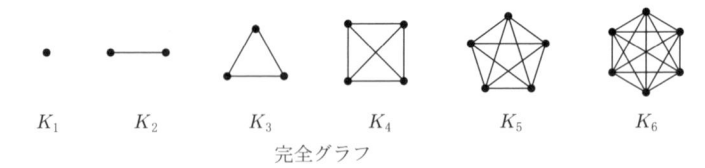

完全グラフ

グラフの辺に矢印を付けて向きを指定したものを**有向グラフ**という．有向グラフの頂点 v について，v に入ってくる矢印の本数を**入次数**，v から出ていく矢印の本数を**出次数**といい，それぞれ，$ideg(v)$，$odeg(v)$ で表す．

完全グラフの辺に向きを指定したものを **tornament** (総当たり戦) という．

> **注** 日本ではトーナメント戦とは勝ち抜き戦のことを意味する．

例題1 次図のように，東西に6本，南北に7本の街路がある．このとき，地点 A から地点 B まで遠回りをしないで行く道順について，次の問

に答えよ.

(1) 全部で何通りの行き方があるか.

(2) 地点 C を通って行く道順は何通りあるか.

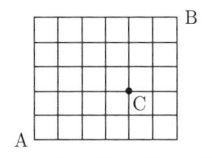

解答 (1) 東へ 1 区画行くことを a, 北へ 1 区画行くことを b とする. このとき, 求める道順の総数は, 11 個の文字 $a, a, a, a, a, a, b, b, b, b, b$ の順列の総数となる. よって, $\dfrac{11!}{6!\,5!} = \mathbf{462}$ (通り).

(2) A から C への道順の総数は, 6 個の文字 a, a, a, a, b, b の順列の総数で, $\dfrac{6!}{4!\,2!} = 15$ (通り). C から B への道順の総数は, 5 個の文字 a, a, b, b, b の順列の総数で, $\dfrac{5!}{2!\,3!} = 10$ (通り). よって, 求める道順の総数は, $15 \times 10 = \mathbf{150}$ (通り). ∎

例題 2 (IRISH MO/2011/7) N を $2 \leq N < 10$ なる整数とする. N 人の選手が出場したあるテニスの総当たり戦で, 各選手は他の選手各々と 1 回ずつ戦い, 勝ったときには 1 点を, 負けたときには 0 点を獲得した. 引き分けはなかった. この大会である選手はただ 1 人奇数の勝ち点を獲得し, しかも第 4 位であった. このような状況が実際に起こりうるかを判定せよ. また, もし起こるならば, その選手は何回勝ったか.

解答 ただ 1 人だけの選手が奇数の勝ち点を獲得したとすると, この大会で獲得した勝ち点の合計も奇数のはずである. これより, $N = 6$ と $N = 7$ が残る.

$N = 6$ の場合:

奇数の勝ち点を獲得した選手は, 1 回, 3 回または 5 回勝っている. もし 5 回勝てば, 全勝だから, 優勝しているはずである. もし 1 回しか勝てなかったならば, 5 位または 6 位のはずである. したがって, 3 回勝ったはずである. 成績上位者の 3 人が 4 回勝ったとすると, 残りの 2 人は 0 勝となるが, これは不可能である.

$N = 7$ の場合:

奇数の勝ち点としては, $1, 3, 5$ が考えられる.

1 は不可能である; というのは, 5 位, 6 位, 7 位の選手の勝ち点はすべて 0 に

なってしまうからである.

　同様に，5も不可能である；というのは，第4位の選手が5を獲得すると，第1位，第2位，第3位の上位3人は勝ち点6でなければならず，これは全勝を意味する.

　残っているのは3だけである．第5位，第6位，第7位の選手の勝ち点は2, 2, 2であるかまたは2, 2, 0となる．前の場合は，上位3選手の勝ち点はすべて4で，後の場合は第1位の勝ち点は6で，第2位と第3位の勝ち点は4となる．これらの結果はともに，下の表に示すように，実現可能である.

	1	2	3	4	5	6	7	tot
1	*	1	1	1	1	1	1	6
2	0	*	1	1	1	0	1	4
3	0	0	*	1	1	1	1	4
4	0	0	0	*	1	1	1	3
5	0	0	0	0	*	1	1	2
6	0	1	0	0	0	*	1	2
7	0	0	0	0	0	0	*	0

	1	2	3	4	5	6	7	tot
1	*	1	0	1	1	0	1	4
2	0	*	1	1	1	1	0	4
3	1	0	*	1	1	0	1	4
4	0	0	0	*	1	1	1	3
5	0	0	0	0	*	1	1	2
6	1	0	1	0	0	*	0	2
7	0	1	0	0	0	1	*	2

　この結果，参加者が7人のときに実現可能で，問題の選手は3回勝った. ∎

第9章 練習問題（初級）

1. (JJMO/2014/予選3)　下図の中央の点から出発し，線に沿って隣の点に移動するということを10回繰り返して中央の点に戻ってくる方法は何通りあるか．ただし，途中で中央の点に移動してもよいものとする.

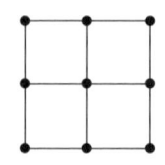

2. (JJMO/2009/予選2)　1辺1の正方形15個からなる3行5列のマス目がある．最も左下にある頂点を点A，最も右上にある頂点を点Bとする．また，各正

方形には下図のように左下の頂点から右上の頂点への対角線が引かれている. これらの対角線と正方形の辺を通る A から B への行き方のうち, 距離が最短であるものは何通りあるか.

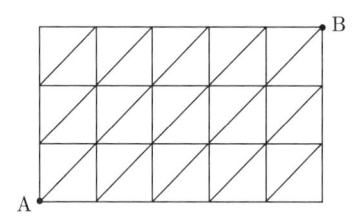

3. (CHINA Girls' MO/2012/6) n を 3 以上の整数とする. ある国には, n 個の都市と 2 つの航空会社がある. どの 2 つの都市についても, それらを結ぶ往復便がちょうど 1 社により運行されている.

ある旅行者は, 出発点と終着点が同じであり, 他の都市を 2 つ以上経由し, 経由する都市はすべてちょうど 1 回ずつ訪れるような旅行コースを考えている. すると, 旅行の出発点とコースをどのように選んでも, 両方の航空会社の便に乗らなければならないことに気がついた.

このような n の最大値を求めよ.

■■ 第 9 章 練習問題（中級）■■

1. (JMO/2014/予選 7) ある学校には 4 人からなる委員会がある. 委員会には 4 つの係があり, それぞれの委員には相異なる係が割り当てられる. 各委員には希望する係が 2 つずつあり, 委員全員を希望する係に割り当てる方法がちょうど 2 通りあるという. このとき, 4 人の委員の希望としてありうる組合せは何通りか.

2. (JMO/2003/予選 10) 8 人の人がいて, どの 2 人も, 仲が良いか仲が悪いかのどちらかである. どの 3 人の中にも仲が悪い 2 人がおり, どの 4 人の中にも仲が良い 2 人がいるという. このとき, 仲が良い 2 人組の数として取り得る値をすべて求めよ.

3. (JJMO/2012/予選 7) 下図の点 A から出発し, 線を辿って他の 9 個の点をちょうど 1 回ずつ通過して A に戻ってくる方法は何通りあるか. ただし, 線の途

中で引き返すことはないものとする.

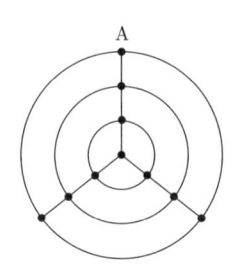

4. (IRISH MO/2016/TST) n を正整数とする. n 人の選手で卓球の総当たり戦を行った. どの2選手も一度ずつ対戦した. 引き分けはなかった. 選手 a と選手 b の組合せに対して, 第3の選手 c が存在して, c は a, b の両者を打ち負かした.

このような状況を実現可能とする n の最小値を求めよ.

5. (JMO/1997/本選3) $G = (V, E)$ は頂点数 $|V| = 9$ の単純グラフで, 次の条件をみたすとする.

条件：V の任意の5頂点について, 両端点がそれら5頂点の集合に含まれるような G の辺が2本以上存在する.

このような G は最低何本の辺を有するか.

■■■ 第9章 練習問題（上級） ■■■

1. (AIME/2012/14) 9人から成るグループにおいて, 各メンバーはちょうど2人のメンバーと握手をする. このような握手の組合せは何通りあるか.

ただし, 2つの組合せが異なるのは,「一方の組合せで握手した2人が, もう一方の組合せでは握手していない」ような2人が存在する場合とする.

2. (JMO/2005/予選12) 80個の島と2005本の橋があり, 島と島との間は1本の橋で結ばれているか, 結ばれていないかのいずれかである. どの島からどの島へも橋を何本か伝って渡ることができる.

橋をいくつか壊して, どの島に架かっている橋の本数も偶数になるようにした

い．ただし，壊す橋は 0 本でもよく，橋を壊した結果，ある島からある島へ橋を伝って行けなくなってもよい．

初めの 2005 本の橋の架かり方それぞれに対し，このような橋の壊し方が何通りあるかを考える際，その最大値を求めよ．

3. (APMO/2016/4)　銀河帝国は 2016 個の都市から構成されている．流れ星航空は都市から都市への直行便を，どの都市からもちょうど 1 本の直行便が出ているように開設したい．このとき，流れ星航空の直行便の開設の仕方によらず次の条件がみたされるような最小の正の整数 k を求めよ．

> **条件**：流れ星航空が直行便を開設した後，都市をうまく k 個のグループに分けることで，任意の都市について，そこから同じグループ内のどの都市にも 28 本以下の直行便を乗り継いで移動することが不可能となるようにできる．

4. (JMO/2006/本選 4)　整数 m, n は $2 \leq m \leq n$ をみたすとし，m 以下の正整数 a, a' と n 以下の正整数 b, b' は $(a, b) \neq (a', b')$ をみたすとする．

筋とよばれ南北に走る m 本の道と，**通り**とよばれ東西に走る n 本の道からなる，碁盤の目のような長方形の町がある．西から a 本目の筋と北から b 本目の通りが交わる点から，西から a' 本目の筋と北から b' 本目の通りが交わる点へ，初めと終わりを含めて町の各交差点をちょうど一度ずつ通って到達できるような，m, n, a, b, a', b' の組をすべて求めよ．

5. (JMO/2004/本選 5)　ある島ではどの町も，他のちょうど 3 つの町と道路で結ばれている．昨年の旅行では，ある町から出発し，島のすべての町をちょうど一度ずつ訪れて，元の町に戻ってきた．

今年も同じ町から出発して，島のすべての町をちょうど一度ずつ訪れて戻ってくる旅行をしようと思う．ただし，去年と完全に同じ順や，それを単に逆にたどった順は避けたい．これが可能であることを示せ．

6. (JMO/2018/予選 10)　$2^3 = 8$ 人の選手が勝ち抜き戦のチェス大会に参加した．この大会では，次のようにして優勝者が決定される：

- 最初に，選手全員を横一列に並べる．
- 次に，以下の操作を 3 回繰り返す：

　　　　列の中の選手を，端から順に 2 人ずつ組にし，各組の選手どうしで試合

を行う．勝った選手は列に残り，負けた選手は列から脱落する．ただし，引き分けは発生しないものとする．

- 最後に列に残った選手を優勝者とする．

大会の前には総当たりの練習試合が行われ，その際も引き分けは発生しなかった．すなわち，任意の2人組について，その2人の選手による練習試合が行われ，勝敗が決した．

いま，大会中の勝敗が練習試合と一致すると仮定したとき，はじめの選手の並べ方によっては優勝する可能性のある選手はちょうど2人であった．練習試合の勝敗の組合せとしてあり得るものは何通りあるか．

7. (JMO/2002/予選 10)　14人が将棋の総当たり戦（各人が残りの13人と各1回勝負する）をするとき，三竦み（さんすく）は最大でいくつありうるか．ここで，「三竦み」とは，次の条件をみたす3人のことをいう．

この3人の間での勝敗は3人とも一勝一敗である．

ただし，すべての勝負で引き分けはないものとする．

第10章 整数の問題

　本シリーズの『初等整数パーフェクト・マスター』において整数に関する問題を多数取り上げたが，整数を素材にした組合せの問題も多い．ここでは重複を避けながら，整数問題を扱う．

> **例題 1** (JMO/2011/予選1)　1 以上 9 以下の整数の組 (a, b, c, d) であって，$0 < b - a < c - b < d - c$ をみたすものはいくつあるか.

　解答　$x = b - a,\ y = c - b,\ z = d - c$ とおく．これらは $0 < x < y < z$ をみたす整数である．さらに，$x + y + z = d - a \leq 9 - 1 = 8$ なので，組 (x, y, z) は次の 4 つのどれかである：

$$(x, y, z) = (1, 2, 3), \quad (1, 2, 4), \quad (1, 2, 5), \quad (1, 3, 4).$$

　$(x, y, z) = (1, 2, 3)$ のとき：
　$(a, b, c, d) = (a, a + 1, a + 3, a + 6)$ であるから，条件をみたす組 (a, b, c, d) は $a = 1, 2, 3$ に対応する 3 個である．

　$(x, y, z) = (1, 2, 4)$ のとき：
　$(a, b, c, d) = (a, a + 1, a + 3, a + 7)$ であるから，条件をみたす組 (a, b, c, d) は $a = 1, 2$ に対応する 2 個である．

　$(x, y, z) = (1, 2, 5)$ のとき：
　$(a, b, c, d) = (a, a + 1, a + 3, a + 8)$ であるから，条件をみたす組 (a, b, c, d) は $a = 1$ に対応する 1 個である．

　$(x, y, z) = (1, 3, 4)$ のとき：
　$(a, b, c, d) = (a, a + 1, a + 4, a + 8)$ であるから，条件をみたす組 (a, b, c, d) は

$a = 1$ に対応する 1 個である.

よって，全体では，上記 4 通りに対応して，$3 + 2 + 1 + 1 = \mathbf{7}$ 個の組が条件を
みたす. ∎

例題 2 (ROMANIAN MO/2015/Grade 6(1))　黒板に，最初に数 11 と
数 13 が書かれている．1 分ごとに黒板には次のような新しい数が書き加
えられていく：

　すでに黒板に書かれている 2 つの数の和として得られる数.

　(a)　数 86 は黒板には現れないこと示せ.

　(b)　数 2015 は黒板に現れることを示せ.

解答　(a) 黒板に書き加えられていく数は，非負整数 a, b を用いて $11a + 13b$ の形
をしている．もし，86 が黒板に現れるとすると，非負整数 a, b が存在して $86 = 11a +$
$13b$ と表される．ただし，$b \leq 6$ である．すると，$13b \in \{13, 26, 39, 52, 65, 78\}$
であるから，$11a = 86 - 13b \in \{73, 60, 47, 34, 21, 8\}$ である．ところが，この
集合のどの要素も 11 では割り切れないので，86 は黒板には現れない.

　(b)　$2015 = 11 \times 182 + 13$ であるから，182 分後に黒板に現れる. ∎

■■ 第 10 章 練習問題（初級）■■

1. (JJMO/2014/予選 2)　500 以下の正の整数 n について，A, B, C, D の 4 人
が以下のように話している：

　A　「n は 2 でちょうど 3 回だけ割り切れる.」

　B　「n は 3 でちょうど 2 回だけ割り切れる.」

　C　「n は 7 でちょうど 1 回だけ割り切れる.」

　D　「n の各桁の数字の和は 15 だ.」

このうち 3 人の発言は正しいが，残りの 1 人の発言は誤りである．このときの
n を求めよ.

2. (JJMO/2018/予選 2)　100 を n で割った余りが 0 以上 30 以下であるよう
な正の整数 n はいくつあるか.

3. (JJMO/2018/予選 4)　50400 の正の約数のうち，正の約数をちょうど 6 個もつようなものはいくつあるか.

4. (JMO/2016/予選 2)　1 以上 2016 以下の整数のうち，20 で割った余りが 16 で割った余りより小さいものはいくつあるか.

5. (JJMO/2011/予選 6)　カードが 4 枚あり，それぞれに 1 桁の正の整数が 1 つずつ書かれている. この中から異なる 2 枚を選び，それぞれのカードに書かれている数を足すと，全部で 4 種類の整数を作ることができる. また，この中から異なる 2 枚を選び，それぞれのカードに書かれている数を掛けると，全部で 3 種類の整数を作ることができる. このとき，4 枚のカードに書かれている整数の組としてありうるものをすべて求めよ.

6. (AMC/2017/12(B)11)　正整数が**単調**であるとは，それが 1 桁の数であるか，またはその数を 10 進法で表し，各桁の数字を桁の順で並べたとき，単調増加数列であるかまたは単調減少数列である場合をいう（例：3, 23578, 987620 は単調，88, 7434, 23557 は単調でない）. 単調な正整数は何個あるか.

7. (JMO/2018/予選 2)　1 以上 9 以下の整数が書かれたカードが 1 枚ずつ，全部で 9 枚ある. これらを区別できない 3 つの箱に 3 枚ずつ入れる方法であり，どの箱についても，入っている 3 枚のカードに書かれている数を小さい順に並べると等差数列をなすものは何通りあるか.

ただし，3 つの数 a, b, c が等差数列をなすとは，$b - a = c - b$ が成り立つことをいう.

■■■ 第 10 章 練習問題（中級）■■■

1. (JMO/2018/予選 7)　1 以上 12 以下の整数を 2 個ずつ，6 組のペアに分割する. i と j がペアになっているとき，$|i - j|$ の値をそのペアの**得点**とする. 6 組のペアの得点の総和が 30 となるような分割の方法は何通りあるか.

2. (JMO/2007/予選 7)　どれも 3 の非負整数乗であるいくつかの整数の和として 100 を表す方法は何通りあるか. ただし，和をとる順番のみが異なるものは同じ表し方とみなす.

3. (JJMO/2017/予選11)　等式

$$(a^2 + b^2)(c^2 + d^2) = 4abcd + 106$$

をみたす整数の組 (a, b, c, d) はいくつあるか.

4. (JMO/2015/予選6)　正の整数 a, b, c が次の4つの条件をみたすとする:

- a, b, c の最大公約数は1である.
- $a, b + c$ の最大公約数は1より大きい.
- $b, c + a$ の最大公約数は1より大きい.
- $c, a + b$ の最大公約数は1より大きい.

このとき, $a + b + c$ のとりうる最小の値を求めよ.

5. (JJMO/2018/本選2)　5人の人がいる. すべての2人組に対して年齢差を計算したところ, それらはすべて異なる正の整数値であった. 最も年上の人と, 最も年下の人の年齢差としてありうる最小の値を求めよ.

6. (JMO/2009/本選2)　N を正の整数とする. 黒板に整数がいくつか書かれていて, 次の条件がみたされている.

- 書かれている数はどれも1以上 N 以下である.
- 1以上 N 以下のどの整数も, 少なくとも1個は書かれている.
- 書かれている数の総和は偶数である.

このとき, 書かれている数のうちいくつかに○印を, 残りすべてに×印を付けることにより, ○印の付いている数の総和と×印の付いている数の総和とを等しくできることを示せ.

7. (JJMO/2012/予選9)　A君とB君は1桁の正の整数をそれぞれ3つ選んだ（同じ整数を2つ以上選んでもよい）. すると, A君が選んだ3つの数の和はB君が選んだ3つの数の積と等しく, A君が選んだ3つの数の積はB君が選んだ3つの数の和と等しくなった. このとき, A君が選んだ3つの数の組としてありうるものは何通りあるか. ただし, 順番を並べ替えただけのものは区別しないとする.

第 10 章 練習問題（上級）

1. (JMO/2007/予選 11)　ある数学大会では，参加者の一部に金，銀，銅のメダルが渡される．メダルの個数はあらかじめ決められている正の整数 $a,\,b,\,c\,(a \geq b \geq c)$ および大会に参加した人数 n により決まり，金メダルは $\left\lfloor \dfrac{n}{a} \right\rfloor$ 人に，銀メダルは $\left\lfloor \dfrac{n}{b} \right\rfloor$ 人に，銅メダルは $\left\lfloor \dfrac{n}{c} \right\rfloor$ 人に渡される．同じ人にメダルが 2 つ以上渡されることはない．

3 以上の任意の整数 k に対し，メダルを渡されない人の数が k 人になるような大会参加人数はちょうど 2 通りであるとき，正の整数の組 (a,b,c) として考えられるものをすべて求めよ．

ただし，実数 r に対し，$\lfloor r \rfloor$ は r を超えない最大の整数を表す．

第11章 ゲーム

ゲーム形式で出題される問題も多い．ほとんどは先手と後手の2者でのゲームで，どちらが勝か（負けるか）を問う他に，先手（または後手）の必勝戦略を問うこともある．

> **例題** (JMO/1993/予選6)　一方が3ゲーム勝ち越したとき優勝者が決まるというルールで，A, Bの2人が競技を行った．ちょうど9ゲーム目でAが6勝3敗となり，3ゲーム勝ち越して優勝した．このとき考えられる9ゲームの勝敗パターンは何通りあるか．

解答　座標平面で原点 $(0,0)$ から出発して，A が勝つと x–軸の正の方向に，B が勝つと y–軸の正の方向に1だけ動くとする．$(6,3)$ に到達すると A が優勝するので，$(0,0)$ より $(6,3)$ までの可能な試合経過は次図で示される．

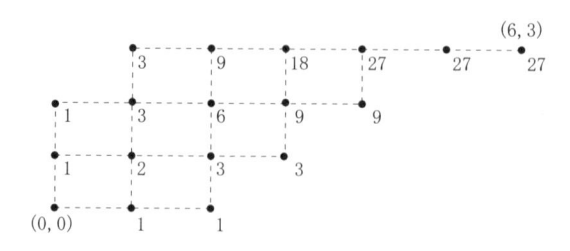

勝敗パターンの数は，各格子点に原点から辿る道の個数を順次書き込んでいき，**27** を得る．

第 11 章 練習問題（初級）

1. (EGMO/2017/4)　n を正の整数，$t_1 < t_2 < \cdots < t_n$ を正の整数とする．$t_n + 1$ 人の人が，どの 2 人組についても高々 1 回しか対戦しないように，チェスの大会を行う．以下の 2 つの条件を同時にみたすような対戦の仕方が存在することを示せ：

（ⅰ）　どの人の対戦回数も $t_1, t_2, \cdots, t_n$ のいずれかである．

（ⅱ）　各 $1 \leq i \leq n$ に対し，ちょうど t_i 回対戦した人が存在する．

2. (AUSTRIAN MO/2015/3)　花子と太郎が 2015 個の真珠が連なった紐でゲームをする．

各回の**移動**で，1 人は紐を切断し，次の人は切断された紐の一方を選び他方を捨てる．最初の移動で花子が紐を切断し，この後，太郎に交代し，交互に順次移動が実施される．

ゲームは最後に 1 個の真珠だけが付いた紐を持った方が負けである．

花子と太郎のどちらに必勝の戦略があるか．

3. (JJMO/2013/本選 2)　x グラムの牛乳と y グラムの紅茶が入っているカップが**良いミルクティー**であるとは，$y > 0$ かつ $\dfrac{y}{x+y} > \dfrac{3}{5}$ であることとする．

いま，空のカップが 3 個ある．A 君と B 君は，A 君を先手として次の操作を交互に行う．

- A 君の操作：いくつかのカップに合計 60 グラムの牛乳を注ぐ．
- B 君の操作：いくつかのカップに合計 60 グラムの紅茶を注いだのち，3 個のうち 1 個のカップを選び，その中身を空にする．

B 君の目標は，2 個のカップを同時に良いミルクティーにすることである．B 君の行動にかかわらず，A 君は B 君の目標を阻止し続けることができるか．

第 11 章 練習問題（中級）

1. (JMO/2007/本選 1)　n を正の整数とする．2 人の人が交互に 1 以上 n 以下の整数を言い合うゲームをする．ただし，一度言われた数は言ってはならない．

言える数がなくなったときゲームは終了し，先手の言った数の和が 3 で割り切れるとき先手の勝ち，そうでないとき後手の勝ちとする．

先手に必勝法の存在する n を求めよ．

2. (JJMO/2018/本選 1)　k を 3 以上の整数とする．正 k 角形を使って，A さんと B さんは次のようなゲームを行うことにした．以下を k 回繰り返す：

A さんは 1 以上 100 以下の整数を 1 つ言い，B さんはその整数を，正 k 角形のまだ数の書かれていない頂点に書き込む．

正 k 角形の同じ数の書き込まれた 3 頂点であって，二等辺三角形の 3 頂点をなすものがあれば B さんの勝ち，なければ A さんの勝ちである．このとき，A さんの行動によらず B さんが必ず勝つことができるような k をすべて求めよ．

3. (JMO/2011/本選 3)　N を正の整数とする．横一列に N 個並んだマス目があり，これを使って A 君と B 君が次のようなゲームを行う：

(1)　最初に，A 君が N 個のマスそれぞれに非負整数を 1 つずつ書き込む．

(2)　条件「$1 \leq i \leq N-1$ をみたす任意の整数 i に対して，左から i 番目のマスに書かれている整数は左から $i+1$ 番目に書かれている整数以下である」が成り立ったとき，ゲームは終了する．そうでない間，以下を繰り返す：

(a)　A 君が非負整数を 1 つ指定する．

(b)　B 君が N 個のマスのうち 1 つを選び，そのマスに書かれている整数を (a) で指定された整数に書き換える．

B 君は，A 君の行動にかかわらず必ずゲームを終了させることができるか．

■■■　**第 11 章　練習問題（上級）**　■■■

---

1. (IMO/2012/3)　うそつき数当てゲームは，2 人のプレイヤー A, B によって行われるゲームである．このゲームのルールは，あらかじめ双方のプレイヤーに知らされている正の整数 k, n に依存する．

ゲームの開始時に，A は $1 \leq x \leq N$ をみたす整数 x, N を選ぶ．A は N を B に正直に伝え，x は秘密にする．その後，B は x についての情報を得るべく，A に次のようにして質問していく：B は正の整数からなる集合 S を指定し（以前の質

問で指定した S と同じでもよい），x が S に属するかを A に尋ねる．B はこのような質問を何回でもすることができる．A は B の各質問に対し，直ちに「はい」か「いいえ」で答えなければならないが，何回でも嘘をつくことができる．ただし，どの連続する $k+1$ 個の回答についても，そのうち少なくとも 1 個の回答は真実でなければならない．

　B が望むだけ質問を行った後，B は高々 n 個の正の整数からなる集合 X を指定しなければならない．x が X に属するならば B の勝ちであり，そうでなければ B の負けである．このとき，以下のことを証明せよ：

1. $n \geq 2^k$ ならば，B は確実に勝つことが可能である．
2. 任意の十分大きい k に対し，$n \geq 1.99^k$ をみたす n であって，B が確実に勝つことは不可能であるものが存在する．

2. (JMO/2012/本選 5)　k を正の整数とする．A 君と B 君がゲームを行う．xy 平面上の点 $(0,0)$ に駒が 1 つ置かれている．A 君を先手として A 君と B 君は次に示す行動を交互に行う．

　　A 君の行動：
　　　　駒の置かれていない格子点を 1 つ選び，そこに印を付ける．
　　　　　　ただし，格子点とは x 座標と y 座標がともに整数であるような点である．
　　B 君の行動：
　　　　(x,y) に置かれている駒を $(x+1,y)$ または $(x,y+1)$ に移動させることを合計 1 回以上 k 回以下行う．
　　　　　　ただし，各移動において，印が付いている点に駒を移動させることはできない．

　B 君が駒を移動させられなくなったら A 君の勝ちとする．B 君の行動によらず，A 君が有限回の行動で勝つことができるような k をすべて求めよ．

3. (JMO/2013/予選 10)　2013 枚のカードがあり，0, 1, $\cdots$, 2012 の番号が付けられている．すべてのカードが裏向きに置かれた状態から，以下の操作 i を $i = 1, 2, \cdots, 2013$ について順に行う：

　　操作 i：番号が $\left\lfloor \dfrac{2013j}{i} \right\rfloor$ （j は 0 以上 $i-1$ 以下の整数）であるような i 枚

のカードをすべてひっくり返す（表向きなら裏向きに，裏向きなら表向きにする）．

すべての操作が終わったとき，表向きになっているカードは何枚あるか．

ただし，実数 r に対して r を超えない最大の整数を $\lfloor r \rfloor$ で表す．

練習問題の解答

◆第1章◆

● 初級

1. 線分 AB を長さ $1/n$ の線分に n 等分する．鳩の巣原理より，$n+1$ 個の点の中に少なくとも 2 点が存在して，同一の線分に含まれる．したがって，その 2 点間の距離は $1/n$ 以下である．

2. (a) 最初の 99 個の部分集合は $2+3+\cdots+100 = 5049$ 個の要素を含む．また，最初の 99 個の部分集合の要素は $1, 2, 3, \cdots, 5049$ と書き表せる．よって，第 100 番目の部分集合の最小の要素は **5050** である．

(b) もし 2015 が n 番目の部分集合の最大の要素であれば，$2+3+\cdots+(n+1) = 2015$ である．両辺に 1 を加えて整理すると $(n+1)(n+2) = 2 \times 2016 = 4032$ となる．$63 \times 64 = 4032$ であるから，2015 は第 **62** 番目の部分集合の最大の要素である．

3. $10x + 10 = 0$ の解として，$-1 \in S$.

すると，$(-1)x^{10} + (-1)x^9 + \cdots + (-1)x + 10 = 0$ の解として，$1 \in S$.

このとき，$1x + 10 = 0$ の解として，$-10 \in S$.

$1x^3 + 0x^2 + 1x + (-10) = 0$ の解として，$2 \in S$. $1x + 2 = 0$ の解として，$-2 \in S$.

$2x + (-10) = 0$, $2x + 10 = 0$ の解として，$5, -5 \in S$.

以上により，$S = \{0, \pm 1, \pm 2, \pm 5, \pm 10\}$ が得られた．

ところで，整数係数多項式 $f(x)$ で，その定数項が 10 の約数であるものについて，方程式 $f(x) = 0$ の整数解は 10 の約数であるから（有理数解の定理），これ

78

により，これ以外の数は S に属さない；すなわち，
$$S = \{0, \pm1, \pm2, \pm5, \pm10\}$$
である．

覚書　一般に，$S = \{0, c\}$ から始めたとき，c の因子がすべて S に加わるとは限らない．例えば，$S = \{0, 35\}$ としてこの問題を解くと，$S = \{0, \pm1, \pm35\}$ となり，$\pm5, \pm7 \notin S$ である．

4. A が少なくとも 3 個の元を含むと仮定する．$a, b, c \in A$ で，$a < b < c$ とすると，B は相異なる 3 つの元 $a+b < a+c < b+c$ を含む．したがって，A は商 $\dfrac{b+c}{a+b}$ を含む．これは整数だから，$a+b \mid b+c$ である．これより，$a+b \mid (b+c) - (a+c)$ であるが，$(b+c) - (a+c) = b-a$ だから，$a+b \mid b-a$ となって，$b > a$ となり，$b - a > 0$ がわかる．よって，$a+c \leq b-a$ である．これより，$c \leq b - 2a < b$ となるが，これは $c > b$ という仮定に反する．

この結果，A は高々 2 つの元を含むことがわかる．

次に，B は少なくとも 4 つの元を含むと仮定する．$a, b, c, d \in B$ で，$a < b < c < d$ が成り立つとする．すると A は 3 つの相異なる元 $\dfrac{d}{a}$, $\dfrac{d}{b}$, $\dfrac{d}{c}$ を含むが，これは A が高々 2 つの元しか含まないことに反する．よって，B は高々 3 つの元を含む．

この結果，$A \cup B$ は高々 5 つの元を含むことがわかった．ところで，たとえば，$A = \{2, 4\}$，$B = \{3, 6, 12\}$ とすると，
$$2 + 4 = 6 \in B, \quad \frac{12}{6} = \frac{6}{3} = 2 \in A, \quad \frac{12}{3} = 4 \in A$$
だから，A, B は問題の条件をみたす集合である．よって，$A \cup B$ の元の個数の最大値は **5** である．

5. $2006 < 47^2$ であるから，2006 以下の正の合成数の素な約数は 47 以下である．47 より小さい素数は次の 14 個である：
$$2,\ 3,\ 5,\ 7,\ 11,\ 13,\ 17,\ 19,\ 23,\ 29,\ 31,\ 37,\ 41,\ 43.$$

鳩の巣原理より，15 個の合成数の中の少なくとも 2 つは同じ素数によって割り切れる．

78

● 中級

1. 和の各項 $s_i = \dfrac{|A_i \cap A_{i+1}|}{|A_i| \cdot |A_{i+1}|}$ を考察する.

もし, $A_i \cap A_{i+1} = \emptyset$ ならば, $s_i = 0$ である.

もし, $A_i \cap A_{i+1} \neq \emptyset$ ならば, $A_i \neq A_{i+1}$ であるから, A_i, A_{i+1} の少なくとも一方は 2 個以上の元を含む；すなわち, $\max\{|A_i|, |A_{i+1}|\} \geq 2$ が成り立つ. $A_i \cap A_{i+1}$ は A_i, A_{i+1} 両方の部分集合であるから, $|A_i \cap A_{i+1}| \leq \min\{|A_i|, |A_{i+1}|\}$ および

$$s_i = \frac{|A_i \cap A_{i+1}|}{|A_i| \cdot |A_{i+1}|} \leq \frac{\min\{|A_i|, |A_{i+1}|\}}{\max\{|A_i|, |A_{i+1}|\} \cdot \min\{|A_i|, |A_{i+1}|\}} \leq \frac{1}{2}$$

が成り立つ. これより, 次を得る：

$$\sum_{i=1}^{2n} \frac{|A_i \cap A_{i+1}|}{|A_i| \cdot |A_{i+1}|} \leq \sum_{i=1}^{2n} \frac{1}{2} = n.$$

この上限は, 次の集合族によって実現される：

$$A_1 = \{1\},\ A_2 = \{1,2\},\ A_3 = \{2\},\ A_4 = \{2,3\},\ \cdots,$$
$$A_{2n-1} = \{n\},\ A_{2n} = \{n,1\}.$$

したがって, 求める最大値は **n** である.

2. $U = \{1, 2, \cdots, 30\}$ とおく. 以下では, 出席番号 k の生徒と数 k を区別しない. $A, B, C \subset U$ を

$$A = \{k \in U \mid k \text{ は 2 の倍数}\}, \quad B = \{k \in U \mid k \text{ は 3 の倍数}\},$$
$$C = \{k \in U \mid k \text{ は 5 の倍数}\}$$

で定める. また, $S \subset U$ の U における補集合を $\bar{S}$ で表す.

$S \subset U$ が A, B, C のいずれかを含むとき, S を**良い集合**, そうでないとき**悪い集合**とよぶ. $S \subset T \subset U$ のとき, S が良い集合であれば T も良い集合, T が悪い集合であれば S も悪い集合であることに注意する. S が悪い集合であり, $S \subsetneqq T \subset U$ なる任意の T が良い集合であるとき, S を**極大な悪い集合**とよぶ. どの悪い集合も, ある極大な悪い集合に含まれること, 異なる極大な悪い集合 S, T に対し, $S \cup T$ は良い集合であることに注意する.

問題の仮定より, S が良い集合であるとき, S に属する誰も正答していない問題は存在しない.

一方で, S が悪い集合であるとき, S に属する誰も正答していない問題が存在

するので，そのような問題を 1 つ選び，Q_S とおく．ある異なる極大な悪い集合 S, T が存在し，Q_S と Q_T が同一であったと仮定する．このとき，$S \cup T$ は良い集合であるにもかかわらず，$S \cup T$ に属すいずれの生徒も $Q_S (= Q_T)$ に正答していないので，矛盾する．よって，極大な悪い集合 S ごとに，Q_S は異なる問題であり，極大な悪い集合の個数と同数以上の問題がなければならない．

他方，極大な悪い集合ごとに異なる問題 Q_S があり，S に属する生徒は全員 Q_S に正答している場合，題意はみたされる．

以上より，求める最小値は，極大な悪い集合の個数と一致する．

$S \subset U$ が極大な悪い集合であることは，$\bar{S}$ が A, B, C のいずれとも交わり，なおかつ，$T \subsetneqq \bar{S}$ なる任意の $T \subset U$ が A, B, C のいずれかと交わらないことと同値である．このような $\bar{S}$ は，以下のように分類される．

1. $A \cap \bar{B} \cap \bar{C}$, $\bar{A} \cap B \cap \bar{C}$, $\bar{A} \cap \bar{B} \cap C$ の元 1 個ずつからなるもの，$8 \times 4 \times 2 = 64$ 通り．

2. (a) $A \cap \bar{B} \cap \bar{C}$, $\bar{A} \cap B \cap C$ の元 1 個ずつからなるもの，$8 \times 1 = 8$ 通り．

(b) $\bar{A} \cap B \cap \bar{C}$, $A \cap \bar{B} \cap C$ の元 1 個ずつからなるもの，$4 \times 2 = 8$ 通り．

(c) $\bar{A} \cap \bar{B} \cap C$, $A \cap B \cap \bar{C}$ の元 1 個ずつからなるもの，$2 \times 4 = 8$ 通り．

3. (a) $A \cap B \cap \bar{C}$, $A \cap \bar{B} \cap C$ の元 1 個ずつからなるもの，$4 \times 2 = 8$ 通り．

(b) $\bar{A} \cap B \cap C$, $A \cap B \cap \bar{C}$ の元 1 個ずつからなるもの，$1 \times 4 = 4$ 通り．

(c) $A \cap \bar{B} \cap C$, $\bar{A} \cap B \cap C$ の元 1 個ずつからなるもの，$2 \times 1 = 2$ 通り．

4. $A \cap B \cap C$ の元 1 個からなるもの，1 通り．

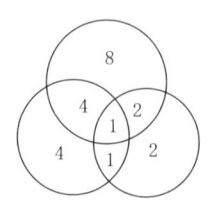

したがって，答は $64 + (8 + 8 + 8) + (8 + 4 + 2) + 1 = \mathbf{103}$ である．

3. まず，$A = B = S$ と置くと，次を得る：

$$|A \triangle S| + |B \triangle S| + |C \triangle S| = n + 1.$$

次に，以下の式が証明される：

$$l = |A \triangle S| + |B \triangle S| + |C \triangle S| \geq n + 1.$$

$X \backslash Y = \{x \mid x \in X, \ x \notin Y\}$ とすると，次を得る：

$$l = |A \backslash S| + |B \backslash S| + |C \backslash S| + |S \backslash A| + |S \backslash B| + |S \backslash C|.$$

よって，次の 2 つを証明すれば十分である．

（ i ）　$|A \backslash S| + |B \backslash S| + |S \backslash C| \geq 1$.

（ ii ）　$|C \backslash S| + |S \backslash A| + |S \backslash B| \geq n$.

（ i ）の証明：もし，$|A \backslash S| = |B \backslash S| = 0$ ならば，$A, B \subset S$．したがって，1 は C の元とはなり得ないので，$|S \backslash C| \geq 1$．

（ ii ）の証明：もし，$A \cap S = \emptyset$ ならば $|S \backslash A| \geq n$ である．

もし，$A \cap S \neq \emptyset$ ならば，$A \cap S$ の最大元は $n - k \, (0 \leq k \leq n-1)$ と仮定する．すると，次がわかる：

$$|S \backslash A| \geq k. \tag{1}$$

一方，$i = k+1, k+2, \cdots, n$ については，$i \notin B$（したがって，$i \in S \backslash B$）であるかまたは $i \in B$（したがって，$n-k+i \in C$，すなわち，$n-k+i \in C \backslash S$）のいずれかである．したがって，次を得る：

$$|C \backslash S| + |S \backslash B| \geq n - k. \tag{2}$$

(1) と (2) より，（ ii ）を得る．

これで（ i ）と（ ii ）が示されたので，$l \geq n+1$ となる．

よって，最小値は $\boldsymbol{n+1}$ である．

4. B の要素の和は，$1+2+3+\cdots+10 = 55$ より小さい．また，C の要素の個数は高々 4 である．実際，5 個以上あるとすると，その要素の積は，$1 \times 2 \times 3 \times 4 \times 5 = 120$ 以上となるからである．そこで，C の要素の個数によって場合分けする．

（ i ）　C の要素の個数が 1 の場合：

この場合には，明らかに条件をみたす B, C は存在しない．実際，C の要素の積は高々 10 であり，B の要素の和は少なくとも $55 - 10 = 45$ である．

（ ii ）　C の要素の個数が 2 の場合：

$C = \{x, y\}$ とし，$x < y$ と仮定する．すると，$xy = 55 - x - y$ が成立するが，この等式は，$(x+1)(y+1) = 56$ と書き換えられる．ところで，$x + 1 < y + 1 < 11$ であるから，唯一可能なのは，$x + 1 = 7$，$y + 1 = 8$ であり，これより，$C = \{6, 7\}$，$B = \{1, 2, 3, 4, 5, 8, 9, 10\}$ を得る．

(iii) C の要素の個数が 3 の場合：

$C = \{x, y, z\}$ とし，$x < y < z$ と仮定する．条件より，$xyz = 55 - x - y - z$ が成り立つ．

$x = 1$ のとき，(ii) と同じ論法で，$y = 4$，$z = 10$ が得られるから，$C = \{1, 4, 10\}$，$B = \{2, 3, 5, 6, 7, 8, 9\}$ を得る．

$x = 2$ のとき，$2yz + y + z = 53$ となるが，これより，$(2y + 1)(2z + 1) = 107$ を得る．ところが 107 は素数だから，これをみたす y, z は存在しない．

$x \geq 3$ のとき，$xyz \geq 3 \times 4 \times 5 = 60 > 55 - x - y - z$ だから，条件をみたす x, y, z は存在しない．

(iv) C の要素の個数が 4 の場合：

$C = \{x, y, z, t\}$，$x < y < z < t$ とおく．まず，$x = 1$ でなければならないことを示す．実際，$x \neq 1$ ならば，$xyzt \geq 2 \times 3 \times 4 \times 5 = 120 > 55$ となるからである．

これより，$yzt = 54 - y - z - t$ で，$2 \leq y < z < t$ である．すると，$y = 2$ が導かれる．実際，$y \geq 3$ とすると，(iii) と同じように矛盾が出る．

この結果，$2zt + z + t = 52$ となり，$(2z + 1)(2t + 1) = 105$ を得る．したがって，$2z + 1 = 7$，$2t + 1 = 15$ を得るが，これより，$z = 3$，$t = 7$ を得る．よって，

$$C = \{1, 2, 3, 7\}, \quad B = \{4, 5, 6, 8, 9, 10\}$$

を得る．これらは条件をみたす．

5. $m = 2^{n-1} + 1$ の場合を証明すれば十分である．n に関する数学的帰納法で証明する．

$n = 2$ のとき，$2^{2-1} + 1 = 3$ 個の $\{1, 2\}$ の空でない相異なる部分集合 $\{1\}$，$\{2\}$，$\{1, 2\}$ が存在して，$\{1\} \cup \{2\} = \{1, 2\}$ となる．

$n \geq 2$ とし，n のときに命題が成立したとする；つまり，$2^{n-1} + 1$ 個の $\{1, 2, \cdots, n\}$ の空でない相異なる部分集合 A_i, A_j, A_k が存在し，$A_i \cup A_j = A_k$ をみたしたと仮定する．

いま，$\{1, 2, \cdots, n, n+1\}$ の空でない相異なる $2^n + 1$ 個の部分集合を選ぶ．

もし，この中の少なくとも $2^{n-1} + 1$ 個が $n+1$ を含まないならば，帰納法の仮定から，$A_i' = A_i$，$A_j' = A_j \cup \{n+1\}$，$A_k' = A_k \cup \{n+1\}$ とすると，これらは互いに相異なり，$A_i' \cup A_j' = A_k'$ となる．

もし，この中の少なくとも $2^{n-1} + 2$ 個が $n+1$ を含むならば，このうちで $\{n+1\}$

なる部分集合は高々 1 つだから，これらの部分集合から元 $n+1$ を取り除くことによって $2^{n-1}+1$ 個の空でない相異なる部分集合が残っていることがわかる．帰納法の仮定より，上の場合と同様にして，求める部分集合 A_i, A_j, A_k の存在が示される．

したがって，残されたのは，$n+1$ を含まない部分集合がちょうど 2^{n-1} 個で，$n+1$ を含む部分集合で $\{n+1\}$ 以外のものが 2^{n-1} 個と $\{n+1\}$ の場合である．元 $n+1$ を取り除くことによって集合 $\{1,2,\cdots,n\}$ の空でない相異なる 2^n 個の部分集合が得られる．鳩の巣原理より，これらの中に少なくとも 1 組の同じもの，これを A_i とおく，が存在する．そこで，$A_j = A_i \cup \{n+1\}$, $A_k = \{n+1\}$ とすると，$A_i \cup A_k = A_j$ である．

これで $n+1$ のときも命題が成り立つことが示されたので，帰納法により，証明は完了する．

● 上級

1. 有限集合 X に対して，$|X|$ は X に属する元の個数を表す．

G を女子の集合，B を男子の集合，P を問題の集合とする．$g \in G$ に対して $P(g)$ で女子 g が解いた問題の集合を表し，$b \in B$ に対して $P(b)$ で男子 b が解いた問題の集合を表す．また，$p \in P$ に対し，$G(p)$ で問題 p を解いた女子の集合を表し，$B(p)$ で問題 p を解いた男子の集合を表す．

さて，題意を背理法で証明する．任意の $p \in P$ に対し，$|G(p)| < 3$ または $|B(p)| < 3$ と仮定する．集合

$$T = \{(p,g,b) \mid p \in P,\ g \in G,\ b \in B,\ p \in P(g) \cap P(b)\}$$

に対し，$|T|$ を 2 通りで数えて矛盾を導く．

まず，2 つ目の条件より，次を得る：

$$|T| = \sum_{g \in G} \sum_{b \in B} |P(g) \cap P(b)| \geq |G| \times |B| = 21^2.$$

一方，1 つ目の条件より，次を得る：

$$\sum_{p \in P} |G(p)| = \sum_{g \in G} |P(g)| \leq 6|G|, \qquad \sum_{p \in P} |B(p)| \leq 6|B|.$$

ここで，

$$P_+ = \{p \in P \mid |G(p)| \geq 3\}, \quad P_- = \{p \in P \mid |G(p)| \leq 2\}$$

とおく.次の補題を示そう.

補題
$$\sum_{p \in P_-} |G(p)| \geq |G|, \quad \sum_{p \in P_+} |G(p)| \leq 5|G|,$$
$$\sum_{p \in P_+} |B(p)| \geq |B|, \quad \sum_{p \in P_-} |B(p)| \leq 5|B|.$$

証明 任意に $g \in G$ をとる.1つ目の条件より,女子 g の解いた問題は6題以下である.$3 < \dfrac{21}{6} = 3.5 \leq 4$ であるから,鳩の巣原理により,女子 g は4人以上の男子が解いた問題 $p \in P$ を解いている.このとき,$|B(p)| \geq 4$ だから,背理法の仮定により,$p \in P_-$,すなわち,どの女子も P_- の問題を1題以上解いている.これより,$\displaystyle\sum_{p \in P_-} |G(p)| \geq |G|$ を得る.また,

$$\sum_{p \in P} |G(p)| = \sum_{p \in P_+} |G(p)| + \sum_{p \in P_-} |G(p)| \leq 6|G|$$

だから,$\displaystyle\sum_{p \in P_+} |G(p)| \leq 5|G|$ もわかる.

同様に,どの男子 $b \in B$ も4人以上の女子が解いた問題 $p \in P$ を解いている.このとき,$p \in P_+$ だから,$\displaystyle\sum_{p \in P_+} |B(p)| \geq |B|$ である.まったく同様に,$\displaystyle\sum_{p \in P_-} |B(p)| \leq 5|B|$ もわかる. ∎

補題を用いて $|T|$ を計算すると,

$$|T| = \sum_{p \in P} |G(p)| \times |B(p)|$$

$$= \sum_{p \in P_+} |G(p)| \times |B(p)| + \sum_{p \in P_-} |G(p)| \times |B(p)|$$

$$\leq 2 \sum_{p \in P_+} |G(p)| + 2 \sum_{p \in P_-} |B(p)|$$

$$\leq 10|G| + 10|B| = 20 \times 21$$

であるが,これは矛盾である.

2. $A = \{a_1, a_2, \cdots, a_m\}$, $a_1 > a_2 > \cdots > a_m$ とする．(1) より，$a_1 + a_2 + \cdots + a_m = 0$ である．各 A_i の最小元を考えると，(2) より，それらの総和は正である．$A_1, A_2, \cdots, A_n$ の中にちょうど k_i 個の集合があって，それらの最小元が $a_i\,(i = 1, 2, \cdots, m)$ であると仮定すると，次を得る：

$$k_1 + k_2 + \cdots + k_m = n.$$

(2) より，$k_1 a_1 + k_2 a_2 + \cdots + k_m a_m > 0$.

$s = 1, 2, \cdots, m - 1$ について，合計 $k_1 + k_2 + \cdots + k_s$ 個の集合が存在し，それらの集合の最小元は a_s 以上である．したがって，これらの集合の和集合は $\{a_1, a_2, \cdots, a_s\}$ に含まれる；よって，これらの集合の和集合の元の総数は s を超えない．

次に，$s \in \{1, 2, \cdots, m - 1\}$ が存在して，$k = k_1 + k_2 + \cdots + k_s > \dfrac{sn}{m}$ をみたすことを証明する．

背理法で証明する；次が成り立つと仮定する：

$$k_1 + k_2 + \cdots + k_s \leq \frac{sn}{m}, \quad s = 1, 2, \cdots, m - 1.$$

アーベルの変形を利用し，$a_s - a_{s+1} > 0\,(1 \leq s \leq m - 1)$ であることを使うと，次を得る：

$$0 < \sum_{j=1}^{m} k_j a_j = \sum_{s=1}^{m-1} (a_s - a_{s+1})(k_1 + \cdots + k_s) + a_m(k_1 + \cdots + k_m)$$

$$\leq \sum_{s=1}^{m-1} (a_s - a_{s+1})\frac{sn}{m} + a_m n = \frac{n}{m} \sum_{j=1}^{m} a_j = 0.$$

これで矛盾が得られた．

そこで，そのような s について，$A_1, A_2, \cdots, A_n$ の中から $A_{i_1}, A_{i_2}, \cdots, A_{i_k}$ を選び出すことができ，これらの集合の最小元は a_s よりも大きい．すると，上の結果から，これらの集合の元の合計数は $k = k_1 + k_2 + \cdots + k_s > \dfrac{sn}{m}$ であり，これらの集合の和の元の個数は s を超えないことがわかる．すなわち，求める結果が得られる：

$$|\,A_{i_1} \cup A_{i_2} \cup \cdots \cup A_{i_k}\,| \leq s < \frac{km}{n} = \frac{k}{n}|\,A\,|.$$

> **注：アーベルの変形**　2 つの数列 $\{a_n\}_{n=1}^{\infty}$, $\{b_n\}_{n=1}^{\infty}$ について，級数 $\sum_{n=1}^{\infty} a_n b_n$

の部分和を次のように書き直すことをアーベルの変形という：

$0 \le n < m$ のとき，

$$\sum_{k=n+1}^{m} a_k b_k = -a_{n+1}s_n + \sum_{k=n+1}^{m-1}(a_k - a_{k+1})s_k + a_m s_m \ ; \ s_k = \sum_{j=1}^{k} b_j, \ s_0 = 0.$$

3. 答が $108 \times 2014!$ 通りであることを示す．

部分集合 X に対して，X の代表元を $r(X)$ で表し，$|X|$ で元の個数を表すことにする．

以下，問題の条件をみたす代表元の選び方を考える．$x_1 = r(S)$ と定める．まず，S の部分集合 X が x_1 を含むとき，$r(X) = x_1$ であることを示す．

$|X| \le 2012$ のとき，S の空でない部分集合 A, B が存在して，$S = X \cup A \cup B$, $X \cap A = X \cap B = A \cap B = \emptyset$ と表せるから，条件より，$r(X) = x_1$ となる．

$|X| = 2013$ とする．元 $y \in X$, $y \ne x_1$ を選ぶ．このとき，すでに示していることから，$r(\{x_1, y\}) = x_1$ である．ところで，X の空でない部分集合 C, D が存在して，$X = \{x_1, y\} \cup C \cup D$, $\{x_1, y\} \cap C = \{x_1, y\} \cap D = C \cap D = \emptyset$ と表せるから，条件より，$r(X) \ne y$ である．y は x_1 でない X の任意の元であったから，$r(X) = x_1$ が示された．

同様の主張は，S を $|T| \ge 5$ なる任意の部分集合 T に置き換えても成立することに注意する．

まず，$x_1 = r(S)$ の選び方は 2014 通りあり，また $x_1 \in X \subset S$ をみたす X に対して $r(X) = x_1$ が成立する．$S_1 = S \setminus \{x_1\}$ とおく．$x_2 = r(S_1)$ の選び方は 2013 通りあり，$x_2 \in X \subset S_1$ をみたす X に対して，$r(X) = x_2$ が成立する．帰納的に，$x_1, x_2, \cdots, x_{2010}$ の選び方が 2014, 2013, $\cdots$, 5 通り存在し，各 $i = 1, 2, \cdots, 2010$ に対して，$x_i \in X \subset S \setminus \{x_1, x_2, \cdots, x_{i-1}\}$ をみたす X は $r(X) = x_i$ をみたすことがわかる．

残りの集合 $S \setminus \{x_1, x_2, \cdots, x_{2010}\}$ を $Y = \{y_1, y_2, y_3, y_4\}$ とおく．$r(Y)$ の選び方は 4 通りある．これを $y_1 = r(Y)$ とおくことにする．このとき，条件から，$y_1 = r(\{y_1, y_2\}) = r(\{y_1, y_3\}) = r(\{y_1, y_4\})$ である．選び方が定まっていない部分集合は

$$\{y_1, y_2, y_3\}, \ \{y_1, y_2, y_4\}, \ \{y_1, y_3, y_4\}, \ \{y_2, y_3, y_4\},$$
$$\{y_2, y_3\}, \ \{y_2, y_4\}, \ \{y_3, y_4\}$$

の 7 つである．これらに対する代表元の選び方は $3^4 \times 2^3$ 通り考えられる．

以上で，選び方は $2014 \times 2013 \times \cdots \times 4 \times 3^4 \times 2^3 = \mathbf{3^3 \times 2^2 \times 2014!}$ 通り存在し，これらはすべて条件をみたす．

4. (a)　集合 S を $S = \{3, 6, 12, 24, 48, 95, 96, 97\}$，すなわち，

$$S = \{3 \times 2^k \mid 0 \leq k \leq 5\} \cup \{95, 97\}$$

と定める．

まず，$\{3 \times 2^k \mid 0 \leq k \leq 5\}$ の空でない部分集合の元の和として $3t \, (1 \leq t \leq 63)$ の形の計 63 個の値が得られる．これらは 3 の倍数であり，さらに 189 以下であることに注意する．

95, 97 を共に含む S の部分集合から得られる和として $192 + 3t \, (0 \leq t \leq 63)$ の形の計 64 個の値が得られる．これらは 3 の倍数であり，さらに 192 以上であることに注意する．

95 を含み 97 を含まない S の部分集合から得られる和として $95 + 3t \, (0 \leq t \leq 63)$ の形の計 64 個の値が得られる．これらは 3 で割って 2 余る数であることに注意する．

97 を含み 95 を含まない S の部分集合から得られる和として $97 + 3t \, (0 \leq t \leq 63)$ の形の計 64 個の値が得られる．これらは 3 で割って 1 余る数であることに注意する．

以上で $63 + 64 + 64 + 64 = 255$ 個の異なる値が得られることが示された．一方で，S の空でない部分集合は $2^8 - 1 = 255$ 個あるので，S の異なる 2 つの部分集合であって，その元の総和が等しいものは存在しない．よって，8 は 100–識別可能である．

(b)　9 が 100–識別可能であると仮定し，背理法で示す．

このとき，100 未満の相異なる正の整数 $s_1, \cdots, s_9$ から成る集合 $S = \{s_1, \cdots, s_9\}$ が存在し，どの相異なる 2 つの部分集合についてもそれらの元の総和は異なる．$0 < s_1 < \cdots < s_9 < 100$ であると仮定してよい．

X を，S の部分集合であって元の個数が 3 以上 6 以下であるようなものの全体とする．さらに，Y を，S の部分集合であって元の個数が 2 以上 4 以下であるよ

うなものの全体とする.

このとき, X の元の個数は

$$_9\mathrm{C}_3 + {}_9\mathrm{C}_4 + {}_9\mathrm{C}_5 + {}_9\mathrm{C}_6 = 84 + 126 + 126 + 84 = 420$$

である. X に含まれる集合について, その元の総和が最大になるものは $\{s_4, \cdots, s_9\}$ であり, 最小となるものは $\{s_1, s_2, s_3\}$ である. 仮定より, X に含まれる集合 420 個について, それらの元の総和は異なる. よって鳩の巣原理から,

$$(s_4 + \cdots + s_9) - (s_1 + s_2 + s_3) + 1 \geq 420,$$

すなわち,

$$(s_4 + \cdots + s_9) - (s_1 + s_2 + s_3) \geq 419$$

が成り立つ.

次に Y の元の数を求める. $\{s_4, \cdots, s_9\}$ の部分集合であって, 2 つの元からなるものは ${}_6\mathrm{C}_2$ 個, 3 つの元からなるものは ${}_6\mathrm{C}_3$ 個, 4 つの元からなるものは ${}_6\mathrm{C}_4$ 個ある. また, $\{s_1, s_2, s_3\}$ の部分集合は 8 個ある. よって, Y の元の数は

$$8({}_6\mathrm{C}_2 + {}_6\mathrm{C}_3 + {}_6\mathrm{C}_4) = 8(15 + 20 + 15) = 400$$

である. また, Y に含まれる集合について,

元の総和が最大となるものは　$\{s_1, s_2, s_3, s_6, s_7, s_8, s_9\}$,

元の総和が最小となるものは　$\{s_4, s_5\}$

である. 再び鳩の巣原理から,

$$(s_1 + s_2 + s_3 + s_6 + s_7 + s_8 + s_9) - (s_4 + s_5) + 1 \geq 400,$$

すなわち,

$$(s_1 + s_2 + s_3 + s_6 + s_7 + s_8 + s_9) - (s_4 + s_5) \geq 399$$

が成り立つ.

上の 2 つの不等式から, $2(s_6 + s_7 + s_8 + s_9) \geq 818$ が得られ,

$$s_9 + 98 + 97 + 96 \geq s_9 + s_8 + s_7 + s_6 \geq 400$$

が得られる. よって, $s_9 \geq 118$ であり, $s_9 < 100$ に矛盾する.

よって, 背理法により, 9 は 100–識別可能でないことが証明された.

5. 問題の結論は, 写像 $f : A_1 \cup \cdots \cup A_n \to \{0, 1\}$ で $f|_{A_i} : A_i \to \{0, 1\}$ が全射となるものが存在することと同値である.

これを n に関する帰納法で証明する.

$n = 2$ の場合は $f : A_1 \cup A_2 \to \{0, 1\}$ の構成は容易である.

$k \geq 2$ とし, $f_k : A_1 \cup A_2 \cup \cdots \cup A_k \to \{0, 1\}$ が構成できたと仮定する. $A_1, A_2, \cdots, A_k, A_{k+1}$ を題意をみたす集合とする.

集合 $B = A_{k+1} \setminus (A_1 \cup A_2 \cup \cdots \cup A_k)$ を考察する. 3 つの場合に分けて考える.

(1)　$|B| > 1$ のとき:

$b \in B$ とする. $x \in A_1 \cup A_2 \cup \cdots \cup A_k$ については $f_{k+1}(x) = f_k(x)$ と定め, $f_{k+1}(b) = 1$ とし, B のその他の元 x については $f_{k+1}(x) = 0$ とする.

(2)　$|B| = 1$ のとき:

$b \in B$, $a \in A_{k+1} \cap (A_1 \cup A_2 \cup \cdots \cup A_k)$ とする. このとき, $x \in A_1 \cup A_2 \cup \cdots \cup A_k$ については $f_{k+1}(x) = f_k(x)$ とし, $f_{k+1}(b) = 1 - f_k(a)$ とする.

(3)　$B = \emptyset$ のとき:

この場合は, $A_{k+1} \subset A_1 \cup A_2 \cup \cdots \cup A_k$ を意味する. f_k の A_{k+1} への制限写像が全射である場合は, $f_{k+1} = f_k$ とすればよい.

全射でない場合, 一般性を失うことなく, すべての $x \in A_{k+1}$ について $f_{k+1}(x) = 0$ と仮定してよい. $A_{k+1} \cap A_i \neq \emptyset$ となる添え数 $i \in \{1, 2, \cdots, k\}$ を考え, $a \in A_{k+1} \cap A_i$ とする. そこで, $f_{k+1}(a) = 1$ とし, $x \in A_1 \cup A_2 \cup \cdots \cup A_k \setminus \{a\}$ については $f_{k+1}(x) = f_k(x)$ と定める.

この f_{k+1} が求める性質をすべて持ち合わせていることを示せばよい. 構成から, f_{k+1} はすべての A_j 上で全射である. $j \in \{1, 2, \cdots, k\}$ について, $a \notin A_j$ ならば $f_{k+1}|_{A_j} = f_k|_{A_j}$ である. もし $a \in A_j$ ならば, $|A_j \cap A_{k+1}| \geq 2$ であり, 任意の $x \in A_{k+1} \setminus \{a\}$ について $f_{k+1}(x) = f_k(x) = 0$ であるから, $f_{k+1}|_{A_j}$ は全射である. これですべての条件が整ったので, $k + 1$ の場合の構成も完了した.

◆第 2 章◆

● 初級

1. 3 つの指輪を一列に並べる方法は $3! = 6$ 通りである. これに 4 つの仕切りを入れることによって, 5 本の各指への振り分けを表すことにすると, 仕切りの入れ方は $_{3+4}C_3 = 35$ 通りである. よって, 指輪のはめ方は全部で $6 \times 35 = \mathbf{210}$ 通りである.

2. 正の整数の組 (m, n) であって，$m > n$ かつ $m + n = 22$ をみたすものは，$n = 1, 2, \cdots, 10$ のそれぞれに対応した 10 組ある．

問題の条件をみたすような組 (a, b, c, d, e, f) を得ることは，これらの 10 組から 3 組を選ぶことと等価である．実際，選んだ 3 組を n が小さい順に並べて，$(a, f), (b, e), (c, d)$ とすれば，$a > b > c > d > e > f$ もみたされる．逆に，問題の条件をみたす組 (a, b, c, d, e, f) はすべてこのようにして得られる．よって，このような組は ${}_{10}C_3 = \mathbf{120}$ 個ある．

3. 赤い玉どうしが隣り合わないことから，青い玉と黄色い玉が隣り合うのは高々 1 箇所であることがわかる．

青い玉と黄色い玉が隣り合わないとき，赤い玉 6 個と他の色の玉 6 個が交互に並ぶ．左端が赤い玉であるとき，他の色の玉の並べ方を考えて ${}_6C_3 = 20$ 通りあり，左端が他の色の玉であるときも同様なので，この場合は $20 \times 2 = 40$ 通りある．

青い玉と黄色い玉が隣り合うとき，この 2 個の玉をひとまとまりとみなすと，赤い玉 6 個の間 5 箇所に青い玉と黄色い玉のまとまり 1 個，青い玉 2 個，黄色い玉 2 個を 1 つずつ挿入することになる．このような方法は ${}_5C_1 \times {}_4C_2 = 30$ 通りあり，隣り合う青い玉と黄色い玉の入れ替えを考えて，この場合は $30 \times 2 = 60$ 通りある．

以上より，求める場合の数は $40 + 60 = \mathbf{100}$ である．

4. 参加する回を選ぶことは休む回を選ぶことと同値なので，休む回の選び方を数える．

10 回中 4 回休む選び方のうち，3 回連続で休むものを考える．

4 回連続で休むとき，7 通りの選び方がある．

3 回連続で休むが，4 回連続では休まないとき，3 回連続で休む回の最初の回が第 $1, 2, 3, 4, 5, 6, 7, 8$ 回であるとして，それぞれ，$6, 5, 5, 5, 5, 5, 5, 6$ 通りの選び方があり，合計で 42 通りの選び方がある．

10 回中 4 回休む選び方は，${}_{10}C_4 = 210$ 通りある．

したがって，求める選び方は，$210 - 7 - 42 = \mathbf{161}$ 通りである．

5. 1 以上 8 以下の整数のうち偶数は 4 個，奇数は 4 個である．偶数どうしは互いに素でないから，隣り合う 2 頂点にともに偶数が書き込まれることはなく，偶数と奇数を交互に書き込まなければならない．1 以上 8 以下の整数のうち偶数 $2, 4, 6, 8$ を書き込む方法は，左右の図それぞれにつき $4! = 24$ 通り存在し，あわ

せて $2 \times 24 = 48$ 通りである．

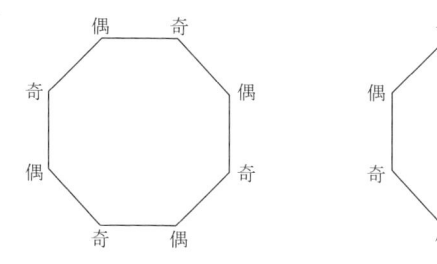

　偶数の書き込み方を決めたときに，条件をみたすように奇数 $1, 3, 5, 7$ を書き込む場合の数を求める．3 と 6 は互いに素でないので，3 をかきこむ頂点は 6 を書き込んだ頂点と隣り合わない．よって，3 を書き込む頂点は 2 通り考えられる．また，1 以上 8 以下の奇数と偶数の組は $(3, 6)$ 以外は互いに素なので，残りの奇数 $1, 5, 7$ の書き込み方 $3! = 6$ 通りすべてについて条件がみたされる．したがって，偶数を書き込む方法それぞれに対し，奇数を書き込む方法は，$2 \times 6 = 12$ 通りある．

　以上より，条件をみたす書き込み方は全部で，$48 \times 12 = \mathbf{576}$ 通りである．

6. (1)　$_{2n+1}\mathrm{C}_n = \dfrac{(2n+1)((2n)\,!)}{n\,!\,(n+1)\,!} = (2n+1)C_n$

であるから，次を得る：

$$C_n = (2n+2-(2n+1))C_n = 2 \times {}_{2n}\mathrm{C}_n - {}_{2n+1}\mathrm{C}_n.$$

　任意の正整数 $m, k\,(k \leq m)$ について，すべての二項係数 $_m\mathrm{C}_k$ は整数であるから，C_n も整数である．

(2)　まず，次の等式に注意する：

$$C_{n+1} = \frac{1}{n+2} \times {}_{2n+2}\mathrm{C}_{n+1} = \frac{(2n+2)(2n+1)((2n)\,!)}{(2+n)\cdot((n+1)\,!)^2} = \frac{2(2n+1)}{n+2}C_n.$$

これより，次を得る：

$$(n+2)C_{n+1} = 2(2n+1)C_n. \tag{$*$}$$

　一方，定義より次を得る：

$$C_n = \frac{1}{n+1} \cdot \frac{(2n)\,!}{(n!)^2} = \frac{2n(2n-1)\cdots(n+1)}{(n+1)n(n-1)\cdots 2\cdot 1}$$

$$= \frac{(2n-1)(2n-2)\cdots(n+3)(n+2)}{(n-1)\cdots 3}.$$

したがって，$n > 3$ については，次を得る：

$$\frac{n+2}{C_n} = \frac{(n-1)(n-2)\cdots 3}{(2n-1)(2n-2)\cdots(n+3)} < 1.$$

よって，C_n は $n+2$ を割り切らない．

いま，C_n が素数であると仮定する．上の $(*)$ より，もし $n > 3$ ならば，C_n は C_{n+1} を割り切る．そして，再び $(*)$ より，$n+2$ は $2(2n+1) = 4(n+2)-6$ を割り切る．したがって，$n+2$ は 6 を割り切る．$n \geq 4$ については，これは $n = 4$ を意味するが，$C_4 = 14$ は素数ではない．

よって，$n > 3$ については，C_n は素数ではない．

$\boxed{\text{覚書}}$　$C_2 = 2$, $C_3 = 5$ は素数である．

　C_n はカタラン数 (Catalan number) と呼ばれ，組合せ論，代数学，幾何学などの多くの分野で現れる．次の級数展開がある：

$$\frac{1 - 2x - \sqrt{1-4x}}{2x} = C_1 x + C_2 x^2 + C_3 x^3 + \cdots.$$

● 中級

1. $S = \{1, 2, 3, \cdots, 2001\}$ から何個か選んだ数の総和が奇数となるのは，選んだ数のうち奇数が奇数個，残りの数はすべて偶数となるときである．S の中に奇数は 1001 個ある．それらから $1, 3, \cdots, 1001$ 個選ぶ選び方は，それぞれ，$_{1001}\mathrm{C}_1$, $_{1001}\mathrm{C}_3$, $\cdots$, $_{1001}\mathrm{C}_{1001}$ 通りである．

S の中に偶数は 1000 個あり，それらから任意個を選ぶ選び方は 2^{1000} 通りである．よって，求める選び方の数は

$$(_{1001}\mathrm{C}_1 + {}_{1001}\mathrm{C}_3 + \cdots + {}_{1001}\mathrm{C}_{1001}) \times 2^{1000}$$

である．ここで，$_{1001}\mathrm{C}_i = {}_{1001}\mathrm{C}_{1001-i}$ より

$$_{1001}\mathrm{C}_1 + {}_{1001}\mathrm{C}_3 + \cdots + {}_{1001}\mathrm{C}_{1001} = {}_{1001}\mathrm{C}_{1000} + {}_{1001}\mathrm{C}_{998} + \cdots + {}_{1001}\mathrm{C}_0$$

を得る．さらに，

$$_{1001}\mathrm{C}_0 + {}_{1001}\mathrm{C}_1 + \cdots + {}_{1001}\mathrm{C}_{1001} = 2^{1001}$$

であるから，求める選び方の数は，次のようになる：

$$\left(\frac{1}{2} \times 2^{1001}\right) \times 2^{1000} = \mathbf{2^{2000}}.$$

2. 問題の条件に関係なく白石 2010 個と黒石 2010 個を横一列に並べると，次の 2 通りに分けられる（以下では「左から i 番目にある石」を単に「i 番目の石」と書く）．

(1)　任意の i に対して，$2i-1$ 番目と $2i$ 番目の石は同じ色の石である．

(2)　ある i が存在して，$2i-1$ 番目と $2i$ 番目の石は異なる色の石である．

(1) と (2) の並べ方はすべて合わせて，${}_{4020}\mathrm{C}_{2010}$ 通りある．また，(1) では白石 2 個および黒石 2 個をそれぞれひとかたまりと考えることで，並べ方は ${}_{2010}\mathrm{C}_{1005}$ 通りある．これから，(2) では ${}_{4020}\mathrm{C}_{2010} - {}_{2010}\mathrm{C}_{1005}$ 通りの並べ方があるとわかる．

次に，それぞれの場合に，問題の条件をみたす並べ方が何通りあるかを考える．

(1) の場合はどの並べ方も問題の条件をみたさない．なぜなら，$2i-1$ 番目の石と j 番目の石の組 $(2i-1 < j)$ で左から黒石と白石になっているものと，$2i$ 番目の石と j 番目の石の組 $(2i < j)$ で左から黒石と白石になっているものは 1 対 1 に対応し，白石が右にある白石と黒石の組の個数が偶数とわかるからである．

(2) の場合はちょうど半分の並べ方が条件をみたすことを示そう．

(2) の並べ方が 1 つあったとする（これを A としよう）．このとき，$2i-1$ 番目と $2i$ 番目が異なる色になっているような i のうち最小のものを k とし，A の $2k-1$ 番目と $2k$ 番目の石を入れ替えた並べ方を B とする（B も (2) の並べ方である）．

A から B へ並べ替えたとき，白石が右にある白石と黒石の組の個数は $2k-1$ 番目と $2k$ 番目の石の分，すなわち，ちょうど 1 だけ変化する．また，A から B を得た方法で，B から A が得られるので，このような A と B をペアにすると，(2) の並べ方は

$$\frac{1}{2}\left({}_{4020}\mathrm{C}_{2010} - {}_{2010}\mathrm{C}_{1005}\right)$$

組のペアに分かれる．各ペアのうちちょうど片方が条件をみたすので，この場合は $\frac{1}{2}\left({}_{4020}\mathrm{C}_{2010} - {}_{2010}\mathrm{C}_{1005}\right)$ 通りある．

以上，合わせて求める並べ方は，$\mathbf{\frac{1}{2}\left({}_{\mathbf{4020}}\mathrm{C}_{\mathbf{2010}} - {}_{\mathbf{2010}}\mathrm{C}_{\mathbf{1005}}\right)}$ 通りである．

3. 2 以上の整数 n に対し，3 色の玉合わせて n 個を条件をみたすように並べる

ことを考える．このうち，左端が赤い玉である並べ方が a_n 通りあるとする．左端が青い玉，左端が黄色い玉である並べ方も同じく a_n 通りある．

$n \geq 4$ の場合で，左端が赤い玉であるような並べ方を考える．左端から順にみたとき，初めて赤くない玉が出てくるまでに赤い玉がいくつあるかを考える．

(1) 2個のとき，残り $n-2$ 個を取り出すと，それは玉の個数が $n-2$ の場合の左端が青い玉もしくは黄色い玉で条件をみたす並べ方になっている．青い玉，黄色い玉それぞれの場合に a_{n-2} 通りあるので，この場合 $2a_{n-2}$ 通りである．

(2) 3個以上のとき，左端の赤い玉を取り除くと，それは玉の個数が $n-1$ の場合の左端が赤い玉で条件をみたす並べ方になっている．よって，この場合 a_{n-1} 通りである．

以上より，$a_n = a_{n-1} + 2a_{n-2}$ を得る．

$n = 2, 3$ の場合，左端が赤い玉で条件をみたすような並べ方はすべて赤い玉の場合しかないので，$a_2 = 1$，$a_3 = 1$ である．漸化式を使って順番に計算していけば，$a_{12} = 683$ がわかる．

答は，これを3倍した **2049** 通りである．

参考　漸化式を解くことによって，$a_n = \dfrac{2^{n-1} + (-1)^n}{3}$ であることがわかるので，問題文の 12 を n に替えた場合の答は，これを3倍した $2^{n-1} + (-1)^n$ 通りである．

4. 左から $1, 3, 5, 7$ 番目のコインのうち表のものの枚数を m とし，$2, 4, 6, 8$ 番目のコインのうち表のものの枚数を n とする．初めの状態では $m = n$ であり，1回目の操作によって m, n はともに1増えるかまたはともに1減るので，操作後も $m = n$ のままである．

逆に，$m = n$ となる並びはすべて初めの状態から有限回の操作で得られることを示す．$m = n$ となる並びを任意にとり，これに有限回の操作を施すことですべて表にできることを示せばよい．

まず，隣接する2枚であってともに表またはともに裏であるものがある（もしないとすると，表裏が交互に並んでいることになり，$m = n$ に反する）．このような2枚であって最も左にあるものをとり，それらをひっくり返す．すると，この2枚のうち左側のコインと，その左隣のコインはともに表またはともに裏であるので，これらをひっくり返す．左から $1, 2$ 番目がともに裏のときは，その2枚を

ひっくり返すことでともに表にできる．この状態で左から $1, 2$ 番目のコイン（ともに表）を除いた残りのコインについて考えると，奇数番目のコインのうち表のものと，偶数番目のコインのうち表のものは同じ数ずつあるので，同様の操作をこの残りのコイン列に対して行うことができる．これを繰り返すことにより，すべてを表にすることができる．

よって，$m = n$ となるような並びの数を求めればよい．$m = n = 0, 1, 2, 3, 4$ のいずれかであり，それぞれの場合について $1, 3, 5, 7$ 番目のうち表の m 枚を決める方法が ${}_4\mathrm{C}_m$ 通り，$2, 4, 6, 8$ 番目のうち表の n 枚を決める方法が ${}_4\mathrm{C}_n$ 通りなので，求める並びの数は

$$({}_4\mathrm{C}_0)^2 + ({}_4\mathrm{C}_1)^2 + ({}_4\mathrm{C}_2)^2 + ({}_4\mathrm{C}_3)^2 + ({}_4\mathrm{C}_4)^2 = \mathbf{70}$$

通りである．

5. X, Y, Z がもらったお菓子 A の個数を，それぞれ，a_X, a_Y, a_Z，お菓子 B の個数を，それぞれ，b_X, b_Y, b_Z とする．これらは非負整数であり，$a_X + a_Y + a_Z = b_X + b_Y + b_Z = 24$ である．

$a_X < a_Y$ のとき，問題の条件より，$b_X > b_Y$ または $a_X + b_X \geq a_Y + b_Y$ が成り立たなければならず，後者の場合も $a_X < a_Y$ より，やはり $b_X > b_Y$ となる．同様に「$a_X > a_Y$ ならば $b_X < b_Y$」，「$b_X < b_Y$ ならば $a_X > a_Y$」，「$b_X > b_Y$ ならば $a_X < a_Y$」がわかるので，X, Y の 2 人について問題の条件をみたすためには，

- $a_X < a_Y$　かつ　$b_X > b_Y$，
- $a_X = a_Y$　かつ　$b_X = b_Y$，
- $a_X > a_Y$　かつ　$b_X < b_Y$

のいずれかが成り立つことが必要であり，また，これで十分であることもわかる．X, Z の 2 人，Y, Z の 2 人についても同様である．

ここで，$x + y + z = 24$ となる非負整数の組 (x, y, z) は

$$ {}_3\mathrm{H}_{24} = {}_{26}\mathrm{C}_{24} = \frac{26 \times 25}{2 \times 1} = 325 \text{ 個} $$

あるが，これらを x, y, z の大小関係で分類して考える．

- $x = y = z$ であるものは，$(x, y, z) = (8, 8, 8)$ の 1 個である．
- $x = y < z$ であるものは，$(x, y, z) = (k, k, 24 - 2k)$（$k$ は $0 \leq k \leq 7$ なる

整数) の 8 個である. $y = z < x$ および $z = x < y$ についても同様である.

- $x = y > z$ であるものは, $(x, y, z) = (k, k, 24 - 2k)$ (k は $9 \le k \le 12$ なる整数) の 4 個である. $y = z > x$ および $z = x > y$ についても同様である.

- 以上に含まれないものは, x, y, z がすべて異なるものであり,

$$325 - 1 - 8 \times 3 - 4 \times 3 = 288 \text{ 個}$$

である. x, y, z の大小順は 6 通りあるが, そのうち $x < y < z$ となるものは対称性より $\dfrac{288}{6} = 48$ 個である. 他の大小順についても同様である.

これを利用して, お菓子の分け方の場合の数を a_X, a_Y, a_Z の大小関係で場合分けして求めよう.

- $a_X = a_Y = a_Z$ のとき, 条件は $b_X = b_Y = b_Z$ となり, $1 \times 1 = 1$ 通りである.

- $a_X = a_Y < a_Z$ のとき, 条件は $b_X = b_Y > b_Z$ となり, $8 \times 4 = 32$ 通りである.

  $a_Y = a_Z < a_X$ および $a_Z = a_X < a_Y$ の場合も同様である.

- $a_X = a_y > a_Z$ のとき, 条件は $b_X = b_Y < b_Z$ となり, $4 \times 8 = 32$ 通りである.

  $a_Y = a_Z > a_X$ および $a_Z = a_X > a_Y$ の場合も同様である.

- $a_X < a_Y < a_Z$ のとき, 条件は $b_X > b_Y > b_Z$ となり, $48 \times 48 = 2304$ 通りである. 他の大小順の場合も同様である.

以上より, 求める場合の数は,

$$1 \times 1 + 32 \times 3 + 32 \times 3 + 2304 \times 6 = \mathbf{14017}$$

通りとなる.

6. 一般に, $1, 2, \cdots, n$ の並べ替え $\sigma = (\sigma(1), \sigma(2), \cdots, \sigma(n))$ について, $\sigma(i) = i$ となる i を**不動点**とよぶことにする. 正の整数 n と n 以下の非負整数 k について, $S(n, k)$ で不動点が k 個であるような $1, 2, \cdots, n$ の並べ替えの個数とする. ここで, 次の補題が成り立つ.

補題　$n > i$ なる正の整数 n, i について, 次が成り立つ:

$$\sum_{k=0}^{n} {}_k\mathrm{P}_i \times S(n, k) = n!.$$

ただし, $k < i$ のとき, $_k\mathrm{P}_i = 0$ とする.

証明　不動点が i 個以上あるような並べ替えを選んでから, その中で特別な不動点を i 個選ぶ場合の数は, i 個特別な不動点を選んでから残りの $n - i$ 個を任意に並べ替える場合の数に等しいから, 次を得る.

$$\sum_{k=i}^{n} {}_k\mathrm{C}_i \times S(n,\,k) = {}_n\mathrm{C}_i \times (n-i)! \qquad \therefore \ \sum_{k=i}^{n} {}_k\mathrm{P}_i \times S(n,\,k) = n!.$$

$k < i$ では $_k\mathrm{P}_i = 0$ より, $\displaystyle\sum_{k=0}^{n} {}_k\mathrm{P}_i \times S(n,\,k) = \sum_{k=i}^{n} {}_k\mathrm{P}_i \times S(n,\,k)$ である. ∎

ここで,

$$k^4 = k + 7k(k-1) + 6k(k-1)(k-2) + k(k-1)(k-2)(k-3)$$
$$= {}_k\mathrm{P}_1 + 7 \times {}_k\mathrm{P}_2 + 6 \times {}_k\mathrm{P}_3 + {}_k\mathrm{P}_4$$

であるから, 補題で $n = 2017$, $i = 1,\,2,\,3,\,4$ として,

$$\sum_{k=0}^{2017} k^4 S(2017,\,k) = \sum_{k=0}^{2017} ({}_k\mathrm{P}_1 + 7 \times {}_k\mathrm{P}_2 + 6 \times {}_k\mathrm{P}_3 + {}_k\mathrm{P}_4) \times S(2017,\,k)$$
$$= (1 + 7 + 6 + 1) \times 2017! = \mathbf{15 \times 2017!}$$

が求める値である.

● 上級

1. (a)　条件をみたすような 7 人の試験官を次のようにして選ぶ.

まず, 少なくとも $(100 \times 10)/25 = 40$ 人の学生の好みの試験官を 1 人選ぶことができるので, その試験官を 1 人目とする. 1 人目の試験官が好みであるすべての学生を取り除く. すると, 高々 60 人の学生が残り, 残った学生の各々は, 残り 24 人の試験官の中に少なくとも 10 人の好みの試験官がいる状態となる. もし残った学生が 60 人より少ないときは, すべての試験官が好みであるような仮学生を補充することで, 1 人目の試験官を選んだ後はちょうど 60 人の学生が残っていると仮定できる.

このような操作を反復する. 2 人目の試験官として, 少なくとも $\left\lceil \dfrac{60 \times 10}{24} \right\rceil = 25$ 人の学生が好みの試験官を 1 人選ぶことができる.

残った 35 人の学生についても, 各学生には, 残った 23 人の試験官の中に少

なくとも 10 人の好みの試験官がいるから，3 人目の試験官として，少なくとも $\left\lceil \dfrac{35 \times 10}{23} \right\rceil = 16$ 人が好みの試験官を 1 人選ぶことができる．

残った 19 人の学生についても，各学生には，残った 22 人の試験官の中に少なくとも 10 人の好みの試験官がいるから，4 人目の試験官として，少なくとも $\left\lceil \dfrac{19 \times 10}{22} \right\rceil = 9$ 人が好みの試験官を 1 人選ぶことができる．

残った 10 人の学生についても，各学生には，残った 21 人の試験官の中に少なくとも 10 人の好みの試験官がいるから，5 人目の試験官として，少なくとも $\left\lceil \dfrac{10 \times 10}{21} \right\rceil = 5$ 人が好みの試験官を 1 人選ぶことができる．

残った 5 人の学生についても，各学生には，残った 20 人の試験官の中に少なくとも 10 人の好みの試験官がいるから，6 人目の試験官として，少なくとも $\left\lceil \dfrac{5 \times 10}{20} \right\rceil = 3$ 人が好みの試験官を 1 人選ぶことができる．

残った 2 人の学生については，各学生には，残った 19 人の試験官の中に少なくとも 10 人の好みの試験官がいるから，7 人目の試験官として，この 2 人の学生が好みの試験官を 1 人選ぶことができる．

これで 100 人の学生すべてが，それぞれ，自分が好みの試験官がいるように，7 人の試験官を選ぶことができた．

(b)　この問題は次のようなより一般的な命題から得られる：

n 人の学生と m 人の試験官がいる．各学生には，少なくとも k 人の好みの試験官がいるならば，各学生は自分好みの試験官と面接できて，各試験官は高々 $\left\lceil \dfrac{n}{k} \right\rceil$ 回面接する．

この命題を k に関する数学的帰納法によって証明する．

$k = 1$ については，命題は自明である．

$k \geq 1$ に関しては，命題が成立しているとし，$k+1$ について考える．もし，各試験官が高々 $\left\lceil \dfrac{n}{k+1} \right\rceil$ 人の学生の好みならば，面接の日程は自由にできる．もし，$\left\lceil \dfrac{n}{k+1} \right\rceil + 1$ 以上の学生に好かれているならば，この試験官が面接する学生を $\left\lceil \dfrac{n}{k+1} \right\rceil$ 人選ぶことができる．

残りの $n - \left\lceil \dfrac{n}{k+1} \right\rceil$ 人の学生と $m-1$ 人の試験官については，各学生には，少

なくとも k 人のお好みの試験官がいることになる．帰納法の仮定から，各試験官が高々

$$\left\lceil \frac{n - \lceil \frac{n}{k+1} \rceil}{k} \right\rceil \le \left\lceil \frac{n - \frac{n}{k+1}}{k} \right\rceil = \left\lceil \frac{n}{k+1} \right\rceil$$

回の面接をする．したがって，$k+1$ のときも，命題は成立する．

　よって，帰納法の仮定より，命題は証明された．

2. 背理法で示す．すべての異なる順列 b, c に対して，$S(b) - S(c)$ が $n!$ では割り切れないと仮定する．

　$n!$ 個のすべての順列 a に関する $S(a)$ の和を $\sum S(a)$ と書く．$\sum S(a)$ を $n!$ で割った余りを 2 通りで計算しよう．ここで，2 つの整数 x, y について，$n!$ で割った余りが等しいことを $x \equiv y \pmod{n!}$ と書くことにする．

　まず，$\sum S(a)$ を整理したときの k_i の係数を求める．k_i の係数には，各 $m = 1, 2, \cdots, n$ が $(n-1)!$ 回ずつ現れるから，その和は

$$(n-1)! \, (1 + 2 + \cdots + n) = \frac{(n+1)!}{2}$$

である．これをすべての i について足し合わせることで，

$$\sum S(a) = \frac{(n+1)!}{2} \sum_{i=1}^{n} k_i$$

を得る．

　一方，仮定により，$n!$ 個のすべての順列 a に関する $S(a)$ を $n!$ で割った余りはすべて異なる．したがって，これら $n!$ 個の余りは，順序を除いて，$0, 1, 2, \cdots, n!-1$ に等しい．これをすべて足し合わせることで，次を得る：

$$\sum S(a) \equiv \frac{(n!-1)\,n!}{2} \pmod{n!}.$$

以上により，次が得られる：

$$\frac{(n+1)!}{2} \sum_{i=1}^{n} k_i \equiv \frac{(n!-1)\,n!}{2} \pmod{n!}.$$

　n は奇数であるから，(左辺) $\equiv 0 \pmod{n!}$ である．

　一方，$n > 1$ より，$n!-1$ は奇数であるから，$\dfrac{(n!-1)\,n!}{2}$ は $n!$ の倍数にはなり得ない．したがって，(右辺) $\not\equiv 0 \pmod{n!}$ である．

　これは矛盾であるから，背理法により，題意は示された．

3. 赤，青，黄，緑の 4 文字から文字を n 回選び，それを順に一列に並べて長さ n の文字列を作る．隣り合う 2 文字は異なり，左端と右端には別の文字がくるような文字列を「よい」文字列という．例えば，

「緑黄赤黄赤青赤」は「よい」文字列，「緑赤青赤黄青緑」は「よくない」文字列である．長さ n の「よい」文字列の個数を x_n とする．

長さ n の「よい」文字列が 1 つあれば，これに従って円板の扇形を時計回りに塗っていくことで，問題文で言われた通りの塗り方ができる．ただし，問題では，回転して一致する塗り方は同じ塗り方とするので，答は x_7 の 7 分の 1 になる．

x_1, x_2 の値は簡単にわかる．

$$x_1 = 0, \quad x_2 = 4 \times 3 = 12. \tag{1}$$

問題を解くには x_7 の値が必要である．そこで，自然数 n について，x_{n+2}, x_{n+1}, x_n の間に成り立つ関係を見つけよう．

長さ $n+2$ の「よい」文字列のうち，左端と左から $n+1$ 番目が異なるものの数は，$2x_{n+1}$ に等しい．なぜならば，そのような文字列は，長さ $n+1$ の「よい」文字列に対し，その左端とも右端とも違う 2 つの文字から 1 文字を選んで，その文字を右端に付け加えることによって得られるからである．

また，長さ $n+2$ の「よい」文字列のうち，左端と左から $n+1$ 番目が同じ文字であるものの数は，$3x_n$ に等しい．なぜならば，そのような文字列は，長さ n の「よい」文字列に対し，その左端と同じ文字を右端に 1 つ付け加えてから，それ以外の 3 つの文字から 1 文字を選んで，その文字をさらに右側に付け加えることによって得られるからである．

したがって，次を得る：

$$x_{n+2} = 2x_{n+1} + 3x_n. \tag{2}$$

(1) と (2) から，

$$\begin{aligned}
x_3 &= 2x_2 + 3x_1 = 2 \times 12 + 3 \times 0 = 24, \\
x_4 &= 2x_3 + 3x_2 = 2 \times 24 + 3 \times 12 = 84, \\
x_5 &= 2x_4 + 3x_3 = 2 \times 84 + 3 \times 24 = 240, \\
x_6 &= 2x_5 + 3x_4 = 2 \times 240 + 3 \times 84 = 732, \\
x_7 &= 2x_6 + 3x_5 = 2 \times 732 + 3 \times 240 = 2184
\end{aligned}$$

が得られるから，求める塗り方は，

$$\frac{x_7}{7} = \frac{2184}{7} = \mathbf{312}$$

通りである.

> | 注 | 一般に，m 個の色を使ったとき，「よい」文字列の個数 x_n は，
> $$x_n = (m-1)((m-1)^{n-1} - 1).$$

◆第 3 章◆

● 初級

1. 777 円の支払い方は有限通りなので，支払う硬貨の合計枚数が最小になるものが存在する.

1 円玉，5 円玉，10 円玉，50 円玉，100 円玉，500 円玉の枚数が，それぞれ，a, b, c, d, e, f 枚のときに合計枚数が最小になるとする.$a \geq 5$ と仮定すると，1 円玉を 5 枚減らし，5 円玉を 1 枚増やすと，合計金額は変わらず，合計枚数が 4 減るので，最小性に反する. よって，$a \leq 4$ である.

同様の議論より，$0 \leq b \leq 1$，$0 \leq c \leq 4$，$0 \leq d \leq 1$，$0 \leq e \leq 4$ となる.
$a + 5b + 10c + 50d + 100e + 500f = 777$ より，

$$500f \leq 777 \leq 1 \times 4 + 5 \times 1 + 10 \times 4 + 50 \times 1 + 100 \times 4 + 500f$$
$$= 499 + 500f$$

であり，f は整数なので $f = 1$ である. 同様に，$e = 2$，$d = 1$，$c = 2$，$b = 1$，$a = 2$ であることがわかり，このとき，求める合計枚数は，次のように計算される：
$$a + b + c + d + e + f = 2 + 1 + 2 + 1 + 2 + 1 = \mathbf{9}.$$

2. まず，玉を全く選ばない場合は，条件をみたす.

それ以外の場合について，選んだ玉に書かれた数のうち最小のものを m，最大のものを M とおく.$M - m$ を固定したときの組 (m, M) の個数は $9 - (M - m)$ である. 各 (m, M) について，条件をみたす玉の選び方の場合の数を求める.

$M - m = 0$ のとき，選んだ玉は 1 つだから，条件をみたす.

$1 \leq M - m \leq 5$ のとき，m, $m+1$, $m+2$ が書かれた玉があれば，それらを赤い箱に入れ，残りの選んだ玉を青い箱に入れる. すると，赤い箱については明

らかに条件をみたし，青い箱に入れた玉に書かれた数は $m+3$ 以上 M 以下であるので，$M-(m+3)\leq 2$ より条件をみたす．したがって，条件をみたす玉の選び方の場合の数は，$m+1,\cdots,M-1$ の書かれた玉から任意にいくつかを選ぶ場合の数に等しく，2^{M-m-1} 通りである．

$M-m\geq 6$ のとき，選んだ玉に書き込まれた数がどれも $m,\ m+1,m+2,\ M-2,\ M-1,\ M$ のいずれかである場合は，上と同様に，$m,\ m+1,\ m+2$ が書かれた玉があればそれらを赤い箱に入れ，残りの選んだ玉を青い箱に入れることで，条件をみたすことがわかる．$m,\ m+1,\ m+2,\ M-2,\ M-1,\ M$ 以外の数（x とおく）が書かれた玉を選んだ場合，鳩の巣原理より，いずれかの色の箱に $m,\ x,\ M$ が書かれた玉のうち 2 つ以上が入れられることになるが，$x-m,\ M-x,\ M-m\geq 3$ であるため，条件をみたさない．したがって，条件をみたす玉の選び方の場合の数は，$m+1,\ m+2,\ M-2,\ M-1$ の書かれた玉から任意にいくつか選ぶ場合の数に等しく，2^4 通りである．

したがって，求める場合の数は，次のようになる：

$$1+9\times 1+8\times 2^0+7\times 2^1+6\times 2^2+5\times 2^3+4\times 2^4+3\times 2^4+2\times 2^4+1\times 2^4=\mathbf{256}.$$

3. 問題と同様に 1 つずつ分銅を取り除いていき，天秤がつりあったときには左の皿から 1 つ分銅を取り除いて，操作を続けることにする．このときの取り除き方の場合の数は，それぞれの皿から取り除く分銅の順序を決める場合の数に等しく，$(4!)^2=576$ 通りである．求める場合の数は，これから途中でつりあう場合の数を除いたものとなる．

天秤がつりあうとき，分銅の個数と平均の重さの積が左右の皿で等しいので，分銅の個数の比の値（1 以上にとる）は，最も重い分銅と最も軽い分銅の重さの比の値 $\dfrac{29}{22}$ 以下である．分銅の個数は 4 以下であるので，1 でない最小の比の値は $\dfrac{4}{3}$ である．これは $\dfrac{29}{22}$ より大きいので，天秤がつりあうとき，分銅の個数は等しいことがわかる．

また，左の皿には重さ偶数の分銅のみが置かれているため，重さの和は偶数である．右の皿には重さ奇数の分銅のみが置かれているため，偶数個ずつでつりあっていなければならず，この場合 2 個ずつに限られる．つりあう場合を調べると，

$$22+26=23+25,\quad 22+28=23+27,\quad 24+26=23+27,$$
$$24+28=23+29,\quad 24+28=25+27,\quad 26+28=25+29$$

の 6 通りであることがわかる.

天秤が 2 回以上途中でつりあうことはないので，途中で天秤がつりあう場合の数は，各皿の分銅を取り除く順序をつりあう前後においてそれぞれ決める場合の数に等しく，$6 \times (2!)^4 = 96$ 通りである．したがって，求める場合の数は，$576 - 96 = \mathbf{480}$ 通りである.

4. りんごの個数は 10×4 よりも少ないので，10 個入りの箱は 4 以下である.

もし 10 個入りの箱がなければ，38 個のりんごはすべて 6 個入りの箱に入っていることになる．しかし，38 は 6 で割り切れないので，これはあり得ない.

もし 10 個入りの箱が 1 つならば，りんごのうち 28 個が，6 個入りの箱に入っていることになる．しかし，28 は 6 で割り切れないので，これはあり得ない.

もし 10 個入りの箱が 2 つならば，りんごのうち 18 個が，6 個入りの箱に入っていることになる．この場合，6 個入りの箱は 3 つある.

もし 10 個入りの箱が 3 つならば，りんごのうち 8 個が，6 個入りの箱に入っていることになる．しかし 8 は 6 で割り切れないので，これはあり得ない.

以上より，10 個入りが 2 つ，6 個入りが 3 つの，合わせて **5** つの箱があることがわかった.

5. りんごをみかんより多く受け取った人のうち，りんごが 1 個の人を a 人，2 個以上の人を b 人とすると，りんごの個数について，$a + 2b \leq 2016$ がわかる．また，上の a 人はみかんをもらっておらず，b 人はみかんを 2 個以上受け取ることはできない．なぜなら，みかんを 2 個以上受け取った場合はりんごを 3 個以上受け取る必要があるが，これは受け取る果物が 4 個以下であることに反するためである．したがって，残りの $2016 - a - b$ 人が $2016 - b$ 個以上のみかんを受け取るので，次を得る：

$$2016 - b \leq 4(2016 - a - b). \qquad よって，\quad 4a + 3b \leq 3 \times 2016.$$

以上より，次を得る：

$$a + b = \frac{(a + 2b) + (4a + 3b)}{5} \leq \frac{4 \times 2016}{5} = 1612 + \frac{4}{5}.$$

したがって，りんごをみかんより多く受け取った人は 1612 人である.

また，次のように配れば，果物を余らせることなく，1612 人がりんごをみかんより多く受け取るようにできる：

- 1209 人にりんごを 1 個，みかんを 0 個ずつ配る.

- 403 人にりんごを 2 個，みかんを 1 個ずつ配る．
- 1 人にりんごを 1 個，みかんを 1 個ずつ配る．
- 403 人にみかんを 4 個ずつ配る．

したがって，求める最大の人数は **1612** 人である．

6. 500 円玉，50 円玉，5 円玉のいずれも，釣り銭に 2 枚以上含まれることはあり得ない．なぜなら，2 枚以上含まれたとすると，それらを 1000 円札，100 円玉，10 円玉のいずれかに取り替えることにより，釣り銭の枚数を減らすことができるからである．

また，太郎君は 1000 円札，100 円玉，10 円玉，1 円玉をすべて支払いに用いたので，釣り銭にこれらは含まれない．したがって，500 円玉，50 円玉，5 円玉それぞれ 0 枚または 1 枚のみからなることがわかる．言い換えれば，品物の価格は $1111 - (500a + 50b + 5c)$ 円 (a, b, c は 0 または 1) でなければならない．

一方，価格が $1111 - (500a + 50b + 5c)$ 円 (a, b, c は 0 または 1) であるとき，実際に太郎君は問題文にあるような支払い方をすることを示そう．

この支払い方において，支払いに用いるお金と釣り銭に共通のものがないことはすでに確かめたので，釣り銭を渡された後の手持ちのお金の枚数が最小になることを示せばよいが，この金額は支払いの方法によらず $500a + 50b + 5c$ 円であり，500 円玉 a 枚，50 円玉 b 枚，5 円玉 c 枚が明らかに最小である．

以上より，品物の価格として考えられる値は，$2^3 = $ **8** 通りである．

7. $1, 2, \cdots, n$ が書かれたカードについて，題意と同様なことを考える．このときのカードの組合せの数を F_n で表す．

$F_1 = 1$, $F_2 = 2$ は自明である．

ここで，$k \geq 3$ として，F_k を求める．まず，k のみを選ぶ場合が 1 通りある．また，k を含んで 2 枚以上選ぶ場合，k が入る分残りのカードに書かれた数は，残りのカードの枚数より 1 以上大きい．よって，1 は含まれず，残りのカードの数を 1 ずつ減らすことを考えると，$n = k - 2$ のときのカードの選び方と 1 対 1 に対応することがわかる．

次に，k が入らない場合は，$n = k - 1$ のときの選び方と 1 対 1 に対応する．これから，$F_k = F_{k-1} + F_{k-2} + 1$ となることがわかる．

順番に計算して，$F_{15} = $ **1596** を得る．

参考 　何も選ばない場合を 1 通りとして数えて $F_0 = 1$ とすると，$\{F_k\}$ はフィボナッチ数列 (Fibonacci) になる．

8. りんごは，魔法 B または魔法 C を 1 回使うたびに 1 個減り，魔法 A を 1 回使うたびに 2 個増える．また，ぶどうは，魔法 A または魔法 B を 1 回使うたびに 1 個減り，魔法 C を 1 回使うたびに 4 個増える．

りんごとぶどうは，それぞれ，魔法によって減った数と増えた数が等しいので，魔法 A, B, C を，それぞれ，x, y, z 回使ったとすると，

$$y + z = 2x, \quad x + y = 4z$$

が成り立つ．これを解くと，

$$(x, y, z) = (5k, 7k, 3k)$$

が得られる．x, y, z がすべて非負整数で，これらのうち少なくとも 1 つは正の整数であることから，k は正の整数である．このとき，みかんは $-x + 3y - z = -5k + 3 \times 7k - 3k = 13k$ 個増える．

$k = 1$ のとき，増えたみかんの個数は最小になるが，このとき，魔法をどのような順番で使ったとしても，りんごとぶどうは最大でも，それぞれ，10 個，12 個しか減らないので，魔法を使っている途中でなくなってしまうことはない．よって，求めるみかんの個数は，$2011 + 13 = \mathbf{2024}$ である．

9. 階段の段数を n とし，A 君がかかった歩数を a，B 君がかかった歩数を b とおくと，$a - b = 6$ である．また，

$$\frac{n}{2} \le a < \frac{n}{2} + 1, \quad \frac{n}{25} \le b < \frac{n}{5} + 1$$

であるから，

$$\frac{n}{2} - \left(\frac{n}{5} + 1 \right) < a - b < \left(\frac{n}{2} + 1 \right) - \frac{n}{5}.$$

整理して，$a - b = 6$ を代入すると，次を得る：

$$\frac{3}{10}n - 1 < 6 < \frac{3}{10}n + 1 \quad \therefore \quad \frac{50}{3} < n < \frac{70}{3}.$$

この範囲の整数 n について調べて，次の表を得る：

n	17	18	19	20	21	22	23
a	9	9	10	10	11	11	12
b	4	4	4	4	5	5	5
$a-b$	5	5	6	6	6	6	7

よって，求める階段の段数は，**19, 20, 21, 22** の 4 つである．

10. k 番目にキャンディが置かれたとき，ここまでで先生は $1+2+\cdots+(k-1) = k(k-1)/2$ 人の子供達を飛び越した．すると
$$i \equiv k + \frac{k(k-1)}{2} = \frac{k(k+1)}{2} \quad (\bmod\ 30)$$
のときに a_i の後ろにキャンディが置かれたことになる．したがって，

$$2i \equiv k(k+1) \quad (\bmod\ 60)$$

である．これより，i 番目と j 番目のキャンディが同じ子供の後ろに置かれるのは，$i \equiv j \ (\bmod\ 60)$ のときであることがわかる．したがって，キャンディを受け取る子供の列は，周期 60 で周期的である．よって，k 番目と $(60-k-1)$ 番目は同じ子供に配られる．したがって，$k = 1, 2, \cdots, 29$ について，$k(k+1)/2$ (mod 30) を計算する必要がある．

計算結果は次のようになる：

1, 3, 6, 10, 15, 21, 28, 6, 15, 25, 6, 18, 1, 15, 30,
16, 3, 21, 10, 30, 21, 13, 6, 30, 25, 21, 18, 16, 15

ここに現れた数は 12 個であるから，キャンディをもらえなかった子供の数は **18** である．

11. 各専攻から 1 人の男性教授を選んだ場合，各専攻から 1 人の女性教授を選ばなければならないので，この方法での委員の選び方は，$2^6 = 64$ 通りである．

ある 1 つの専攻から 2 人の男性教授を選んだ場合，2 つの専攻のいずれか 1 つでは 2 人の女性教授を選ばなければならない．委員会は残りの専攻から 2 人の男性教授から 1 人と，2 人の女性教授から 1 人を選んで完成する．したがって，この方法での委員の選び方は，$3 \times 2 \times 2 \times 2 = 24$ 通りである．

したがって，合計 $64 + 24 = 88$ 通りの選び方がある．

12. 題意の操作の途中で，同じ色の石が 2 つ以上連続した場合，その後の操作

でそれらは同じ裏返され方をするので，そのうち 1 つを残して他を取り除くことにしてよい．このとき，石の並び方は必ず

●○●○●○●○●　　→　　●●○●○●○●●
　　　　　　　　　→　　●●○●●○●
　　　　　　　　　→　　●○●○●
　　　　　　　　　→　　●○●　→　●

と変化していく．各ステップでは，裏返す場所を選ぶ方法は，それぞれ，9, 7, 5, 3, 1 通りであるから，答は，$9 \times 7 \times 5 \times 3 \times 1 = \mathbf{945}$ 通りである．

13. Alice が Bob の隣に座って，5 人が座る方法の集合を X とする．

Alice が Carla の隣に座って，5 人が座る方法の集合を Y とする．

Derek が Eric の隣に座って，5 人が座る方法の集合を Z とする．

求める 5 人の座る方法の個数は，$5! - |X \cup Y \cup Z|$ である．包除の原理により，

$|X \cup Y \cup Z|$

$$= (|X| + |Y| + |Z|) - (|X \cap Y| + |X \cap Z| + |Y \cap Z|) + |X \cap Y \cap Z|$$

である．Alice と Bob を一団として見ると，互いに他方の隣に座ることができるので，X には $2 \times 4! = 48$ 個の元がある；$|X| = 48$．同様にして，$|Y| = |Z| = 48$ を得る．

次に，Alice, Bob, Carla を一団として，Alice が中央にいる場合を見ることで，$|X \cap Y| = 2 \times 3! = 12$ を得る．

次に，Alice と Bob，Derek と Eric をそれぞれ一団として見ることで，$|X \cap Z| = 2 \times 2 \times 3! = 24$．同様にして，$|Y \cap Z| = 24$ を得る．

最後に，$X \cap Y \cap Z$ には $2 \times 2 \times 2! = 8$ 個の元があることがわかるから，

$$|X \cup Y \cup Z| = (48 + 48 + 48) - (12 + 24 + 24) + 8 = 92$$

を得る．ゆえに，求める方法の個数は，$5! - 92 = 120 - 92 = \mathbf{28}$ である．

[別解]　Alice がどの座席に座ったかによって，3 つの場合に分けて考察する．

(1)　Alice が第 1 番の座席に座るか，第 5 番の座席に座る場合：

すると，Derek または Eric が隣に座らねばならない．Bob または Carla が中央に座らねばならない．ここまでが決まると，残りの 2 つの席はそれぞれ残りの 2 人が自由に座れる．これより，合計 $2^4 = 16$ 通りの座り方がある．

(2)　Alice が第 2 番または第 4 番の席に座る場合：

Derek と Eric は Alice の両側に座らねばならない．これは 2 通りの方法がある．Bob と Carla は残りの 2 つの席に 2 通りの方法で座る．よって，この場合は $2^3 = 8$ 通りある．

(3)　Alice が中央の席に座る場合：

Derek と Eric は Alice の両側に座り，Bob と Carla は第 1 番と第 5 番の席に座ることになる．この場合は $2^2 = 4$ 通りある．

上記の考察から，求める座り方は，$16 + 8 + 4 = \mathbf{28}$ 通りである．

14. 問題の条件をみたす橋の架け方は，

(∗)　どの 2 色についても，その色の島およびそれらの間に架かっている橋のみを考えたときに，問題の条件をみたす

をみたす．逆に，(∗) をみたす橋のかけ方は問題の条件をみたす．実際，同色の 2 つの島 P_1, P_2 と異なる色の島 Q について，$\{P_1, P_2\}$ の組が直接結ばれておらず，$\{P_1, Q\}$, $\{P_2, Q\}$ の 2 組が同時には直接結ばれないことを示せばよく，これは，(∗) を P_1, P_2 の色と Q の色の 2 色について考えることでわかる．

同じ色の島同士では橋を架けないことから，対称性より求める場合の数は赤色と青色の 6 つの島の間の橋の架け方として考えられる場合の数の 3 乗である．

赤色と青色の 6 つの島の間の橋の架け方として考えられる場合の数を求める．

赤色の島と直接結ばれている島はみな青色の島であり，2 つ以上の島と直接結ばれている場合は，この島が青色の 2 つの島両方と直接結ばれているので不適である．すなわち，赤色の島は高々 1 つの青色の島と直接結ばれており，同様に，青色の島は高々 1 つの赤色の島と直接結ばれている．k 本の橋を架けるとき，その場合の数は，赤色の島，青色の島それぞれ k 個ずつを選んだのち 1 対 1 対応を作る場合に等しく，

$$(_3\mathrm{C}_k)^2 \times k\,!$$

通りである．したがって，合計

$$(_3\mathrm{C}_0)^2 \times 0\,! + (_3\mathrm{C}_1)^2 \times 1\,! + (_3\mathrm{C}_2)^2 \times 2\,! + (_3\mathrm{C}_3)^2 \times 3\,! = 1 + 9 + 18 + 6 = 34$$

通りである．よって，求める橋の架け方は，$34^3 = \mathbf{39304}$ 通りである．

● 中級

1. 各問題の配点を見ると，正解した問題の組が異なる 2 人の得点は決して一致

しないことがわかる.

7 点 (全問正解) の人数を a 人, 6 点 (2 点と 4 点の 2 問を正解) の人数を b 人, 5 点 (1 点と 4 点の 2 問を正解) の人数を c 人, 3 点 (1 点と 2 点の 2 問を正解) の人数を d 人とする. このとき, 各問題の正解者が 10 人であることから,

$$a + c + d \leq 10, \quad a + b + d \leq 10, \quad a + b + c \leq 10 \qquad (*)$$

が成り立つ. 逆に, この 3 式をみたすように非負整数 a, b, c, d を決定すれば, 0 点, 1 点, 2 点, 4 点の人数にあたる

$$2a + b + c + d, \quad 10 - a - c - d, \quad 10 - a - b - d, \quad 10 - a - b - c$$

がそれぞれ定まり, 負でないので, 条件をみたす得点の組が 1 通りに決まる. つまり, $(*)$ をみたす非負整数の組 (a, b, c, d) の個数を求めればよい.

(1) a が偶数の場合:

5 以下の非負整数 n を用いて, $a = 10 - 2n$ と書ける.

- b, c, d の最大値が n 以下の場合, $(*)$ は常に成り立ち, (b, c, d) は n 以下の非負整数 3 つの組をすべてとれるので, $(n+1)^3$ 通りある.

- b, c, d の最大値が $n+1$ 以上の場合, その最大値を $2n - k$ とすると, k は $n - 1$ 以下の非負整数になる. このとき, b, c, d のうち最大でない 2 数の組は, k 以下の非負整数 2 つの組をすべてとれる. 最大値が b, c, d のそれぞれの場合を考えて, $3(k+1)^2$ 通りある. これを 0 以上 $n-1$ 以下の k について足し合わせたものが, この場合のあり得る (b, c, d) の個数であり, 計算すると,

  $n = 0, 1, 2, 3, 4, 5$ のとき, それぞれ, $0, 3, 15, 42, 90, 165$ 通り

  となる.

(2) a が奇数の場合:

4 以下の非負整数 n を用いて, $a = 9 - 2n$ と書ける.

- b, c, d の最大値が n 以下の場合, a が偶数の場合と同様に, n 以下の非負整数 3 つの組すべてをとれて, $(n+1)^3$ 通りである.

- b, c, d の最大値が $n+1$ 以上の場合, その最大値を $2n - k + 1$ とすると, k は n 以下の非負整数になる. このとき, a が偶数の場合と同じく $3(k+1)^2$ 通りで, これを 0 以上 n 以下の k について足し合わせればよく,

  $n = 0, 1, 2, 3, 4$ のとき, それぞれ, $3, 15, 42, 90, 165$ 通り

  となる ((1) の $n = 1, 2, 3, 4, 5$ の場合と同じ).

上記の場合分けについて，あり得る得点の組は

$$2(1^3 + 2^3 + 3^3 + 4^3 + 5^3) + 6^3 + 2(3 + 15 + 42 + 90 + 165) = \mathbf{1296}$$

通りである．

2. 条件をみたすおもりの載せ方の数を a_n とし，漸化式を作り a_n を求める．

おもりの重さが $2^0,\ 2^1,\ \cdots,\ 2^{n-1}$ であるから，

「右の皿が左の皿よりも重くなることが一度もない」

ようにおもりを天秤に載せるためには，「それまでに載せたどのおもりよりも重いおもりを天秤に載せるときには，左側に載せる」ことが，右の皿を左の皿より重くしないための必要十分条件となっている．したがって，1 番軽いおもりは，1 番初めに載せるときには左側に，それ以外のときには右でも左でも好きな方に載せればよい．とくに，$a_1 = 1$ となっている．

条件をみたすおもりの載せ方を 1 つもってくる．このとき，1 番軽いおもりを除いたおもりの重さは $2^1,\ 2^2,\ \cdots,\ 2^{n-1}$ となっている．そこで，これらのおもりを重さを半分にした重さ $2^0,\ 2^1,\ \cdots,\ 2^{n-2}$ のおもりを，元のおもりの載せ方の順にしたがって天秤に載せると，条件をみたしながら天秤に載せることができる．

逆に，$n-1$ の場合の条件をみたすおもりの載せ方があれば，2 倍の重さのおもりを対応する順番に皿に載せ，1 番軽いおもりを，1 番初めに載せるときには左側に，それ以外のときには右でも左でも好きな方に載せれば，n の場合の条件をみたすおもりの載せ方ができる．よって，$n-1$ の条件をみたすおもりの載せ方から，n の場合の $2n-1$ 個の条件をみたすおもりの載せ方ができる．

よって，漸化式 $a_n = (2n-1) \cdot a_{n-1}$ が成り立つから，条件をみたすおもりの載せ方は，

$$a_n = (2n-1) \times (2n-3) \times \cdots \times 5 \times 3 \times 1$$

通りある．

3. 団体 i に属する人の人数を x_i とおく．

$a_i = x_i + 2(x_{i+1} + \cdots + x_k)$ とすると，条件がみたされることを示す．

$a_i > 0$ は明らかである．また，$1 \leq i \leq k-1$ に対し，

$$a_i = x_i + x_{i+1} + a_{i+1} > a_{i+1}$$

となっていることから，$1 \leq i < j \leq k$ に対し，$a_i > a_j$ が成り立つ．

また，配るお菓子の総数は

$$a_1 x_1 + \cdots + a_k x_k = \sum_{i=1}^{k} x_i^2 + 2 \sum_{i=1}^{k-1} \sum_{j=i+1}^{k} x_i x_j = (x_1 + \cdots + x_k)^2 = n^2$$

である．よって示された．

4. 選手の列を S とおく．選手の身長は相異なるから，身長により選手を指定することができることに注意しておく．

選手の列 S を前から $N+1$ 人毎に N 個のグループに分け，第 $j\,(1 \leq j \leq N)$ 番目のグループの人の身長 $x_{i,j}\,(1 \leq i \leq N+1)$ を $(N+1) \times N$ 型の行列 A の j 列に書き込み，この行列を参考にしながら，求める行列を作る．

まず，この行列の各列の成分を選手の身長の大きさの順に並べ替える．

次に，第 2 行で 1 番大きな身長が第 1 列に来るように A の列の置き換えを行う．これで第 1 列では $x_{1,1} > x_{2,1}$ となり，さらに $x_{2,1} > x_{2,j}\,(2 \leq j \leq N)$ となる．そこで $N(N+1)$ 人の並んだ列 S から，$x_{1,1}$ と $x_{2,1}$ 以外の身長をもつ $N-1$ 人を除く．

次に，第 3 行の 2 列目以降において $x_{3,2}$ が 1 番大きくなるように A の第 2 列から第 N 列の入れ替えを行う．これで，第 2 列では $x_{2,2} > x_{3,2}$，$x_{3,2} > x_{3,j}\,(3 \leq j \leq N)$ となる．そこで，S において第 2 列に身長がある選手から $x_{2,2}$ と $x_{2,3}$ 以外の身長をもつ $N-1$ 人を除く．

この手続きを繰り返し，最後に $2N$ 人の選手からなる列 F を考える．このとき，$2N$ 人の列 F では身長 $x_{1,1}$ が最も大きく，その次には $x_{2,1}$ が大きく，その次には $x_{2,2}$ が大きく，その次には $x_{3,2}$ が大きく，……，最後に $x_{N,N}$ が $x_{N+1,N}$ より大きくなる．

$$
\begin{array}{ccccccc}
x_{1,1} & & x_{1,2} & & x_{1,3} & \cdots & x_{1,N-1} & & x_{1,N} \\
\vee & & \vee & & \vee & & \vee & & \vee \\
x_{2,1} & > & x_{2,2} & & x_{2,3} & \cdots & x_{2,N-1} & & x_{2,N} \\
\vee & & \vee & & \vee & & \vee & & \vee \\
x_{3,1} & & x_{3,2} & > & x_{3,3} & \cdots & x_{3,N-1} & & x_{3,N} \\
\vee & & \vee & & \vee & & \vee & & \vee \\
\vdots & & \vdots & & \vdots & \ddots & \vdots & & \vdots \\
\vee & & \vee & & \vee & & \vee & & \vee \\
x_{N,1} & & x_{N,2} & & x_{N,3} & \cdots & x_{N,N-1} & > & x_{N,N} \\
\vee & & \vee & & \vee & & \vee & & \vee \\
x_{N+1,1} & & x_{N+1,2} & & x_{N+1,3} & \cdots & x_{n+1,N-1} & & x_{N+1,N}
\end{array}
$$

　最初に並んでいた $N(N+1)$ 人の列 S で，身長 $x_{1,1}$ と身長 $x_{2,1}$ をもつ人の間に入っていた人は同じグループに属し，そのグループからは身長 $x_{1,1}$ と身長 $x_{2,1}$ をもつ人以外はすべて取り除かれたから，できあがった $2N$ 人の列 F で，1 番背の高い人と 2 番目に背の高い人の間には他の人が入らない.

　同様に，$2N$ 人の列 F で 3 番目に背の高い人と 4 番目に背の高い人は同じグループに属し，そのグループからは 3 番目に背の高い人と 4 番目に背の高い人以外はすべて取り除かれたから，できあがった $2N$ 人の列 F では，3 番目に背の高い人と 4 番目に背の高い人の間には他の人は入らない.

　このような手続きを繰り返すことで，上記のようにして作った $2N$ 人の列 F は求める性質をもつことがわかる.

　5. 政治家の集合 S 上の**派閥**とは，S の空でない部分集合である. S の政治家のうち派閥 C に属さない者全員からなる集合を C の**補派閥**という. 派閥 $C_1, C_2, \cdots, C_n$ が S 上で**弱い入れ子**をなすとは，問題文にいう次の条件を指す.

　　$C_1, C_2, \cdots, C_n$ のうち任意の 2 つは，もしその両方に属する政治家と，どちらにも属さない政治家がともに存在すれば，一方が他方に含まれる.

　また，これを強めた次の条件をもって，$C_1, C_2, \cdots, C_n$ は**強い入れ子**をなすという.

　　$C_1, C_2, \cdots, C_n$ のうち任意の 2 つは，もしその両方に属する政治家が存在すれば，一方が他方に含まれる.

　まず，正の整数 h に対し，h 人の政治家の集合 S 上の強い入れ子をなす派閥の個数が $2h-1$ 以下であることを，h に関する帰納法で示す.

　$h=1$ のときは明らかである.

　$h \geq 2$ とし，2 つ以上の派閥 $D_1, D_2, \cdots, D_m$ があって，強い入れ子をなしているとする. すると，S ではない他の派閥には含まれず，S ではない派閥が少なくとも 1 つあるので，それを D_j とし，D_j に属する政治家の人数を $h' < h$ とする. $D_1, D_2, \cdots, D_m$ のうち D_j に含まれるもの全体は強い入れ子をなすので，帰納法の仮定よりその個数は $2h'-1$ 以下である. また D_j と交わらないもの全体も強い入れ子をなすので，帰納法の仮定よりその個数は $2(h-h')-1$ 以下である. $D_1, D_2, \cdots, D_m$ のそれぞれはこのいずれかであるか，さもなくば S であるので，望んだとおり次が成り立つ.

$$m \leq (2h' - 1) + (2(h - h') - 1) + 1 = 2h - 1.$$

さて，問題文にいう状況を一般化し，2 以上の整数 k について，k 人の政治家の集合 S 上で弱い入れ子をなす派閥の個数が $4k - 2$ を超えないことを示す．相異なる $n + 1$ 個の派閥が S 上で弱い入れ子をなすとする．このうち S 全体でない派閥を n 個選んで $C_1, C_2, \cdots, C_n$ とする．S から 1 人の政治家を選んで固定し，各 $j = 1, 2, \cdots, n$ について，派閥 C_j とその補派閥のうち，a が属さない方を $\check{C}_j$ で表す．$\check{C}_1, \check{C}_2, \cdots, \check{C}_n$ のうち相異なるものを $D_1, D_2, \cdots, D_m$ とすると，これらは S から a を除いた $k - 1$ 人の政治家による，強い入れ子をなす派閥であり，その個数 m は $2m \geq n$ をみたす．よって，m についての上述の評価とあわせて，もとの派閥の個数 $n + 1$ に関して不等式

$$n + 1 \leq 2m + 1 \leq 2(2(k - 1) - 1) + 1 \leq 4k - 5$$

を得る．特に問われている $k = 7$ の場合には，派閥の個数は 23 個以下である．実際，7 人の政治家 0, 1, 2, 3, 4, 5, 6 がなす 11 個の派閥とその補派閥

$\{0\}$	$\{1,2,3,4,5,6\}$	$\{6\}$	$\{0,1,2,3,4,5\}$
$\{1\}$	$\{0,2,3,4,5,6\}$	$\{0,1\}$	$\{2,3,4,5,6\}$
$\{2\}$	$\{0,1,3,4,5,6\}$	$\{2,3\}$	$\{0,1,4,5,6\}$
$\{3\}$	$\{0,1,2,4,5,6\}$	$\{4,5\}$	$\{0,1,2,3,6\}$
$\{4\}$	$\{0,1,2,3,5,6\}$	$\{0,1,2,3\}$	$\{4,5,6\}$
$\{5\}$	$\{0,1,2,3,4,6\}$		

に全体 $\{0, 1, 2, 3, 4, 5, 6\}$ を加えた **23** 個の派閥は，確かに条件をみたす．

6.　解答 1　$f(n)$ により，太郎君の規定により過ごすことができる日数の最終日を表す．$f(9)$ を求めればよい．

もし，太郎君が第 n 日に休養したならば，第 $(n + 1)$ 日にはサーフィン，水上スキーまたは休養のいずれも実施できる：3 つの選択肢がある．

もし，第 n 日に水上スキーをしたならば，第 $(n + 1)$ 日には水上スキーか休養のいずれかを実施できる：2 つの選択肢がある．

同様に，第 n 日にサーフィンをしたならば，第 $(n + 1)$ 日にはサーフィンか休養のいずれかを実施できる．

したがって，長さ $n + 1$ 日の休日の可能性の数は，休養で終わる長さ n 日の休

日の 3 倍に，サーフィンで終わる長さ n 日の休日の数の 2 倍と，水上スキーで終わる長さ n 日の休日の数の 2 倍を加えたものになる．

この結果，$(n+1)$ 日の休日の過ごし方の数は，n 日の休日の過ごし方の数の 2 倍に，休養で終わる n 日の休日の過ごし方の数を加えたものになる．しかし，休養で終わる n 日の休日の過ごし方は，長さ $(n-1)$ 日の休日の数と等しいから，次を得る：

$$f(n+1) = 2f(n) + f(n-1).$$

これを順次計算していく：

$$f(1) = 3, \quad f(2) = 7, \quad f(3) = 17, \quad f(4) = 41, \quad f(5) = 99,$$
$$f(6) = 239, \quad f(7) = 577, \quad f(8) = 1393, \quad f(9) = 3363.$$

その結果，**3363** が答である．

解答 2　休日の 9 日間を 3 日ずつ 3 つに分割する．休養を R，サーフィンを S，水上スキーを W で表すと，3 日間で可能な過ごし方は次のような 17 通りある：

SSS, SSR, SRR, SRS, SRW,

WWW, WWR, WRR, WRW, WRS,

RRR, RRS, RSR, RSS, RRW, RWR, RWW

これらの部分計画から 3 つを選び，つなぎ合わせて 9 日間の計画を創り上げる．3 つの部分計画のうちの初めの 2 つの最終日に注目する．つなぎ合わせで駄目な制限は，第 1 の部分計画が S で終わったとき第 2 の部分計画で S または R で始まること，また，第 1 の部分計画が W で終わったとき第 2 の部分計画で W または R で始まることである．

第 1 部分計画が S で終わり，第 2 部分計画が S で終わる：$5 \times 4 \times 12 = 240$.

第 1 部分計画が S で終わり，第 2 部分計画が R で終わる：$5 \times 5 \times 17 = 425$.

第 1 部分計画が S で終わり，第 2 部分計画が W で終わる：$5 \times 3 \times 12 = 180$.

第 1 部分計画が R で終わり，第 2 部分計画が S で終わる：$7 \times 5 \times 12 = 420$.

第 1 部分計画が R で終わり，第 2 部分計画が R で終わる：$7 \times 7 \times 17 = 833$.

第 1 部分計画が R で終わり，第 2 部分計画が W で終わる：$7 \times 5 \times 12 = 420$.

第 1 部分計画が W で終わり，第 2 部分計画が S で終わる：$5 \times 3 \times 12 = 180$.

第 1 部分計画が W で終わり，第 2 部分計画が R で終わる：$5 \times 5 \times 17 = 425$.

　　第 1 部分計画が W で終わり，第 2 部分計画が W で終わる：$5 \times 4 \times 12 = 240$.

　　よって，実施可能な計画はこれら 9 通りの総和であるから，

$$240 + 425 + 180 + 420 + 833 + 420 + 180 + 425 + 240 = \mathbf{3363}$$

通りである．

7. $N = 2015$（壺の個数）とする．

　(a)　太郎君は壺 j をちょうど $(N!/j)$ 回選ぶ．すると壺 j は

$$\sum_{k \neq j} k \cdot \frac{N!}{k} = (N-1) \cdot N!$$

個のコインを含む．これは j に依存しない．

　(b)　太郎君は各壺 j を 1 回だけ選ぶ．すると，壺 j は

$$j + \sum_{k \neq j} k = \sum_{k} k$$

個のコインを含む．これも j に依存しない．

　(c)　太郎君は各壺 j をちょうど $(N!/j - 1)$ 回だけ選ぶ．すると壺 j は

$$N + 1 - j + \sum_{i \neq j} k \cdot \left(\frac{N!}{k} - 1 \right) = N + 1 - j + \sum_{k \neq j} (N! - k)$$
$$= (N-1)N! + (N+1) - \sum_{k} k$$

個のコインを含む．これも j に依存しない．

8. 出席者 u を拾い上げる．出席者の対 (v, w) で，u と v は異なり，v は w を知っており，v は u を知っており，u は w を知らないというものすべてを，2 通りの方法で数え上げる．

　まず，u を知っている出席者 v が 20 人おり，各 v に対して v を知っている出席者が（u を除いて）19 人おり，この中に u を知っている者が 1 人だけいる．したがって，v を知っているが u を知らない出席者が 18 人いる．よって，組 (v, w) の個数は $20 \times 18 = 360$ である．

　一方，n をこのパーティの出席者の総数とすると，u を知らない出席者 w が $n - 21$ 人おり，そのような w の各々について u と w の両方を知っている出席者 v が 6 人いる．したがって，組 (v, w) の総数は $6(n - 21)$ である．

　この考察により，$360 = 6(n - 21)$ となるから，出席者は $n = \mathbf{81}$ 人である．

● 上級

1. 頂点に割り当てられた $2n+1$ 個の数のうち正のものの個数を k，負のものの個数を l とおく．$k+l \le 2n+1$ である．負の数の両隣には正の数が割り当てられるので，隣り合う正の数と負の数の組はちょうど $2l$ 個存在する．一方，正の数に着目することで，$2k$ 個以下しか存在しないこともわかる．よって，$l \le k$ であり，特に $l \le n$ である．

最大の数が割り当てられた頂点（の 1 つ）を P，割り当てられた数を $a(\ge 0)$ とおく．P 以外の $2n$ 個の頂点を，隣り合う頂点の 2 つ組 n 個に分割する．どの 2 つ組についても，割り当てられた 2 数の和は 0 以上であるから，P 以外の $2n$ 個の頂点に割り当てられた数の和は 0 以上である．つまり，$S+T-a \ge 0$ である．

一方，割り当てられた数 x いずれについても，その隣の数は a 以下であるから，$x+a \ge 0$ である．これをすべての負の数 x について動かして足し合わせることで，$T+la \ge 0$ である．以上より，次がわかる：

$$nS + (n+1)T = n(S+T-a) + (T+na) \ge n(S+T-a) + (T+la) \ge 0.$$

2. 円周の長さを n とする．このとき，移動する長さとしてありうるものは 0 以上 $n-1$ 以下の整数である．

n が奇数のときは図 1 のように，ある椅子と円の中心を通る直線について対称な位置にそれぞれの人が移動すると，移動する長さとして 0 以上 $n-1$ 以下の整数すべてが現れる．n が偶数のときは円周上で連続する $\frac{n}{2}$ 個の椅子と円周上で連続する $\frac{n}{2}-1$ 個の椅子を重複しないようにとることができ，それぞれの組を A，B とおく．A について図 2 のように，両端から順に 2 つずつ組にし，組ごとに互いの椅子へ移動する（組にされずに残った人がいる場合は，その人は移動しない）．B についても同様に移動する．すると，移動する長さとして 0 以上 $n-1$

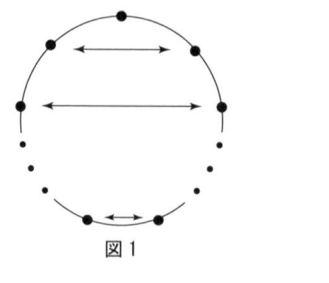

図1

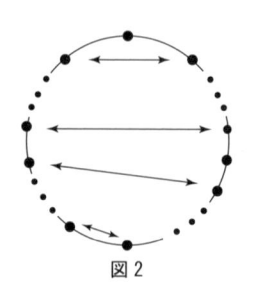

図2

以下の整数のうち $\frac{n}{2}$ 以外はすべて現れる.

　また，時計回りに椅子に $0, 1, 2, \cdots, n-1$ と数値を割り振ると，それぞれの人が移動した長さは移動後の椅子の数値から移動前の椅子の数値を引いたものを n で割った余りに等しい. 移動後の椅子の数値を全員について足し合わせたものと，移動前の椅子の数値を全員について足し合わせたものは等しいため，人の移動した長さの総和は n の倍数である. n が偶数のときに人が移動した長さとして 0 以上 $n-1$ 以下の整数すべてが現れるとすると，その総和は $\frac{(n-1)n}{2}$ であるが，これは n の倍数ではないので，矛盾する.

　よって，答は，**n が奇数のとき n 通り，n が偶数のとき $n-1$ 通り**である.

3. 急行の停車駅の個数を k とおく. $k \geq 2$ としてよい. 急行の停車駅をある駅から停車する順に $P_1, P_2, \cdots, P_k$ とおく. 簡単のため $P_0 = P_k$, $P_{k+1} = P_1$ とおく. $0 \leq i \leq k$ に対し，P_{i+1} は各駅停車で P_i の l_i 個後の駅であるとする. このとき，$l_0 = l_k$, $l_1 + l_2 + \cdots + l_k = 2018$ である.

　m が問題の条件をみたすとする.

$$(l_0 + l_1) + (l_1 + l_2) + (l_2 + l_3) + \cdots + (l_{k-1} + l_k)$$
$$= 2(l_1 + l_2 + \cdots + l_k) = 2 \times 2018 = 4036$$

より，$l_{i-1} + l_i \geq \dfrac{4036}{k}$ なる $1 \leq i \leq k$ が存在する. この i について，A, B を，各駅停車で P_i のそれぞれ，直後，直前の駅とし，A から B への移動を考える. $A \to P_{i+1}$ を各駅停車で移動し（$A = P_{i+1}$ のときは移動しない. 以下も同様），$P_{i+1} \to P_{i-1}$ を急行で移動し，$P_{i-1} \to B$ を各駅停車で移動するのが最短である. 移動時間は $(l_i - 1) + (k - 2) + (l_{i-1} - 1) = k + l_{i-1} + l_i - 4$ 分であるから，

$$m \geq k + l_{i-1} + l_i - 4 \geq k + \frac{4036}{k} - 4$$

が成り立つ. 相加・相乗平均の不等式より，

$$k + \frac{4036}{k} \geq 2\sqrt{k \times \frac{4036}{k}} = 2\sqrt{4036}$$

である. これと

$$\left(63 + \frac{1}{2}\right)^2 = 4032 + \frac{1}{4} < 4036$$

より，

$$m \geq 2\sqrt{4036} - 4 > 2\left(63 + \frac{1}{2}\right) - 4 = 123$$

であるが, m は整数であるから, $m \geq 124$ となる.

$m = 124$ が問題の条件をみたすことを示す. 急行の停車駅を, その個数が $k = 64$ であり, $l_1, l_2, \cdots, l_{64} \leq 32$ をみたすように指定する. $2018 < 2048 = 64 \times 32$ より, これは可能である. このとき, どの異なる 2 つの駅 A, B についても, A から B へ 124 分以内に移動できることを確かめる.

A が P_i から P_{i+1} までの間 (P_i は除く), B が P_j から P_{j+1} までの間 (P_{j+1} は除く) になるように $1 \leq i, j \leq k$ をとる. $i = j$ であるか否かで場合分けを行う.

- $i \neq j$ の場合:

$A \to P_{i+1}$ を各駅停車, $P_{i+1} \to P_j$ を急行, $P_j \to B$ を各駅停車で移動すると, $(l_i - 1) + (k - 2) + (l_j - 1) \leq 31 + 62 + 31 = 124$ から, 移動時間は 124 分以内である.

- $i = j$ の場合:

P_i, A, B, P_{i+1} の順に駅が並んでいる場合, $A \to B$ を各駅停車で移動することで, $l_i - 2 \leq 30$ 分以内で移動できる. P_i, B, A, P_{i+1} の順に駅が並んでいる場合 ($P_i = B$ または $P_{i+1} = A$ の場合も含む), $A \to P_{i+1}$ を各駅停車, $P_{i+1} \to P_i$ を急行, $P_i \to B$ を各駅停車で移動すると, 各駅停車での移動時間の合計は $l_i - 1 \leq 31$ 分以内, 急行での移動時間は $k - 1 = 63$ 分であり, 合計は $31 + 63 = 94$ 分以内となる.

いずれにせよ, 124 分以内で移動できる.

以上より, 問題の条件をみたす最小の m は **124** である.

4. 男子全員が花束を, 女子全員がチョコレートを持っている状態を「元の状態」, 男子全員がチョコレートを, 女子全員が花束を持っている状態を「良い状態」ということにする.

d 回の動作を繰り返したとき初めて良い状態になるとする. このとき, $2d$ 回の動作を繰り返したときに初めて元の状態に戻る. なぜなら, 良い状態とは男女のプレゼントが逆になった配置であるので, 配置を逆にすることを 2 回繰り返すと元の状態に戻ることは明らかであるし, また, $2d$ 回未満の d' 回で元の状態に戻るとすると, $|d - d'| (< d)$ 回の動作で元の状態と良い状態が移り変わることになってしまい矛盾するからである.

次に，以下の補題を示す.

> **補題**　a 回の動作を繰り返したとき初めて元の状態に戻るとする. このとき，b 回の動作を繰り返すことにより元の状態に戻るなら，b は a の倍数である.

証明　$b = ma + k$（m は非負整数，k は 0 以上で a より小さい整数）と表せる. また，ma 回の動作を行うと，a の定義より元の状態にもどる. したがって，b 回の動作を行うと，元の状態に k 回の度長をしたときのプレゼントの配置と一致する. k が 1 以上であれば，a より少ない回数の動作で初めて元の状態に戻り，これは a のとり方に反する. ゆえに，$k = 0$. よって，示された. ∎

　上の結果より，d の偶数倍の回数の動作を繰り返したとき，元の状態にになり，d の奇数倍の回数の動作を繰り返したとき，良い状態になる. また補題より，元の状態，良い状態になるのはこのようなときだけである.

　男女合計で 4016 人なので 4016 回の動作をすると元の状態に戻る. よって，$2d$ は 4016 の約数となり，d としてあり得るのは 1, 2, 4, 8, 251, 502, 1004, 2008 である. また，$d = 1$ ならば動作を 251 回，$d = 2$ ならば動作 502 回，$d = 4$ ならば動作を 1004 回，$d = 8$ ならば動作を 2008 回繰り返しても良い状態になる.

　補題から導かれる結果より，$n = 251, 502, 1004, 2008$ 回繰り返して良い状態になる座り方が何通りあるかを求めればよいことがわかる.

　n を $251, 502, 1004, 2008$ として，動作を n 回繰り返すと良い状態になるような男子と女子の座り方を考える. ある並んで座っている n 人がそれぞれ男子であるか女子であるかを決めれば，この条件をみたすような座り方がただ一つに決まる（$4016/n$ が偶数であることに注意）. よって，各 n について 2^n 通りの座り方がある. 以上より，求める椅子の組合せは

$$2^{251} + 2^{502} + 2^{1004} + 2^{2008}$$

通りである.

　5. 相異なる言語 X, Y を話すことのできる通訳を I_{XY} で表す. 題意をみたす部屋割りにおける各部屋に対して，その部屋のメンバー 2 人が共通して話すことのできる言語（ただ 1 通りに定まる）を共通言語ということにする. 問題の設定

から，どの言語 L についても，L を話すことのできる人は 4 人であることに注意する．

ある言語 L を共通言語とする部屋が 3 つ以上あったとき，L を話せる人が $2 \times 3 = 6$ 人以上いることになるが，これは矛盾である．したがって，どの言語についてもその言語を共通言語とする部屋は高々 2 つである．

異なる 2 つの言語 L_1，L_2 が両方とも 2 つの部屋の共通言語となっていると，L_1 を話せる 4 人すべてが L_1 を共通言語とする部屋に泊まり，L_2 を話せる 4 人すべてが L_2 を共通言語とする部屋に泊まることになるが，$I_{L_1 L_2}$ が両方に泊まることはできないので，矛盾である．

これらを踏まえて，以下のように場合分けして考える：

（ⅰ）　すべての部屋の共通言語が相異なるとき．

（ⅱ）　ある 2 つの部屋の共通言語が同じとき．

（ⅰ）の場合：言語は 5 種類であり，部屋も 5 つなので，すべての言語が共通言語として網羅される．ドイツ語 (以下，G と略す) を共通言語とする部屋を R_G とする．R_G に泊まる 2 人が G 以外に話すことのできる言語を，それぞれ，A，B とする．R_G の 2 人の他に G を話せる通訳が 2 人おり，この 2 人は異なる部屋に泊まる (さもなくば，G を共通言語とする部屋が 2 つ存在してしまう)．これを R_C，R_D とし，その共通言語を，それぞれ，C，D とする．

R_C の共通言語 C が A に等しいとすると，G と A を話すことのできる通訳が 2 人存在することになり，題意に反する．したがって，C は A と異なり，同様の理由により B とも異なる．同様にして，D は A とも B とも異なる．

以上の考察より，G，A，B，C，D で問題文にある 5 つの言語が網羅されている．R_G，R_C，R_D 以外の 2 部屋の共通言語は A，B であり，その 2 部屋を，それぞれ，R_A，R_B と名付ける．この時点で I_{AB} は，R_A もしくは R_B に泊まることができ，I_{CD} は R_C もしくは R_D にのみ泊まることができる．ここでは，I_{AB} は R_A に，I_{CD} は R_C に泊まるとして議論を進める (他の場合も同様)．

すると，空いている部屋は R_D，R_A の 1 人分と R_B の 2 人分であり，それらの部屋に残った I_{AC}，I_{AD}，I_{BC}，I_{BD} が泊まることになる．

整理すると，各部屋のメンバーは

$$R_G : I_{GA}, I_{GB}, \quad R_A : I_{AB}, I_{AC}, \quad R_B : I_{BC}, I_{BD},$$
$$R_C : I_{GC}, I_{CD}, \quad R_D : I_{GD}, I_{AD}$$

となる．これは，題意をみたす部屋割りとなる．

以上の考察において，A, B の決め方は $_4\mathrm{C}_2$ 通りあり，これを決めると C, D は自動的に定まる．I_{AB}, I_{CD} の決め方は 2×2 通りあり，これを決めることで部屋割りが 1 通りに定まる．よって，（ⅰ）の場合の部屋割りは $_4\mathrm{C}_2 \times 2 \times 2 = 24$ 通りである．

（ⅱ）の場合：部屋 $R_{L,1}$ と $R_{L,2}$ の共通言語が共に L であるとする．これら以外の部屋とその共通言語の組を，それぞれ，$(R_A, A), (R_B, B), (R_C, C)$ とする．L, A, B, C は相異なる．この 4 つの言語のいずれでもない残った言語を X とする．

$R_{L,1}, R_{L,2}$ には 4 人泊まるが，全員 L を話すことができるため，この 2 部屋以外に L を話せる人が泊まることはない．I_{XA} は共通言語の問題により，$R_{L,1}, R_{L,2}, R_B$, R_C のいずれにも泊まることはできず，R_A に泊まるしかない．同様に，I_{XB} は R_B に，I_{XC} は R_C に泊まることになる．I_{AB} は R_A もしくは R_B に泊まることができる．ここでは，R_A に泊まるとして議論を進める（R_B に泊まる場合も同様）．R_A のメンバー 2 人は決定しているので，I_{AC} の泊まる部屋は R_C でなくてはならず，すると残りの I_{BC} は R_B に泊まることになる．この時点で，R_A, R_B, R_C のメンバーが決定した．$R_{L,1}, R_{L,2}$ については，$I_{LA}, I_{LB}, I_{LC}, I_{LX}$ の 4 人が 2 人ずつに分かれて泊まればよい．

以上の考察から，$R_{L,1}, R_{L,2}$ については，$_4\mathrm{C}_2/2 = 3$ 通りある（部屋どうしを区別しないことに注意）．他の部屋については，I_{AB} を R_A, R_B のどちらに泊まるかを決めるとすべての部屋のメンバーが決定する．以上より，この共通言語の組合せに対して，部屋割りは $3 \times 2 = 6$ 通りある．また，5 つの言語の中から L を選び，残った 4 つの中から X を決定することで，A, B, C は自ずと定まるので，共通言語の組合せは $5 \times 4 = 20$ 通りである．したがって，（ⅱ）の場合は全体として $6 \times 20 = 120$ 通りである．

（ⅰ），（ⅱ）より，部屋割りの総数は $24 + 120 = \mathbf{144}$ 通りである．

6. $n = 48$ である．以下にこれを示す．

C を n 人のピエロの集合とする．色を $1, 2, 3, \cdots, 12$ とする．各 $i = 1, 2, \cdots$, 12 について，色 i を使っているピエロの集合を E_i とする．$\{1, 2, \cdots, 12\}$ の各部分集合 S について，S の色すべてを使い，他の色を使わないピエロの集合を E_S とする．

$S \neq S' \implies E_S \cap E_{S'} = \emptyset$ であることから，集合 A の元の個数を $|A|$ と書くと，

$$\sum_S |E_S| = |C| = n$$

である．ここでの和において，S は $\{1, 2, \cdots, 12\}$ の部分集合すべてを動くものとする．さて，各 $i \in \{1, 2, \cdots, 12\}$ について，

$$E_S \subset E_i \iff i \in S \quad \text{より，} \quad |E_i| = \sum_{i \in S} |E_S|.$$

仮定より，$|E_i| \leq 20$ であり，また，$E_S \neq \emptyset$ であれば，$|S| \geq 5$ である．このことから，次が得られる：

$$20 \times 12 \geq \sum_{i=1}^{12} |E_i| = \sum_{i=1}^{12} \Big(\sum_{i \in S} |E_S| \Big).$$

さらに，この右辺は S の元の個数だけ $|E_S|$ を足していると解釈することができるので，次を得る：

$$\sum_{i=1}^{12} \Big(\sum_{i \in S} |E_S| \Big) \geq 5 \sum_S |E_S| = 5n.$$

よって，$n \leq 48$ である．

次に，$n = 48$ で命令を達成できることを示す．色の列 $\{c_i\}_{i=1}^{52}$ を次のように定義する：

$$
\begin{array}{l}
1\,2\,3\,4 - 5\,6\,7\,8 - 9\,10\,11\,12 - \\
4\,1\,2\,3 - 8\,5\,6\,7 - 12\,9\,10\,11 - \\
3\,4\,1\,2 - 7\,8\,5\,6 - 11\,12\,9\,10 - \\
2\,3\,4\,1 - 6\,7\,8\,5 - 10\,11\,12\,9 - 1\,2\,3\,4
\end{array}
$$

順に，最初の行を $c_1, \cdots, c_{12}$，2 番目の行を $c_{13}, \cdots, c_{24}$，3 番目の行を $c_{25}, \cdots, c_{36}$，最後の行を $c_{37}, \cdots, c_{52}$ とする．各 $j\,(j = 1, 2, \cdots, 48)$ について，j 番目のピエロが色 $c_j, c_{j+1}, c_{j+2}, c_{j+3}, c_{j+4}$ を使うとする．このようにすると，問題の条件をみたすことは容易にわかる．よって，求める n の最大値は **48** である．

7. 5 問正解者が 1 人以下だとして矛盾を導こう．1 人が 5 問，残りはみな 4 問に正解したとしてよい．なぜなら，不正解をいくつか正解扱いにしても，誰かに満点を与えない限り，題意の条件は保たれるからである．

参加者を N 人とする. 各問題 i, j に対し, その両方に正解した人数 $p_{i,j}$ は, 題意より $\lambda = \dfrac{2N+1}{5}$ 以上である. また和

$$\begin{aligned} P = {} & p_{1,2} \ + \ p_{1,3} \ + \ p_{1,4} \ + \ p_{1,5} \ + \ p_{1,6} \\ & + \ p_{2,3} \ + \ p_{2,4} \ + \ p_{2,5} \ + \ p_{2,6} \\ & + \ p_{3,4} \ + \ p_{3,5} \ + \ p_{3,6} \\ & + \ p_{4,5} \ + \ p_{4,6} \\ & + \ p_{5,6} \end{aligned}$$

を考えると, 4 問正解者と 5 問正解者は右辺に, それぞれ, 6 回と 10 回貢献するから, 次が成り立つ.

$$P = 6(N-1) + 10 = 6N + 4 = 15\lambda + 1.$$

ここで, λ が整数でなければ, $P \geq 15 \times \dfrac{2N+2}{5} = 6N+6$ より, 上式に反する. よって, λ は整数であり, 上記 15 個の $p_{i,j}$ のうち, 1 個は $\lambda+1$ に, 残りは λ に等しい. この $p_{i,j} = \lambda+1$ なる i は 1 でなく, また 5 問正解者が解けなかったのは問題 6 であるとして一般性を失わない.

このとき, 5 問正解者以外の問題 1 正解者による第 2~6 問の延べ正解数は, 問題 1 に正解した 4 問正解者数の 3 倍であると同時に

$$(p_{1,2}-1) + (p_{1,3}-1) + (p_{1,4}-1) + (p_{1,5}-1) + p_{1,6} = 5\lambda - 4$$

とも表される. よって, 5λ は 3 で割ると 1 余る.

一方, 問題 6 の正解者による第 1~5 問の延べ正解数は, 問題 6 の正解者数の 3 倍であると同時に,

$$p_{1,6} + p_{2,6} + p_{3,6} + p_{4,6} + p_{5,6} \in \{5\lambda, 5\lambda + 1\}$$

である. ところが $5\lambda, 5\lambda+1$ は 3 で割ると 1 余らない. これで矛盾が得られたので, 背理法により, 証明が完了する.

8. 実数 r に対して r を超えない最大の整数を $[r]$ で表す.

n 個の箱にそれぞれ $x_1, x_2, \cdots, x_n$ 個の石が入っている状態を $(x_1, x_2, \cdots, x_n)$ と表す. 状態 $x = (x_1, x_2, \cdots, x_n)$ について,

$$D(x) = \sum_{i=1}^{n} \left[\frac{x_i - 1}{2} \right]$$

とおく. 1 以上 n 以下の整数 j, k について, j 番目の箱から 2 個の石を取り出し

（ 1 個を捨て ） k 番目の箱に 1 個の石を入れる操作を操作 (j, k) とよぶ.

補題 1　1 回の操作 (j, k) で状態が $x = (x_1, x_2, \cdots, x_n)$ から $y = (y_1, y_2, \cdots, y_n)$ になったとするとき, $D(y) \leq D(x)$ である. また, x_k が偶数の場合に, $D(y) = D(x)$ となる.

証明

$$y_j - x_j = -2, \quad \left[\frac{y_j - 1}{2}\right] - \left[\frac{x_j - 1}{2}\right] = -1,$$

$$y_k - x_k = 1, \quad \left[\frac{y_k - 1}{2}\right] - \left[\frac{x_k - 1}{2}\right] = 1 \ (x_k \ 偶数), \ または \ 0 \ (x_k \ 奇数),$$

$$y_i - x_i = 0, \quad \left[\frac{y_i - 1}{2}\right] - \left[\frac{x_i - 1}{2}\right] = 0 \ (i \neq j, k)$$

となる. したがって,

$$D(y) - D(x) = \left(\left[\frac{y_j - 1}{2}\right] - \left[\frac{x_j - 1}{2}\right]\right) + \left(\left[\frac{y_k - 1}{2}\right] - \left[\frac{x_k - 1}{2}\right]\right)$$

$$\leq -1 + 1 = 0$$

であり, x_k が偶数のときに等号が成立する. ∎

補題 2　可解な初期状態 x は $D(x) \geq 0$ をみたす.

証明　まず, 空の箱がない状態 $x = (x_1, x_2, \cdots, x_n)$ は, 任意の i について $x_i \geq 1$ より, $\left[\frac{x_i - 1}{2}\right] \geq 0$ である. したがって, $D(x) \geq 0$ をみたす. このことと補題 1 より, 初期状態 x から有限回の操作で空の箱がない状態 y にできるとき, $D(x) \geq D(y) \geq 0$ である. ∎

補題 3　$D(x) \geq 0$ をみたす初期状態 x は可解である.

証明　$D(x) \geq 0$ をみたす状態 $x = (x_1, x_2, \cdots, x_n)$ をとる. 状態 x が空の箱をもつとする. ある k について $x_k = 0$ であるので, $\left[\frac{x_k - 1}{2}\right] < 0$ となるか

ら，$D(x) \geq 0$ より，ある j が存在して $\left[\dfrac{x_j - 1}{2}\right] > 0$ をみたす．したがって，$x_j \geq 3$ である．このとき，操作 (j, k) を行って新しい状態 $y = (y_1, y_2, \cdots, y_n)$ にする．$x_k = 0$ は偶数だから，補題 1 より，$D(y) = D(x) \geq 0$ である．また，$y_j = x_j - 2 \geq 1$ より，この操作で新しく空になる箱は存在せず，空だった k 番目の箱が空でなくなる．

$D(x) \geq 0$ をみたす初期状態 x について，空の箱がなくなるまで以上の操作を繰り返すことができる．このとき，空の箱の数は操作のたびに 1 減少するので操作は有限回で終わり，空の箱がない状態にできる． ∎

補題 2 と補題 3 より，求める初期状態は，条件

$(*)$　$D(x_1, x_2, \cdots, x_n) < 0, \quad D(x_1 + 1, x_2, \cdots, x_n) \geq 0,$

$\quad D(x_1, x_2 + 1, \cdots, x_n) \geq 0, \quad \cdots, \quad D(x_1, x_2, \cdots, x_n + 1) \geq 0$

をみたすような $x = (x_1, x_2, \cdots, x_n)$ すべてである．この条件を整理する．まず，任意の i について，

$$\left[\frac{x_i - 1}{2}\right] < \left[\frac{(x_i + 1) - 1}{2}\right]$$

であるから，x_i は偶数である．このとき，

$$D(x) = \sum_{i=1}^{n} \left[\frac{x_i - 1}{2}\right] = \sum_{i=1}^{n} \left(\frac{x_i}{2} - 1\right) = -n + \frac{1}{2} \sum_{i=1}^{n} x_i$$

となる．また，$D(x_1, x_2, \cdots, x_n) = -1$ であるので，$\sum_{i=1}^{n} x_i = 2n - 2$ となる．

逆に，x_i がすべて偶数で $\sum_{i=1}^{n} x_i = 2n - 2$ をみたすとき，上の条件 $(*)$ をみたす．

ゆえに，求める初期状態は，

石の総数が $2n - 2$ 個で，任意の箱に偶数個の石が入っている

状態すべてである．

◆第 4 章◆

● 初級

1. 左から i 番目のカードに書かれた数を N_i とする．

すべての $i\,(1 \le i \le 5)$ に対して $N_i \ge i$ であるとき，N_5 は 5 か 6 の 2 通りの可能性があり得る．また，N_5 を決めたとき，N_4 は $4, 5, 6$ のうち，N_5 と異なる数なので，2 通りの可能性があり得る．さらに，N_4, N_5 を決めたとき，N_3 は $3, 4, 5, 6$ のうち，N_4, N_5 と異なる数なので，2 通りの可能性があり得る．最後に，$N_2 \ge 2$, $N_1 \ge 1$ は必ず成り立つ．

よって，求める確率は次のようになる：

$$\frac{2 \times 2 \times 2 \times 2 \times 1}{5 \times 4 \times 3 \times 2 \times 1} = \frac{2}{15}.$$

2. 次の操作手順を考えても結論が変わらないことは容易にわかる．

始めに硬貨に 1 から 8 までの番号を 1 つずつ無作為につける．条件をみたす表向きの硬貨ならば裏返し，そうでなければなにもしない

という操作を，番号の小さい順にすべての硬貨に対して行う．

このとき，右から k 番目の硬貨が裏返される確率を考えよう．

この硬貨の順番がきた時に，これより右に裏向きの硬貨が 1 枚もないことは，この硬貨の番号がこれより右の硬貨のどれよりも小さいことと同値であり，そうなる確率はその k 枚のうちこの硬貨の番号が最も小さくなる確率 $\dfrac{1}{k}$ に等しい．

同様に，この硬貨は左から $9 - k$ 番目にあることから，これより左に裏向きの硬貨がない確率は $\dfrac{1}{9 - k}$ である．

これより右にも左にも裏向きの硬貨がないことは，この硬貨の番号が 1 であることと同値なので，その確率は $\dfrac{1}{8}$ である．

したがって，この硬貨が裏返される確率は

$$\frac{1}{k} + \frac{1}{9 - k} - \frac{1}{8}$$

である．

求める期待値は，各硬貨に対するこの確率の和に等しいから，次のように計算される：

$$\sum_{k=1}^{8} \left(\frac{1}{k} + \frac{1}{9 - k} - \frac{1}{8} \right) = 2 \times \left(1 + \frac{1}{2} + \frac{1}{3} + \cdots + \frac{1}{8} \right) - 1 = \frac{621}{140}.$$

3. 1 枚の硬貨を 3 回投げたとき，いずれかの回に裏が出る確率は

$$1 - \left(\frac{1}{2} \right)^3 = \frac{7}{8}$$

である．したがって，3 枚の硬貨を同時に投げることを 3 回行ったとき，3 枚とも
いずれかの回に裏が出てしまう確率は

$$\left(\frac{7}{8}\right)^3 = \frac{343}{512}$$

である．求めるのは，初めの 3 回の硬貨投げで 3 回とも表の出る硬貨が，3 枚の
うちに少なくとも 1 枚存在する確率であるから，次で得られる：

$$1 - \frac{343}{512} = \mathbf{\frac{169}{512}}.$$

4. 1 つ目の整数を a，2 つ目の整数を b とする．a の選び方は ${}_9C_3 = 84$ 通り，
b の選び方は ${}_8C_3 = 56$ 通りであり，これらを合わせた 84×56 通りがどれも等確
率で選ばれる．

a を作る際に 9 が選ばれた場合，$b < 900 < a$ となるから，必ず a が大きい．こ
の場合は，${}_8C_2 \times 56 = 28 \times 56$ 通り存在する．

そうでない場合は，$84 \times 56 - 28 \times 56 = 56^2$ 通り存在するが，このとき，a は b
と同じ条件で作られることになる．したがって，$a = b$ となる 56 通りを除けば，
$a > b$ の場合と $a < b$ の場合が半分ずつ，すなわち，$\frac{1}{2}(56^2 - 56) = 55 \times 28$ 通
り存在する．

以上より，$a > b$ なる場合は，$28 \times 56 + 55 \times 28 = 111 \times 28$ 通り存在するか
ら，求める確率は，次のようになる：

$$\frac{111 \times 28}{84 \times 56} = \mathbf{\frac{37}{56}}.$$

5. 一般に，紐は $2n$ 本とする．次のような (1), (2), (3) の操作を行う．

(1)　$2n = 2$ の場合：2 本の紐の上端と下端を，それぞれ，結ぶと 1 本の輪にな
るから，この場合の確率は 1 である．

(2)　$2n > 2$ の場合：紐 1 本を選び，それに番号 1 を付け，紐 1 と上端が結ば
れている紐に番号 2 を付ける．紐 2 の下端は他の $2n - 1$ 本の紐の下端と結ばれう
るが，できあがりが 1 本の大きな輪になるためには紐 1 以外の紐の下端と結ばれ
なければならない．この紐に番号 3 を付ける．紐 3 の選び方は $2n - 2$ 通りある．
よって，このようにできる確率は $\dfrac{2n - 2}{2n - 1}$ である．

(3)　上の (2) に続いて，紐 1, 2 を紐 3 の下端に縮小し（このとき紐 3 は紐 1, 2, 3
をつなげた紐となり，紐の総数は 2 本減る），紐 3 に番号 1 を付け替えて，上記

の (1) か (2) を行う.

よって, 求める確率を $p(n)$ とすると,

$$p(n) = \frac{2n-2}{2n-1} p(2n-2) = \cdots = \frac{(2n-2)(2n-4)\cdots 2}{(2n-1)(2n-3)\cdots 3}$$

である. 求める確率は, $2n = 8$ の場合であるから, 次のようになる:

$$\frac{(8-2)}{(8-1)} \times \frac{(8-4)}{(8-3)} \times \frac{(8-6)}{(8-5)} = \frac{\mathbf{16}}{\mathbf{35}}.$$

● 中級

1. 1枚目のカードがダイヤである事象を A, 3枚ともダイヤである事象を B とする.

$$P(A \cap B) = P(A)P_A(B) = \frac{13}{52} \times \frac{{}_{12}\mathrm{C}_3}{{}_{51}\mathrm{C}_3}$$

$$P(B) = P(A \cap B) + P(\bar{A} \cap B) = P(A)P_A(B) + P(\bar{A})P_{\bar{A}}(B)$$

$$= \frac{13}{52} \times \frac{{}_{12}\mathrm{C}_3}{{}_{51}\mathrm{C}_3} + \frac{39}{52} \times \frac{{}_{13}\mathrm{C}_3}{{}_{51}\mathrm{C}_3}$$

$$\therefore \quad P_B(A) = \frac{P(A \cap B)}{P(B)} = \frac{13 \times {}_{12}\mathrm{C}_3}{13 \times {}_{12}\mathrm{C}_3 + 39 \times {}_{13}\mathrm{C}_3} = \frac{\mathbf{10}}{\mathbf{49}}.$$

2. 何回目かまでに出た目の総和がちょうど n になることがあるような確率を P_n とおく. また k 回目に出た目を a_k とし, k 回目までに出た目の総和を A_k とおく.

$A_k = n\,(1 \le n \le 6)$ となるような k が存在するのは, $a_1 = n$ であるか, または $k \ge 2$ であって $(A_{k-1}, a_k) = (1, n-1), (2, n-2), \cdots, (n-1, 1)$ のときであるから, 次を得る:

$$P_n = \frac{1}{6} + \frac{1}{6}P_1 + \cdots + \frac{1}{6}P_{n-1}.$$

一方, $n \ge 3$ のとき, $P_{n-1} = \frac{1}{6} + \frac{1}{6}P_1 + \cdots + \frac{1}{6}P_{n-2}$ なので, 次を得る:

$$P_n = P_{n-1} + \frac{1}{6}P_{n-1} = \frac{7}{6}P_{n-1}.$$

また, P_2 は $a_1 = 2$ であるか $a_1 = a_2 = 1$ である確率なので,

$$P_2 = \frac{1}{6} + \left(\frac{1}{6}\right)^2 = \frac{7}{6^2}$$

が成り立つ．よって，求める確率は，次のようになる：

$$P_6 = P_2 \times \left(\frac{7}{6}\right)^4 = \frac{7^5}{6^6}.$$

3. 初めの二度の転がしでいずれも 6 の目が出たという条件下で三度目の転がしで 6 の目が出るという条件付き確率は，太郎君が最初の二度の転がしでいずれも 6 の目が出たという条件下で，三度の 6 の目が出る条件付き確率であるから，次を得る：

$$\frac{\dfrac{1}{2}\left(\dfrac{2}{3}\right)^3 + \dfrac{1}{2}\left(\dfrac{1}{6}\right)^3}{\dfrac{1}{2}\left(\dfrac{2}{3}\right)^2 + \dfrac{1}{2}\left(\dfrac{1}{6}\right)^2} = \frac{\dfrac{65}{432}}{\dfrac{17}{72}} = \frac{65}{102}.$$

4.「両方の球が同じ色である」という事象は，互いに独立な 2 つの事象「球 1 と球 2 がともに赤」であると「球 1 と球 2 がともに青」であるの和である．2 つの壺からそれぞれ 1 個の球を取り出す作業は独立であるから，2 つの球が同じ色である確率は，

$$P(\text{球 1 が赤}) \times P(\text{球 2 が赤}) + P(\text{球 1 が青}) \times P(\text{球 2 が青})$$
$$= \frac{4}{10} \times \frac{16}{16+N} + \frac{6}{10} \times \frac{N}{16+N} = 0.58.$$

両辺に $100(16+N)$ を掛けると，$40 \times 16 + 60 \times N = 58(16+N)$ を得る．これを解いて，$N = \mathbf{144}$.

● 上級

1. n が偶数の場合と奇数の場合に分けて考察する．

n が偶数の場合：

$n = 2k$ とし，正 n 角形の頂点を

$$v_{-k+1}, \ v_{-k+2}, \ \cdots, \ v_{-1}, \ v_0, \ v_1, \ \cdots, \ v_{k-1}, \ v_k$$

のように，順にラベル付けする．3 つ選ぶ頂点のうちの 1 つは v_0 であると仮定しても一般性を失わない．

もう 1 つの頂点として，正 n 角形の中心に関して v_0 と対称な点 v_k を選んだとすると，第 3 の頂点の選択にかかわらずに得られる三角形は直角三角形である．

上の場合を除くすべての場合について，残りの 2 頂点の選択による三角形が鈍角三角形であるための必要十分条件は，2 頂点の添え数の差が高々 $k-1$ となることであ

る．2頂点の添え数の符号が同じ場合（つまり，2頂点がともに $v_1, v_2, \cdots, v_{k-1}$ または $v_{-k+1}, v_{-k+2}, \cdots, v_{-2}, v_{-1}$ にある場合）は，すべてこの条件に当てはまる．したがって，これらの場合の鈍角三角形となる場合の数は $_{k-1}C_2 \times 2$ となる．

一方の頂点として正の添え数 $j\,(1 \leq j \leq k-1)$ のものを選び，もう一方の頂点として負の方から選ぶ場合は，負の方からの選び方はちょうど $k-1-j$ 通りの場合が鈍角三角形となる．したがって，この際の鈍角三角形となる場合の数は

$$\sum_{j=1}^{k-1}(k-1-j) = \sum_{i=0}^{k-2} i = {}_{k-1}C_2$$

となる．この結果，三角形となる場合の総数は $_{2k-1}C_2$ であるから，鈍角三角形となる場合の確率は

$$\frac{3 \times {}_{k-1}C_2}{{}_{2k-1}C_2} = \frac{3(k-1)(k-2)/2}{(2k-1)(2k-2)/2} = \frac{3(k-2)}{2(2k-1)}$$

となる．この確率が条件 $\dfrac{93}{125}$ と等しいから，$k = 188$ となり，$n = 376$ を得る．

n が奇数の場合：

$n = 2k+1$ とし，正 $2k+1$ 角形の頂点に

$$v_{-k}, \quad v_{-k+1}, \quad \cdots, \quad v_{-2}, \quad v_{-1}, \quad v_0, \quad v_1, \quad v_2, \quad \cdots, \quad v_{k-1}, \quad v_k$$

のように，順にラベル付けする．1頂点 v_0 を含む三角形の総数は $_{2k}C_2$ である．上の n が偶数の場合と同様の議論により，正の添え数の2頂点を選ぶ場合はすべて鈍角三角形となり，同様に負の添え数の2頂点を選ぶ場合もすべて鈍角三角形となるので，これらの鈍角三角形となる場合の数は $_{k}C_2 \times 2$ である．一方の頂点の添え数が正で他方の頂点の添え数が負の場合が鈍角三角形となるのは，前半と同様にして，$\sum_{k=1}^{k}(k-j) = \sum_{i=0}^{k-1} i = {}_{k}C_2$ となる．したがって，鈍角三角形となる場合の確率は，

$$\frac{3 \times {}_{k}C_2}{{}_{2k}C_2} = \frac{3k(k-1)/2}{2k(2k-1)/2} = \frac{3(k-1)}{2(2k-1)}$$

となる．この確率が条件 $\dfrac{93}{125}$ と等しいから，$k = 63$ となり，$n = 127$ を得る．

この結果，求める n は，**376, 127** の2つである．

2. 対称性から，六度の移動のあと，座標平面の4つの象限のどこで終わるかは同じ個数である．r, l, u, d を，それぞれ，x–軸の正の方向への移動回数，x–軸の負の方向への移動回数，y–軸の正の方向への移動回数，y–軸の負の方向への移動

回数とする.

(1)　点 $(3,3)$ で終わる場合の必要十分条件は, $(r,l,u,d) = (3,0,3,0)$ である. このような移動の列の個数は, 次のようになる：

$$\frac{6!}{3! \cdot 0! \cdot 3! \cdot 0!} = 20.$$

(2)　点 $(2,2)$ で終わる場合の必要十分条件は, $(r,l,u,d) = (2,0,3,1)$ または $(3,1,2,0)$ である. このような移動の列の個数は, 次のようになる：

$$2 \cdot \frac{6!}{2! \cdot 0! \cdot 3! \cdot 1!} = 120.$$

(3)　点 $(1,1)$ で終わる場合の必要十分条件は, $(r,l,u,d) = (1,0,3,2)$, $(2,1,2,1)$ または $(3,2,1,0)$ である. このような移動の列の個数は, 次のようになる：

$$2 \cdot \frac{6!}{1! \cdot 0! \cdot 3! \cdot 2!} + \frac{6!}{2! \cdot 1! \cdot 2! \cdot 1!} = 300.$$

(4)　点 $(0,0)$ で終わる場合の必要十分条件は, $(r,l,u,d) = (0,0,3,3)$, $(1,1,2,2)$, $(2,2,1,1)$ または $(3,3,0,0)$ である. このような移動の列の個数は,

$$2\left(\frac{6!}{0! \cdot 0! \cdot 3! \cdot 3!} + \frac{6!}{1! \cdot 1! \cdot 2! \cdot 2!} \right) = 400.$$

したがって, 6 回の移動の後, グラフ $|y| = |x|$ 上に到達する移動列の個数は, $400 + 4(20 + 120 + 300) = 2160$ である.

ところで, 6 回の移動の総数は 4^6 であるから, 求める確率は, 次のようになる：

$$\frac{2160}{4^6} = \frac{135}{4^4} = \mathbf{\frac{135}{256}}.$$

◆第 5 章◆

● 初級

1. 対称性より, 中央のマスを赤く塗る場合について調べればよい. 図の A, B, C, D のうち, いくつのマスを赤で塗るかで場合分けする. 2×2 の正方形には必ず中央のマスが含まれることに注意する.

	A	
D	赤	B
	C	

132

● 赤マスが 0 個の場合：

4 隅のマスをどのように塗っても，赤マスのみからなる 2 × 2 の正方形はできない．よって 4 つのマスを任意の色で塗ることができる．ゆえに，この場合は $2^4 = 16$ 通り．

● 赤マスが 1 個の場合：

この場合も同様に，4 つのマスを任意の色で塗ることができる．赤く塗る 1 マスの選び方は 4 通りあるので，この場合は $4 \times 2^4 = 64$ 通り．

● 赤マスが 2 個の場合：

その赤マスが A, C または B, D である場合は，やはり 4 つのマスを任意の色で塗ることができる．この場合は $2 \times 2^4 = 32$ 通り．

それ以外の場合は，隅の 1 マスは赤マスで挟まれているので青で塗らねばならないが，他のマスは任意の色で塗ることができる．この場合は $4 \times 2^3 = 32$ 通り．

● 赤マスが 3 個の場合：

隅のマス 2 つが赤マスに挟まれているので，これらは青で塗らなければならず，他のマスは任意の色で塗ることができる．この場合は $4 \times 2^2 = 16$ 通り．

● 赤マスが 4 個の場合：

隅のマスはすべて青でぬらなければならない．この場合は 1 通り．

中央のマスが青であるような塗り方も同じだけあるので，求める塗り方は

$$(16 + 64 + 32 + 32 + 16 + 1) \times 2 = \mathbf{322}$$

通りである．

2. 黒マスが 0 個の場合は正しい．黒マスがある場合，1 個の黒マスと隣接する黒マスの総数を a，3 個の黒マスと隣接する黒マスの総数を b とする．さらに，隣接する黒マスの対の総数を p とする．すると，各黒マスに隣接する黒マスの数の単純和は $a + 3b$ である．

他方，各黒マスの対について，互いに隣接している黒マスの数は 2，よって，その総数は $2p$ である．よって，

$$a + 3b = 2p \iff a + b = 2(p - b)$$

となり，黒マスの個数 $a + b$ は偶数である．

[別解]（グラフの利用）黒マスが 0 個の場合は正しい．黒マスがある場合を考える．

各黒マスに平面上の一点をそれぞれ対応させ，その黒マスに対応する頂点とよ

ぶ．2 つの黒マスが隣接しているならば，それらに対応する頂点を辺で結ぶことで，グラフを得る．問題の条件より，各頂点の次数は 1 か 3 である．奇頂点定理（第 9 章を参照）より，頂点の個数は偶数である．よって，黒マスの個数は偶数である．

3. 「できない」
4×4 のマス目のマスに数字を記入した次図を考察する：

1	2	3	1
2	3	1	2
3	1	2	3
1	2	3	1

ここに書かれた各数字の記入されたマスの色を「操作」で替えることを考察する．
最初には 1 が記入されたマスが 6 個ある．これらのマスを黒にするには偶数回の操作が必要である．一方，最初に数字 2 が記入されたマスは 5 個あるので，これらのマスを黒にするには奇数回の操作が必要である．したがって，すべてを黒にすることはできない．

4. $n = 4$ **が求める最大値である．**以下でそれを証明する．
$n = 4$ のとき，4×4 のマス目の条件をみたすような塗り方の例が下図である．

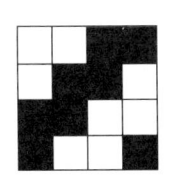

次に，5×5 のマス目では条件をみたすような塗り方は存在しないことを示す．条件をみたすような塗り方があると仮定して，背理法で証明する．
各行においては，黒マスの個数が白マスの個数より大きいか，逆に白マスの個数が黒マスの個数より大きいかのいずれか一方が成立する．黒マスの個数が大きい行が少なくとも 3 行あると仮定する．この 3 行にある 15 のマスのうち，少なくとも 9 個は黒マスである．
もしこれらの黒マスの個数が大きい 3 行と黒マスで交差するような列があるとすると，その他の各列はこれら 3 行に含まれる黒マスを高々 1 つ含むことができ

る．よって，これら 3 行に含まれる黒マスの総個数は $3+1+1+1+1=7$ 以下である：これは少なくとも 9 個の黒マスが存在するという事実に反するので，矛盾である．

したがって，各列において，これら 3 行のうちの高々 2 行が黒マスをもつ．これら 3 行のうち 2 つの黒マスを含むような列の個数を考えよう．

もし 3 列以上あるならば，2 つの列があって，同じ 2 つの行と黒マスをもつ．これより，これら 3 行の黒マスの個数は，$2+2+2+1+1=8$ より多くはない：これは少なくとも 9 個の黒マスが存在するという事実に反するので，再び矛盾である．

この結果，5×5 のマス目には条件をみたすような塗り方はないことが示された．また，この証明から，$n > 5$ についても，$n \times n$ のマス目は条件をみたすようには塗れないことも明らかである．

5. マス目の i 行 j 列にあるマスを (i,j) で表す：$i = 1, 2, \cdots, m$；$j = 1, 2, \cdots, n$.

面白い彩色 S を考察する．まず，次の補題を証明する．

補題 S では，任意の行には 2 色しか含まれないか，または任意の列には 2 色しか含まれないかのいずれかである．

証明 S が 3 つの異なる色で塗られた 1×3 の帯状の部分マス目を含まないと仮定する．すると，S の任意の行は 2 色で交互に塗られている．

マス (u,v)，$(u+1,v)$，$(u+2,v)$ は 3 つの異なる色 a, b, c で塗られている．これより，$(u+1,v+1)$ は第 4 の色 d で，$(u,v+1)$ は色 c で，$(u+2,v+1)$ は色 a で，$(u+1,v+2)$ は色 b で，$(u,v+2)$ は色 a で，$(u+2,v+2)$ は色 c で，以下同様に続く．

これより，u 行には色 a, c の 2 色のみが現れ，$u+1$ 行には色 b, d の 2 色のみが現れ，$u+2$ 行には色 a, c の 2 色のみが現れると結論される．したがって，u と同じ偶奇性をもつ任意の行は色 a, c の 2 色のみで，$u+1$ と同じ偶奇性をもつ任意の行は色 b, d の 2 色のみで塗られていることがわかる．

列に関しても同様である． ∎

したがって，奇数行が 2 色で交互に塗られていて，偶数行が他の 2 色で交互に

塗られているような面白い彩色の個数は，$_4\mathrm{C}_2 \times 2^m = 6 \times 2^m$ である．

　同様に，奇数列が 2 色で交互に塗られていて，偶数列が他の 2 色で交互に塗られているような面白い彩色の個数は，$_4\mathrm{C}_2 \times 2^n = 6 \times 2^n$ である．

　ところで，マス (i,j) に塗られる色が，i,j の偶奇性にのみ依存するような彩色は，どちらの場合でも計算に入っている．したがって，面白い彩色の個数は，

$$6 \times (2^m + 2^n) - 24.$$

● 中級

1. 条件をみたす塗り方について，マス目全体の外周を 1 周すると，辿っている辺を含むマスの色が赤から青に変わる部分と青から赤に変わる部分がちょうど 1 回ずつ現れる．

　色が変わる部分としてあり得るのは，マス目の周囲上で 2 マスが共有している 200 個の点（下図の丸印の点）であり，これらのうちから 2 個の点を選ぶと赤いマスの部分と青いマスの部分の境界線として現れる折れ線がちょうど 1 通り定まる．

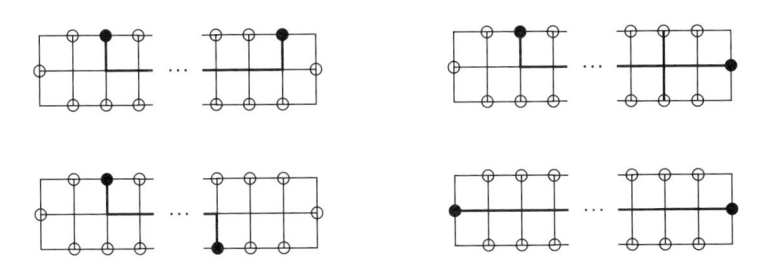

　したがって，条件をみたす塗り方は，赤から青に変わる点と青から赤に変わる点を 1 個ずつ選ぶことに対応するので，$200 \times 199 = \mathbf{39800}$ 通りとなる．

2. 第 i 行第 j 列の小正方形を (i,j) と表す．点 A, B, C, D が，それぞれ，$(1,1)$, $(8,1)$, $(8,8)$, $(1,8)$ の頂点であるとしてよい．対角線 AC に関して (i,j) と対称な小正方形は (j,i) であり，対角線 BD に関して (i,j) と対称な小正方形は $(9-j, 9-i)$ である．

　1 以上 8 以下の整数 i, j について，

$$\{ (i,j), \ (j,i), \ (9-i, 9-j), \ (9-j, 9-i) \}$$

を組 $[i,j]$ とよぼう．対角線に関して塗りつぶされた小正方形が対称になっていることから，小正方形 (i,j) が塗りつぶされているとき，組 $[i,j]$ のすべての小正

方形が塗りつぶされている．また，組 $[i,j]$ は組 $[j,i]$，$[9-i,9-j]$，$[9-j,9-i]$ と等しく，小正方形全体は下図のようにいくつかの組に分割される（同じ組に属する小正方形を同じ記号で表している）．

A|　　　　　　　　　　　　　|D

P	1	2	3	4	5	6	P
1	Q	7	8	9	10	q	6
2	7	R	11	12	r	10	5
3	8	11	S	s	12	9	4
4	9	12	s	S	11	8	3
5	10	r	12	11	R	7	2
6	q	10	9	8	7	Q	1
p	6	5	4	3	2	1	P

B|　　　　　　　　　　　　　|C

対角線上にない小正方形の塗りつぶし方を考える．対角線上にない小正方形 (i,j) について，組 $[i,j]$ は 4 つの小正方形からなるので，塗りつぶす組の数は 2 組以下である．

- 0 組塗りつぶす場合：1 通り．
- 1 組塗りつぶす場合：組 $[i,j]$ を塗りつぶすとする．i の選び方 8 通りそれぞれについて，j の選び方は $i, 9-i$ 以外の 6 通り．このとき，同じ組が 4 回ずつ数えられているので，$\dfrac{8 \times 6}{4} = 12$ 通り．
- 2 組塗りつぶす場合：組 $[i,j]$，$[i',j']$ を塗りつぶすとする．組 $[i,j]$ の選び方は，$\dfrac{8 \times 6}{4} = 12$ 通り．その上で組 $[i',j']$ の選び方は，i' の選び方が 4 通り，j' の選び方が 2 通りあるので，$\dfrac{4 \times 2}{4} = 2$ 通り．組 $[i,j]$，$[i',j']$ は区別されないので，$\dfrac{12 \times 2}{2!} = 12$ 通り．

対角線上にない小正方形の塗りつぶし方それぞれについて，対角線上の小正方形の塗りつぶし方を考える．1 以上 4 以下の整数 k について，

(1) k 行目がすでに塗りつぶされているとき：組 $[k,k]$，組 $[k,9-k]$ を塗りつぶすことはできない．すなわち，この 2 組の塗りつぶし方は 1 通り．

(2)　k 行目がまだ塗りつぶされていないとき：$9-k$ 行目，k 列目，$9-k$ 列目
　　もまだ塗りつぶされておらず，組 $[k,k]$ または組 $[k,9-k]$ のうち高々 1 組
　　を塗りつぶすことができる．すなわち，この 2 組の塗りつぶし方は 3 通り．

また，各 k に対し独立に塗りつぶし方を選ぶことができる．対角線上にない小
正方形を n 組塗りつぶしたとき，$4n$ 行が塗りつぶされているので，(2) のような
k は $\dfrac{8-4n}{2}=4-2n$ 個ある．

したがって，対角線上の小正方形の塗りつぶし方は 3^{4-2n} 通り．

以上より，答は，$1\times 3^4+12\times 3^2+12\times 3^0=\mathbf{201}$ 通りである．

3. $m=1$ の場合，下図のように 6 ヵ所を青く塗ることで，問題の条件をみた
す．一般の m についても，この 4×4 のマス目を対角線上に並べることで $\boldsymbol{6m}$ 個
を青く塗る構成例ができる．

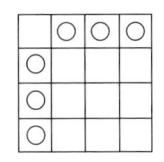

以下，$6m$ 個以上青く塗る必要があることを示す．$6m$ 個未満の例があると仮定
して矛盾を導く（背理法）．

$S\,(<6m)$ を青マスの個数とする．青マスがない行がある場合，その行の各マス
に問題の条件を適用することで，どの列にも青マスが 2 個以上あるとしてよい．
よって，全体で $2\times 4m=8m$ 個以上の青マスがある．青マスがない列がある場
合も同様に，その列の各マスに問題の条件を適用することで，どの行にも青マス
が 2 個以上あるとしてよい．

青マスであり，そのマスのある行に青マスが（それ自身を含めて）ちょうど i $(i=1,2)$ 個あるものの個数を a_i とする．青マスであり，そのマスのある行に青マス
が（それ自身を含めて）3 個以上あるものの個数を A とする．$a_1,a_2,A\geq 0$ で
あり，青マスの個数から，$a_1+a_2+A=S<6m$ であり，列の数から，

$$a_1+\frac{1}{2}a_2+\frac{1}{3}A\geq 4m$$

である．また，

$$3\left(a_1+\frac{1}{2}a_2+\frac{1}{3}A\right)\geq 12m>2(a_1+a_2+A)$$

より，$a_1 > A$ である．

まったく同様に，列に対しても，b_1, b_2, B を定義すると，同じ議論により，$b_1 > B$ が成立する．以上から，$a_1 + b_1 > A + B$ を得る．

一方，a_1 で数えられる青マスは B でも数えられる．実際，そのマスに問題の条件を適用するとことで，そのマスのある列には青マスが自身を除いて 2 個以上あることがわかる．すなわち，$B \geq a_1$ である．同様にして，$A \geq b_1$ である．したがって，$A + B \geq a_1 + b_1$ となる．これは，前段の不等式と矛盾する．

4. マス目の第 1 行にある 28 個のマスは 3 色で塗られている．鳩の巣原理より，このうちある 1 色は少なくとも $\lfloor 27/3 \rfloor + 1 = 10$ 個現れる；その色を赤とする．もし必要ならば列の交換を行うことにより，上で赤としたところを第 1 の要素とする 10 列は，最初の 10 列としてよい．

もし，この最初の 10 列の中の他の行に 2 つの赤マスがあるならば，明らかに 4 隅が赤マスの長方形が得られるので，問題の結論が証明される．

その他の場合，最初の 10 列の中の第 2 列，第 3 列または第 4 列の各々に高々 1 つの赤マスが存在する．必要ならば列の交換を行うことにより，これらの赤マスはいずれも第 2 列，第 3 列，第 4 列の第 1 行目にあると仮定してよい．したがって，最初の 10 列の最後の 3 行と最後の 4 列とからなる 3×7 の長方形の領域 A においては，各マスは青または黄のみで塗られている．すると鳩の巣原理より，A の第 1 行には同じ色のマスが 4 つ存在する；その色を青としてよい．またこれらは A の最初の 4 列にあると仮定してよい．

もし，A の最初の 4 列の中に 2 つの青マスが存在すれば，4 隅が青マスの長方形が得られるから，問題の結論が証明される．そうでなければ，A のその他の各行には，最初の 4 列に高々 1 つの青マスが存在する．すると，A のその他の各行には，最初の 4 列に少なくとも 3 つの黄のマスが存在する．すると，A の第 3 行の最初の 3 マスには少なくとも 2 つの黄が塗られているから，A の最初の 3 列には 3 つの黄マスが現れると仮定してよい；すると，4 隅が黄の長方形が得られる．

これにより，すべての場合において，4 隅が同一色の長方形が存在することが示された．

5. 黒が塗られていないマスを白マスと呼ぶことにする．9×9 のマス目を，9 個の 3×3 のマス目に分割し，その各々の左上から右下への対角線上の 3 個のマスを黒で塗る（図参照）．

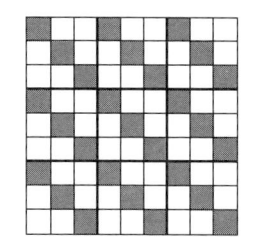

　この塗り方が条件をみたすことは，容易に確かめられる．また，この塗り方での黒マスの個数は $3 \times 9 = 27$ である．

　以下で，この塗り方が条件をみたす唯一の方法であることを示す．

　まず，左下隅のマスを $(1,1)$，右下隅のマスを $(9,1)$，左上隅のマスを $(1,9)$，右上隅のマスを $(9,9)$ で，一般に左から i 列目で下から j 行目にあるマスを (i,j) で表す．

　黒マスの個数が 26 の条件をみたすような塗り方があるとする．9×9 のマス目から 3 つのマス $(1,1)$, $(1,2)$, $(1,3)$ を取り除く．残りの欠損マス目は 2×3 または 3×2 の部分マス目 13 個に分割される．条件から，各部分マス目は 2 個の黒マスを含むから，この欠損マス目黒マスの個数は 26 である．したがって，最初に取り除いた 3 つのマス $(1,1)$, $(1,2)$, $(1,3)$ はすべて白マスであることになる．3 組の連続するマス

$$\{(3,1),(3,2),(3,3)\}, \quad \{(1,1),(2,1),(3,1)\}, \quad \{(1,3),(2,3),(3,3)\}$$

について同じ議論を適用すると，これらの連続するマスはすべて白マスであることが結論される．したがって，下図に示すように，高々 1 つの黒マスを含むような 3×3 の部分マス目が得られる：これは矛盾である．

$$\begin{array}{ccc} w & w & w \\ w & b & w \\ w & w & w \end{array}$$

　次に，黒マスの個数が 28 の条件をみたすような塗り方があるとする．上と同じ議論により，連続するマス

$$\{(1,1),(1,2),(1,3)\}, \quad \{(3,1),(3,2),(3,3)\},$$

$$\{(1,1),(2,1),(3,1)\}, \quad \{(1,3),(2,3),(3,3)\}$$

の各々について 2 つの黒マスが存在することが結論される．したがって，連続するマス

$$\{(2,1),(2,2),(2,3)\}, \quad \{(1,2),(2,2),(3,2)\}, \quad \{(1,4),(2,4),(3,4)\}$$

は，下図に示すように，いずれも白マスとなる：これは矛盾である．

$$w\ \ w\ \ w$$
$$b\ \ w\ \ b$$
$$w\ \ w\ \ w$$
$$b\ \ w\ \ b$$

これで黒マスの個数が **27** の塗り方が最大であることが示された．

6. 1 辺 1 の立方体がどのように塗られるかについて考える．条件をみたすとき，どの立方体についても，条件 (i) から，辺を共有する 2 つの赤い面が，条件 (ii) から，辺を共有する 2 つの青い面が存在するように塗られている．辺を共有する 2 つの面が赤く，4 つの面が青い立方体は，向きの違いを除いて 1 つしかなく，これを A とする．3 つの面が赤く，3 つの面が青い立方体は，向きの違いを除くと，向かい合う同じ色の面があるものと，そうでないものの 2 つがある．前者を B，後者を C とする．4 つの面が赤く，辺を共有する 2 つの面が青い立方体は，向きの違いを除いて 1 つしかなく，これを D とする．条件をみたす塗り方によってできる立方体は，A, B, C, D のいずれかである．

塗った後にできた A, B, C, D の個数を，それぞれ，a, b, c, d とする．

$$0 \leq a, b, c, d \leq 8, \quad a+b+c+d = 8$$

がみたされている．条件 (i) から，1 つの頂点を共有する 3 つの赤い面をもつ立方体が 4 個以上あるので，$c+d \geq 4$ が成立する．

逆に，$c+d \geq 4$ が成立していれば，A, B, C, D はいずれも 1 つの頂点を共有する 2 つの赤い面と 1 つの青い面をもつので，条件 (i) がみたされる．

同様に，条件 (ii) は $a+c \geq 4$ と同値である．

$c+d \geq 4$, $a+c \geq 4$ は，それぞれ，$a+b \leq 4$, $b+d \leq 4$ と同値である．

$b = 0, 1, 2, 3, 4$ のとき，解 (a, b, c, d) の個数は，それぞれ，5^2, 4^2, 3^2, 2^2, 1^2 なので，足し合わせて，求める塗り方は **55** 通りである．

7. 赤い点の個数に関する数学的帰納法で証明する．

赤い点の個数が 0 個のときは，X 集合，Y 集合の個数はともに $n!$ である．

赤い点の個数が k 個のときに X 集合と Y 集合の個数が等しいと仮定する．赤い点の個数が $k+1$ 個であって条件をみたすような点の塗り方 C を任意にとる．C の赤い点のうち，x 座標が最大の点のうち y 座標が最大の点を $M(a, b)$ とする．C で M のみを青に塗り替えた塗り方を C' とすると，C' は赤い点の個数が k 個

であり，条件をみたす．C' における X 集合，Y 集合の個数を N とすると，C における X 集合，Y 集合の個数はともに

$$\frac{n-a-b-1}{n-a-b} N$$

となる．以上より題意は証明された．

● 上級

1. まず，答が 784 以上であることを示す．

あるマスの頂点であるような点は 56^2 個存在する．これらの点を，**格子点**とよぶことにする．また，格子点に対して，その格子点を頂点にもつようなマス全体を，その**周囲**とよぶ．条件をみたす状態にするためには，どの格子点についても，その点を頂点とする長方形を選んで行う操作が必要であることを示す．

条件をみたしている状態では，どの格子点についても，その格子点の周囲のうち，少なくとも 1 マスは黒である．格子点 P に対して，P を内部もしくは周上に含むような長方形の領域を選んで行う操作を，**P を含む操作**とよぶことにする．格子点 P に対して，P を含む操作を行わない場合，P の周囲はすべて白のままで残り，不適である．ゆえに，どの格子点に対しても，その格子点を含む操作を少なくとも 1 回行う必要がある．

格子点 P に対し，P を含む操作のうち，最後に行われる操作を考える．この操作で選ばれる領域が，P を頂点以外として含んでいる場合，その操作によって P の周囲のある隣接した 2 マスが同じ色になる．これは条件に反することから，この操作で選ばれる領域は P を頂点とするものでなければならないことが示される．

ここで，1 回目の操作について，操作で選ばれる長方形の頂点は 4 個なので，操作は少なくとも $\dfrac{56^2}{4} = 784$ 回必要であることがわかる．

次に，784 回の操作で条件をみたす状態にすることができることを示す．

まず，上から 1 行目，3 行目，$\cdots$，55 行目，すなわち，奇数行目に対して，「その行のすべてのマスを黒で塗る」操作を行う．ここで操作が 28 回必要である．

次に，左から 2 列目，4 列目，$\cdots$，54 列目，すなわち，偶数列目に対して，「その列のすべてのマスを白で塗る」操作を行う．ここで，操作が 27 回必要である．ここまでの操作で，奇数行目のマスがすべて黒で塗られ，それ以外のマスはすべて白で塗られた状態になっている．最後に，偶数行目偶数列目のマスすべてに対

して，「そのマスだけを黒で塗る」操作を行う．ここで操作が 27^2 回必要である．

以上の操作により，マス目は 3 条件をみたす状態になる．

これらの操作に必要な操作の回数は，合計で $28 + 27 + 27^2 = \mathbf{784}$ である．

2. 整数 u, v と整数 m について，$u - v$ が m で割り切れることを $u \equiv v \pmod{m}$ と書く．

$a \times a$ のマス目を**領域**とよぶ．$n \geq a$ のとき，縦方向に 1 列に連続する n マスを黒色に塗ると，その n マスおよび $a - 1$ 列を含めた $n \times (2a - 1)$ のマス目について，その内部の領域はすべて題意をみたすため $K = a(n + 1 - a)$ となる．

次に，十分大きい n に対し，$K \leq a(n + 1 - a)$ となることを示す．領域に対し，黒色のマスの個数が x のとき，**ロス**を $x \leq a - 1$ では x，$x \geq a$ では $x - a$ で定義する．黒色のマスとそれを含む領域の組は $a^2 n$ 個である．また，黒色のマスを含む領域についてロスを足し合わせたものを L とする．このとき，題意をみたす K 個の領域についてはロスは 0 であり，それ以外の領域にはロスの数以上の黒色のマスがあるため，$aK \leq a^2 n - L$ となる．よって，十分大きい n に対し，$L \geq a^2(a - 1)$ であることを示すとよい．

以下，$n \geq (a^2(a - 1) - a)^2 + 1$ とし，このとき，$L \geq a^2(a - 1)$ であることを示す．

連続する a 行を**横ライン**，連続する a 列を**縦ライン**とよぶ．このとき，$a^2(a - 1)$ 個以上の横ラインまたは $a^2(a - 1)$ 個以上の縦ラインが黒色のマスを含む．よって，$L < a^2(a - 1)$ であるとすると，そのうちのいずれかは内部の領域すべてについてロスが 0 である（黒色のマスを含まない領域はロス 0 である）．対称性より，それを横ラインとし，この横ラインの最も下の行を第 0 行，その y 行上の行を第 y 行とする（ただし，y は整数）．その横ラインのうち最も左の黒色のマスを A とする．この横ライン内の領域であって最も右の列に A を含むようなものは黒色のマスを a 個含むため，A の列は a マスとも黒色に塗られていることがわかる．また，この横ライン内の領域であって最も左の列に A を含むようなものは黒色のマスを a 個含むため，A の右 $a - 1$ 列は黒色に塗られていないこともわかる（A は最も左の黒色のマスであるため，左 $a - 1$ 列も黒色に塗られていない）．

A を含む縦ラインについて，内部の領域のロスを足し合わせたものが $a(a - 1)$ 以上であることを示す．

このような縦ラインを 1 つ定め，その上の領域であって最も下の行が第 y 行で

あるものを A_y とする. A_y のロスを $f(y)$, A_y に含まれる黒色のマスの数を $g(y)$ とすると, $f(y) \equiv g(y) \pmod{a}$ である. 黒色のマスがある最も上の行を第 $as+t$ 行 $(0 \leq t < a)$ とし, 第 0 行以上に存在する黒色のマスの数を b とする. $\sum_{i=0}^{s+1} f(ai+l)$ を a で割った余りを c_l $(l = 1, 2, \cdots, a)$ とする. $a \equiv \sum_{i=0}^{s+1} g(ai+l) = b-l \pmod{a}$ となり, $c_1, c_2, \cdots, c_a$ は $0, 1, \cdots, a-1$ の並び替えであることがわかる. よって, $\sum_{y=1}^{as+t} f(y) \geq \sum_{l=1}^{a} c_l = \dfrac{a(a-1)}{2}$ となる.

同様に, $y < 0$ についても $f(y)$ を足し合わせると $\dfrac{a(a-1)}{2}$ 以上になる. よって, この縦ライン内の領域についてロスを足し合わせたものは $a(a-1)$ 以上である.

さて, A を含む縦ラインは a 個あるため, $L \geq a^2(a-1)$ であることがわかり, $K \leq a(n+1-a)$ が示された.

3. マス目を 2×2 ずつ, n^2 個の部分に区切って考える. 区切られた各部分をブロックとよぶことにする. 各ブロックにおいて色を塗ることができるマスの数は最大 2 個であり, 全部で $2n^2$ 個のマスに色を塗るので, 各ブロックはちょうど 2 個ずつのマスに色が塗られていることがわかる.

各ブロック内の 4 個のマスに, 図のように記号を付ける. 条件をみたすように 2 個のマスを塗るには, A と D のうち一方のみと, B と C のうち一方のみに色を塗ればよい.

A	B
C	D

頂点のみを共有する 2 マスの組合せは A と D, B と C しかない. よって, A と D の塗り方および B と C の塗り方は, 互いに関係なく決めることができる.

以下, 各ブロックにおいて A と D のどちらに色を塗るかに着目する. いま, 上から下の列へ, 左から右のブロックへ条件をみたすように色を塗っていくことを考える. あるブロック X のすぐ下のブロックにおいても D に色を塗らなければならない.

したがって, $k = 1, 2, \cdots, n$ とすると, 上から k 列目のブロックについて整数 a_k が存在し, 右端から連続した a_k 個のブロックでは D に色が塗られ, 残りの

$n - a_k$ 個では A に色が塗られている．ただし，上下に隣り合うブロックに関する条件から

$$0 \le a_1 \le a_2 \le \cdots \le a_n \le n$$

でなければならない．

逆に，この 2 つをみたすように色を塗れば，A と D の塗り方について条件がみたされる．

$b_k = a_k + k \, (k = 1, 2, \cdots, n)$ として，上の不等式は

$$1 \le b_1 < b_2 < \cdots < b_n \le 2n$$

と同値である．以上より，A と D に関するマス目全体の塗り方は，1 以上 $2n$ 以下の整数から異なる n 個を選ぶ方法と 1 対 1 に対応して，${}_{2n}\mathrm{C}_n$ 通りである．

B と C に関するマス目全体の塗り方も同様の議論から，${}_{2n}\mathrm{C}_n$ とわかる．よって，求める塗り方の総数は $({}_{2n}\mathbf{C}_n)^2$ 通りである．

4. 答は，n が奇数のとき $\dfrac{n^2 - 1}{2}$，n が偶数のとき $\dfrac{n^2 - 4}{2}$ である．

次の 3 点に注意する：

- 4 隅のマスは白である．実際，隅のマスには辺を共有するマスは 2 個しかないからである．

- マス目の外枠に接するその他のマスについては，辺を共有するマスは 3 個であるから，外枠に接する 2 つの黒マスが辺を共有することはない．

- 任意の 2×2 のマス目は高々 2 つの黒マスを含む．実際，もしそうでないならば，黒マスはすでに 2 つの黒マスと辺を共有していることになり，高々 2 つの白マスとしか辺を共有できないからである．

以下では，n が奇数の場合と偶数の場合に分けて考察する．

(1) n が奇数の場合：

このとき，マス目は 4 隅が白であるチェス盤になっている．このような塗り分けは題意をみたしており，黒マスの個数は $\dfrac{n^2 - 1}{2}$ である．したがって，黒マスの個数の最大値は少なくとも $\dfrac{n^2 - 1}{2}$ である．

一方，マス目を 4 つの部分に分割してみる：左上の $(n-1) \times (n-1)$ のマス目，右下隅の 1 個の 1×1 のマス目，$(n-1) \times 1$ の右側面の長方形のマス目，$1 \times (n-1)$ の下底の長方形のマス目．そこで，$(n-1) \times (n-1)$ の正方形を 2×2 の正方形

と 2 つの 2 × 1 のドミノで埋める．最初の注意から，高々

$$\frac{(n-1)^2}{2} + \frac{n-1}{2} + \frac{n-1}{2} + 0 = \frac{n^2-1}{2}$$

個の黒マスを得る．

この結果，n が奇数ならば，黒マスの最大値は $\dfrac{n^2-1}{2}$ である．

(2)　n が偶数の場合：

再びチェス盤のような黒と白の塗り分けを考える．これにより，2 隅は白マスで残り 2 隅は黒マスである．そこでこの 2 つの黒マスを白に塗り替える．この白黒配置は問題の条件をみたしており，ここには $\dfrac{n^2-4}{2}$ 個の黒マスがある．したがって，黒マスの個数の最大値は少なくとも $\dfrac{n^2-4}{2}$ である．

次にマス目を 9 個の部分に分割する：中央の $(n-2) \times (n-2)$ の正方形 1 つ，4 隅の 1×1 の部分，辺の縁にある $(n-2) \times 1$ または $1 \times (n-2)$ の長方形が 4 つ．

$(n-2) \times (n-2)$ の正方形は 2×2 の正方形と 2×1 のドミノで埋める．最初の注意から，黒マスの個数の最大値は高々

$$\frac{(n-2)^2}{2} + 4 \times \frac{n-2}{2} + 4 \times 0 = \frac{n^2-4}{2}$$

である．

したがって，n が偶数のとき，黒マスの個数の最大値は $\dfrac{n^2-4}{2}$ である．

5. a, b, c のどれかが 2 以下のとき，すべての小立方体に色が塗られるので，条件をみたさない．よって，以下では a, b, c は 3 以上であるとする．

色の塗られていない小立方体は $(a-2) \times (b-2) \times (c-2)$ の直方体をなすので，

$$\frac{abc}{(a-2)(b-2)(c-2)} = 2$$

をみたす 3 以上の整数の組 (a, b, c) の個数を数えればよい．

一般性を失わずに $a \geq b \geq c$ と仮定する．

$\dfrac{x}{x-2} = 1 + \dfrac{2}{x-2}$ は 3 以上の x に対して，単調減少であることに注意する．

$\dfrac{a}{a-2} \leq \dfrac{b}{b-2} \leq \dfrac{c}{c-2}$ であるから，次が成り立つ．

$$\frac{abc}{(a-2)(b-2)(c-2)} \leq \left(\frac{c}{c-2}\right)^3.$$

$$\left(\frac{10}{8}\right)^3 = \frac{125}{64} < 2 \text{ より, } c \leq 9.$$

$c \leq 4$ とすると, $\dfrac{c}{c-2} \geq 2$ より,

$$\frac{ab}{(a-2)(b-2)} \leq 1$$

となるが, $1 < \dfrac{a}{a-2} \leq \dfrac{b}{b-2}$ なので, これはあり得ない. よって, $c = 5, 6, 7, 8, 9$ のいずれかである.

- $c = 5$ のとき:

$5ab = 6(a-2)(b-2)$ を変形して $(a-12)(b-12) = 120$.

$a \geq b \geq 5$ より, $a - 12 \geq b - 12 \geq -7$ なので, $a - 12$, $b - 12$ が両方負になることはあり得ず, (a, b) の組としてあり得るのは 120 の正の約数の個数の半分である. $120 = 2^3 \times 3 \times 5$ の正の約数の個数は $(3+1) \times (1+1) \times (1+1) = 16$ 個なので, この場合の (a, b, c) としてあり得るのは 8 通りである.

- $c = 6$ のとき:

$3ab = 4(a-2)(b-2)$ を変形して, $(a-8)(b-8) = 48$.

$a \geq b \geq 6$ より, $a - 8 \geq b - 8 \geq -2$ なので, $a - 8$, $b - 8$ が両方負になることはあり得ず, (a, b) の組としてあり得るのは 48 の正の約数の個数の半分である. $48 = 2^4 \times 3$ の正の約数の個数は $(4+1) \times (1+1) = 10$ 個なので, この場合の (a, b, c) としてあり得るのは 5 通りである.

- $c = 7$ のとき:

$7ab = 10(a-2)(b-2)$ を変形して $(3a - 20)(3b - 20) = 280$.

$a \geq b \geq 7$ と, $3a - 20$, $3b - 20$ が 3 で割って 1 余ることに注意すると, $(3a - 20, 3b - 20)$ の組としてあり得るのは $(280, 1)$, $(70, 4)$, $(40, 7)$, $(28, 10)$ の 4 通りである. よって, この場合の (a, b, c) としてあり得るのは 4 通りである.

- $c = 8$ のとき:

$2ab = 3(a-2)(b-2)$ を変形して $(a-6)(b-6) = 25$.

$a \geq b \geq 8$ より, $(a-6, b-6)$ の組としてあり得るのは $(12, 2)$, $(8, 3)$, $(6, 4)$ の 3 通りである. よって, この場合の (a, b, c) としてあり得るのは 3 通りである.

- $c = 9$ のとき:

$9ab = 14(a-2)(b-2)$ を変形して $(5a - 28)(5b - 28) = 18 \times 28$.

$a \geq b \geq 9$ と, $5a - 28$, $5b - 28$ が 5 で割って 2 余ることに注意すると, これを

みたす (a, b) はないことがわかる.

以上より, (a, b, c) として考えられるのは $8 + 5 + 4 + 3 = \mathbf{20}$ 個である.

◆第 6 章◆

● 初級

1. まず, 問題文のように印を付けるとき, 5 に印が付けば, 5 は必ず印の付いた数のうち 2 番目に大きな数になることを示す.

5 に印が付いたとすると, 5 と同じ列に 4 以下の数がちょうど 1 つ存在するので, 5 が書かれていない 2 列に 4 以下の数は合わせて 3 つ存在する. このことから, 4 以下の数が 2 つ以上書かれた列が存在することがわかる. その列で 2 番目に大きな数は 4 以下なので, 印の付いた 4 以下の数が 1 つ以上存在する.

同様に, 印が付いた 6 以上の数も 1 つ以上存在する. よって, 5 は印の付いた数のうち 2 番目に大きな数である.

以上より, 5 に印が付く配置の数を求めればよい. 5 を含む列として 3 通り考えられ, 5 と同じ列に書かれる数の組として $4^2 = 16$ 通り, その 3 数の並び方が 6 通り, 残り 6 数の配置として $6! = 720$ 通りが考えられる. これらを掛けて, 求める配置の数は, $3 \times 16 \times 6 \times 720 = \mathbf{207360}$ 通りである.

2. i 行 j 列のマスを, (i, j) で表す. 適当に番号を付け替えることにより, $(1, 1)$, $(1, 2)$, $(1, 3)$, $(1, 4)$ に書かれた数は, それぞれ, 1, 2, 3, 4 であるとしてよい(後で 4! 倍する). さらに, 2 行目と 3 行目について, 1 がどのような位置にあっても本質的に同じなので, $(2, 2)$, $(3, 3)$ に 1 が書かれているとして考える(後で 3×2 倍する).

次に, 4 の位置について考えると, 以下の 3 通りの場合がある.

(1) 1 列目に書き込まない場合, すなわち, $(2, 3)$, $(3, 2)$ に書き込む場合:

明らかに, $(2, 4)$, $(3, 4)$ のどちらに 2 を書き込むかで 2 通りの場合が考えられ, どちらもこれを決めることにより, 書き込み方は一意に定まる.

(2) 1 列目に書き込む場合, すなわち, $(2, 1)$ と $(3, 4)$, または, $(3, 1)$ と $(2, 3)$ に書き込む場合:

前者の場合, $(2, 3)$ には 3 を書き込めないため, $(2, 3)$ が 2 と決まり, このことから書き込み方は一意に定まる. 後者の場合も同様で, 計 2 通りある.

以上をまとめると，合計 $4! \times 3 \times 2 \times (2+2) = \mathbf{576}$ 通りとなる．

3. 右側のマス目のいくつかのマスに，次図のように名前をつける．

A, B, C, D に書き込む数を決めると（ただし，C と D に書き込む数は，左側のマス目において同じ行にあるものにする），残りのマスへの書き込み方はちょうど 1 通りに定まることを示そう．

A			X
	B		
		C	D

たとえば，X に書き込むべき数は，A に書き込まれた数と左側のマス目において同じ行にあって，かつ D に書き込まれた数と左側のマス目において同じ列にある数であり，そのような数はちょうど 1 つある（左側のマス目において，その行とその列の交わるマスに書かれている数である）．

他のマスについても同様である．すなわち，残りのマスへの書き込み方はちょうど 1 通りに定まる．

上の条件をみたす A, B, C, D への書き込み方を数える．A, B, C に書き込む数は，それぞれ，12 通りある．D に書き込む数は，C に書き込む数と左側のマス目において同じ行にある必要があるので，3 通りある．すなわち，A, B, C, D への書き込み方は $12^3 \times 3 = \mathbf{5184}$ 通りあり，上に述べたことより，これが問題の答である．

4. (a) 解答例は次の左図に示す．

1	2	3	**10**
8	7	6	**5**
9	4	11	**12**
16	15	14	**13**

1	2	3	**4**
8	7	6	**5**
9	10	11	**12**
16	15	13	**14**

(b) マス目に書かれた数の総和は $1+2+3+\cdots+16 = 136$ であり，$136 = 4 \times 34$ であるから，各列の数の和は 34 であるか，または和が少なくとも 35 の列が 1 つある．最初の場合は起こらず，2 番目の場合は S は少なくとも 35 である．

$S = 35$ の例は右図に示す．よって，S の最小値は **35** である．

5. このマス目に書かれたすべての数の和は $20n$ である．各行には n 個の相異なる正整数が書かれているから，1つの行の成分の総和は，少なくとも，

$$1 + 2 + \cdots + n = \frac{n(n+1)}{2}$$

である．したがって，

$$20n \geq 4 \times \frac{n(n+1)}{2}. \qquad n \leq 9$$

を得る．つまり，列の数は9を超えない．

一方，次の例で示すように，9列のマス目で条件をみたすものが存在する．

1	2	3	4	5	6	7	8	9
2	1	4	3	5	7	6	9	8
8	9	6	7	5	3	4	1	2
9	8	7	6	5	4	3	2	1

よって，求める列の数の最大値は **9** である．

6. 中央の数を x とする．4つの円周上に書かれた数の和をすべて足し合わせると，中央の数以外は2回，中央の数は3回数えられることになるので，合計は

$$2(1 + 2 + \cdots + 7) + x = 56 + x$$

となる．これが6の倍数であることが必要なので，$x = 4$ を得る．

また，以下のようにすれば，条件をみたすことが確認できる．

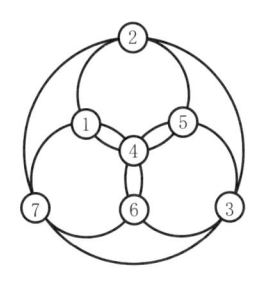

● 中級

1. 斜めに隣り合う2つのマスの組であり，ともに同じ数字が書かれているものを良いペアとよび，特に，ともに k が書かれているものを **k ペア** とよぶ（$1 \leq k \leq n$）．

各 k について，k の書き込まれたマスはすべて異なる行にあるので，k ペアの数は高々 $n-1$ 個である．

k ペアの数が $n-1$ 個であるような k を考える．どの連続する 2 つの行についても k ペアがあり，k の書き込まれたマスはすべて異なる列にあることを考えると，どの連続する 3 つの行についても k の書き込まれた 3 つのマスは同一直線上にある．

よって，k の書き込まれたマスは対角線上に並ぶ．したがって，k ペアの数が $n-1$ 個であるような k は高々 2 つであり，特に n が奇数であるときは 2 つの対角線が中心のマスで交わるので，このような k は高々 1 つである．

以上より，良いペアの個数は，

n が奇数のとき，$(n-1)+(n-1)(n-2)=n^2-2n+1$ 以下，

n が偶数のとき，$2(n-1)+(n-2)(n-2)=n^2-2n+2$ 以下

である．

逆に，n が奇数のときは，第 i 行第 j 列のマスに $i+j-1$ を n で割った余りを書き込む（ただし，$i+j$ が n で割り切れるときは n を書き込むものとし，以後「割った余り」というときは同様とする）と，これは問題の条件をみたし，n ペアが $n-1$ 個あり，k ペア $(1 \le k \le n-1)$ が $n-2$ 個ずつある．よって，良いペアの個数は

$$(n-1)+(n-1)(n-2)=n^2-2n+1$$

である．

n が偶数のときは，$i+j$ が奇数ならば第 i 行第 j 列のマスに $i+j-1$ を n で割った余りを，$i+j$ が偶数ならば $i+(n+1-j)$ を n で割った余りを書き込む．これは問の条件をみたし，1 ペアと n ペアが $n-1$ 個，k ペア $(2 \le k \le n-1)$ が $n-2$ 個ずつある．よって，良いペアの個数は

$$2(n-1)+(n-2)(n-2)=n^2-2n+2$$

である．

したがって，求める値は，次のようになる：

n が奇数のとき　$n^2-2n+1,$

n が偶数のとき　$n^2-2n+2.$

1	2	5	4	3	6
2	1	4	5	6	3
3	4	1	6	5	2
4	3	6	1	2	5
5	6	3	2	1	4
6	5	2	3	4	1

$n = 6$ の場合

1	2	3	4	5	6	7
2	3	4	5	6	7	1
3	4	5	6	7	1	2
4	5	6	7	1	2	3
5	6	7	1	2	3	4
6	7	1	2	3	4	5
7	1	2	3	4	5	6

$n = 7$ の場合

2. 上から i 行目, 左から j 列目に書かれる数は, 各々のマス目において, それぞれ, $13(i-1)+j,\ 20(13-j)+i$ である. これらが等しいとすると,

$$13(i-1)+j = 20(13-j)+i \quad \text{つまり,} \quad 12i+21j = 273$$

が成り立つ. $21j$ および 273 はどちらも 7 の倍数なので, $12i$ も 7 の倍数である. よって, i は 7 の倍数なので, $1 \leq i \leq 20$ より, $i = 7, 14$ を得る. これらに対応する j は, それぞれ, $j = 9, 5$ であり, それぞれの場合に $13(i-1)+j = 20(13-j)+i$ を計算して, **87, 174** が求める値となる.

3. マス目の上から i 番目の行を第 i 行, 左から j 番目の列を第 j 列とよぶ.

条件をみたす書き込み方が与えられたとする. 第 1 行第 k 列と第 1 行第 $k+1$ 列の数の差, 第 2 行第 k 列と第 2 行第 $k+1$ 列の数の差のうち少なくとも一方が 2 以上であるとき, 第 k 列と第 $k+1$ 列の境界で区切り, マス目をいくつかの縦 2 行の長方形に分割する. これらの長方形を**ブロック**とよぶことにする. そして, それぞれの書き込み方に対して, この分割を対応させる.

左から m 番目のブロックを X_m で表す. また, X_m の 1 番右の列は元のマス目における第 a_m 列であるとする. ただし, $a_0 = 0$ としておく. それぞれの分割について, 問題の条件をみたすような対応する書き込み方について, 次の補題が成り立つ.

> **補題** どの m についても, X_m の一方の行には $2a_{m-1}+1$ 以上 $a_{m-1}+a_m$ 以下の整数が, もう一方の行には $a_{m-1}+a_m+1$ 以上 $2a_m$ 以下の整数が左から小さい順に書き込まれている.

証明 より一般的に，マス目を $2 \times l$，書き込む数を 1 以上 $2l$ 以下の相異なる整数として議論する．ただし，ブロックや X_m, a_m の定義は上に述べたものと同様である．

最も右にあるブロックを X_n とする．ブロックの定義から，X_n のうち $2l$ が含まれている方の行には，$a_{n-1}+l+1$ 以上 $2l$ 以下の数が左から小さい順に書かれている．

$a_{n-1}=0$ のときは，ブロックがマス目全体となるので成立する．

$a_{n-1}>0$ で，$a_{n-1}+l$ が $2l$ と同じ行に書かれていると仮定する．このとき，$a_{n-1}+l$ は第 a_{n-1} 列に，$a_{n-1}+l+1$ は第 $a_{n-1}+1$ 列に書かれている．もう片方の行の第 a_{n-1} 列に s が，$a_{n-1}+1$ 列に t が書かれているとすると，$s<t<a_{n-1}+l$ であるから，

$$(a_{n-1}+l)-s \le (a_{n-1}+l+1)-t$$

であり，よって $t \le s+1$ が成り立つ．これと $t \ge s+1$ より，$t=s+1$ である．

しかし，これは第 a_{n-1} 列と第 $a_{n-1}+1$ 列の間がブロックの境界になっていることに矛盾する．よって，$a_{n-1}+l$ は $2l$ とは異なる行の第 l 列に書かれている．

ここで，再びブロックの定義から，X_n のこの行には $2a_{n-1}+1$ 以上 $a_{n-1}+l$ 以下の整数が左から小さい順に書かれていることがわかる．したがって，X_n についての主張が成り立つ．

この結果から，$n=1$ のときは補題の主張が成立し，$n \ge 2$ のときは，X_n を取り除くことで，$l=a_{n-1}$ の場合に帰着される．これをブロックの数だけ繰り返すことにより，補題の主張が成り立つことが示された．∎

$a_{m-1}+a_m$ と $a_{m-1}+a_m+1$ が異なる行にあることから，どのような分割に対しても，その分割から補題によって得られる書き込み方に対しては，必ず元の分割が対応することに注意しておく．

次に，補題の結論をみたす書き込み方が問題の条件をみたす書き込みになっているのはどのようなときかを調べる．

X_m に含まれるどの列についても，書かれた2つの数の差は a_m-a_{m-1} になっている．よって，問題の条件をみたす書き込み方に対応する分割は，各 $X_p, X_q\,(p<q)$ について X_q の列の個数が X_p の列の個数以上となっているものである．

このような分割の方法は，それぞれのブロックの列の個数に着目すると，7 をいくつかの正の整数の和で表す（ただし，並べ替えで一致するものは同じとみな

す）方法と 1 対 1 に対応する．よって，各ブロックの列の項数の組として，

$$(1,1,1,1,1,1,1),\ (1,1,1,1,1,2),\ (1,1,1,1,3),\ (1,1,1,2,2),$$

$$(1,1,1,4),\ (1,1,2,3),\ (1,2,2,2),\ (1,1,5),\ (1,2,4),\ (1,3,3),\ (2,2,3),$$

$$(1,6),\ (2,5),\ (3,4),\ (7)$$

の 15 個が考えられる．分割を定めたとき，各ブロックについて，行の入れ替えで 2 通りの書き込み方が考えられ，このすべての組合せが問題の条件をみたすので，条件をみたす書き込み方は，

$$2^7 + 2^6 + 2^5 \times 2 + 2^4 \times 3 + 2^3 \times 4 + 2^2 \times 3 + 2^1 = \mathbf{350}$$

通りである．

4. 下図（残りはすべて 0 ）のように書き込むと条件をみたし，総和は 5 となる．

0	1	0
1	1	1
0	1	0

　問題の条件をみたすどのようなマス目についても，書き込まれた数の総和が 5 以下となることを示す．$n = 2012$ とおく．マスが i 行目，j 列目にあるとき，そのマスの行番号，列番号をそれぞれ i, j と定める．2 整数 x, y に対し $R(x,y)$ で行番号が x 以上 y 以下のすべてのマスに書かれた数の和とする．まず，$1 \leq a \leq n$, $R(1, a-1) \leq 1$ をみたす最大の整数 a をとり，次に $a \leq c \leq n$, $R(c+1, n) \leq 1$ をみたす最小の整数 c をとる．$R(1,0) = 0$, $R(n+1, n) = 0$ であるから，整数 a, c をとることができる．ここで $a < c$ とすると，$a < n$ なので，a の最大性より $R(1, a) > 1$ であり，c の最小性より $R(a+1, n) > 1$ であるから，マス目を a 行と $a + 1$ 行の間で分割したときに条件に反する．よって，$a = c$ となる．

　また，2 整数 x, y に対し，$C(x,y)$ で列番号が x 以上 y 以下のすべてのマスにかかれた数の和とすると，同様にして，$C(1, b-1) \leq 1$, $C(b+1, n) \leq 1$, $1 \leq b \leq n$ をみたす整数 b を得る．

　行番号 a, 列番号 b のマスに書かれた数を r とすると，$r \leq 1$ であるから，

　　(書き込まれた数の総和)

$$\leq R(1, a-1) + R(a+1, n) + C(1, b-1) + C(b+1, n) + r \leq \mathbf{5}$$

となる.

5. 下左図の太線で 5×9 のマス目を 8 つの区画に分ける.どの区画も中の数の和が $\dfrac{1}{8}$ より小さいとすると,全区画の数の総和が 1 より小さくなってしまい,45 個の実数の総和が 1 であることに反する.よって,中の数の和が $\dfrac{1}{8}$ 以上であるような区画が存在する.この区画を包む 2×3 の長方形枠が存在し,その枠内の数の和は $\dfrac{1}{8}$ 以上である.

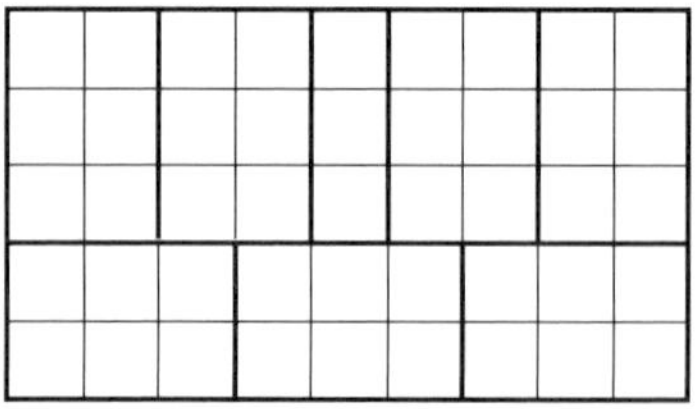

$\frac{1}{8}$	0	0	0	$\frac{1}{8}$	0	0	0	$\frac{1}{8}$
0	0	0	0	0	0	0	0	0
0	0	$\frac{1}{8}$	0	0	0	$\frac{1}{8}$	0	0
0	0	0	0	0	0	0	0	0
$\frac{1}{8}$	0	0	0	$\frac{1}{8}$	0	0	0	$\frac{1}{8}$

上右図のような場合,どのような枠も,中の数の和は $\dfrac{1}{8}$ を超えない.

よって,$\dfrac{1}{8}$ が求める最小値である.

6. マス目に書かれた整数を,それぞれ,3 で割った余りに書き換えることを考える.「各行および各列に並ぶ整数の和がすべて 3 の倍数になる」という性質は置き換える前と後で変化しない.

0 以上 2 以下の 3 つの整数の組で和が 3 の倍数になるものは,$(0,0,0)$,$(1,1,1)$,$(2,2,2)$ および $(0,1,2)$ の並べ替えのみである.したがって,置き換えた後のマス目について,各行および各列の整数はすべて等しいか,すべて相異なるかのどちらかになる.

$0, 1, 2$ の 3 種類の余りを,A, B, C の 3 つの文字に対応させる(この順に対応させるとは限らない).このとき,A, B, C は 3 つずつ存在し,条件をみたす配置は以下の 4 通りに限られることがわかる:

A	A	A
B	B	B
C	C	C

,

A	B	C
A	B	C
A	B	C

,

A	B	C
C	A	B
B	C	A

,

A	B	C
B	C	A
C	A	B

ただし,A, B, C を並べ替えただけのものは同一とみなした.

それぞれの場合において，3 種類の文字に 3 種類の余りを対応させる方法が 3! 通りあるので，置き換えた後のマス目としてあり得るのものは $4 \times 3! = 24$ 通りである．さらに，3 種類の余りのそれぞれに 3 つずつの整数が対応するので，マス目に書かれた余りに対応する整数を書き込む方法は $(3!)^3 = 216$ 通りある．

このようにして得られた書き込み方は条件をみたすので，求める書き込み方は

$$24 \times 216 = \mathbf{5184}$$

通りとなる．

● 上級

1. 与えられた 2 条件をみたす書き込み方を考える．まず，次の補題を示す．

補題 1　i, j を 1 以上 6 以下の整数とする．第 i 行と第 j 列の両方に書き込まれている整数は $i \diamondsuit j$ のみである．

証明　$i \diamondsuit j$ が第 i 行にも第 j 列にも書き込まれていることは明らかである．一方，1 以上 6 以下の整数 j', i' について，第 i 行第 j' 列のマスと第 i' 行第 j 列のマスの両方に整数 k が書き込まれていると仮定すると，$k = k \diamondsuit k = (i \diamondsuit j') \diamondsuit (i' \diamondsuit j) = i \diamondsuit j$ となる．よって，第 i 行と第 j 列にともに書き込まれている整数は $i \diamondsuit j$ 以外に存在しない．∎

次に，任意の 1 以上 6 以下の整数 i, j, k について，

$$i \diamondsuit k = (i \diamondsuit j) \diamondsuit (k \diamondsuit k) = (i \diamondsuit j) \diamondsuit k$$

が成り立つので，第 i 行と第 $(i \diamondsuit j)$ 行の書き込み方は一致する．したがって，任意の 1 以上 6 以下の整数 i_1, i_2 に対し，第 i_1 行と第 i_2 行の書き込み方が異なるとき，$i_1 \diamondsuit j_1 = i_2 \diamondsuit j_2$ となる j_1, j_2 は存在しない．すなわち，任意の 2 つの行については，書き込み方が一致するか，2 つの行に共通して書き込まれる数はないかのいずれかである．

一方，任意の 1 以上 6 以下の整数 i について，$i \diamondsuit i = i$ であり，第 i 行には i が 1 つ以上書き込まれている．このことと，全段落の結果を合わせて，1 以上 6 以下の整数の集合 $\{1, 2, \cdots, 6\}$ を以下の条件をみたすように，いくつかの空でない集合 $I_1, I_2, \cdots, I_m$ (m は正の整数) に分割することができる：

任意の $x = 1, 2, \cdots, m$ と任意の $i \in I_x$ に対し，第 i 行に書き込まれている

整数全体の集合は I_x に一致する.

行と列を入れ替えて議論すると, 同様に, 1以上6以下の整数の集合 $\{1, 2, \cdots, 6\}$ を以下の条件をみたすように, いくつかの空でない集合 $J_1, J_2, \cdots, J_n$ (n は正の整数) に分割することができる:

> 任意の $y = 1, 2, \cdots, n$ と任意の $j \in J_y$ に対し, 第 j 列に書き込まれている整数全体の集合は J_y に一致する.

さて, 補題1より, 任意の $x = 1, 2, \cdots, m$ および $y = 1, 2, \cdots, n$ について, 集合 I_x, J_y のいずれにも属する整数はちょうど1つあるので, この整数を $\langle x, y \rangle$ と表す.

補題2 $\langle x_1, y_1 \rangle \Diamond \langle x_2, y_2 \rangle = \langle x_1, y_2 \rangle$ が成り立つ.

証明 まず, 任意の $i \in I_x$, $j \in J_y$ に対して, $\langle x, y \rangle = i \Diamond j$ である. よって, $i_1 \in I_{x_1}$, $i_2 \in I_{x_2}$, $j_1 \in J_{y_1}$, $j_2 \in J_{y_2}$ をとると,

$$\langle x_1, y_1 \rangle \Diamond \langle x_2, y_2 \rangle = (i_1 \Diamond j_1) \Diamond (i_2 \Diamond j_2) = i_1 \Diamond j_2 = \langle x_1, y_2 \rangle$$

となる. ∎

ところで, $I_1, I_2, \cdots, I_m$ と $J_1, J_2, \cdots, J_n$ はいずれも集合 $\{1, 2, \cdots, 6\}$ の分割であったから,

$$\langle 1,1 \rangle, \ \langle 1,2 \rangle, \ \cdots, \ \langle 1,n \rangle, \ \langle 2,1 \rangle, \ \langle 2,2 \rangle, \ \cdots, \ \langle 2,n \rangle,$$
$$\cdots\cdots, \ \langle m,1 \rangle, \ \langle m,2 \rangle, \ \cdots, \ \langle m,n \rangle \tag{$*$}$$

には $1, 2, \cdots, 6$ がちょうど1回ずつ現れる. 特に, $mn = 6$ となる.

逆に, 次の補題が成立する.

補題3 $mn = 6$ をみたす正の整数 m, n と $1, 2, \cdots, 6$ の並べ替えである $(*)$ が与えられたとき, 補題2の式をみたす書き込み方が一意に定まり, これは問題文の条件をみたす.

証明 任意の1以上6以下の整数 i について, $i = \langle x, y \rangle$ なる x, y がただ1組存在するので, 書き込み方は一意に定まり, 問題文の条件を $\langle x, y \rangle$ の形に置き換

えて示せばよい．これは，それぞれ，補題 2 の式から

$$\langle x,y \rangle \Diamond \langle x,y \rangle = \langle x,y \rangle,$$
$$(\langle x_1,y_1 \rangle \Diamond \langle x_2,y_2 \rangle) \Diamond (\langle x_3,y_3 \rangle \Diamond \langle x_4,y_4 \rangle)$$
$$= \langle x_1,y_2 \rangle \Diamond \langle x_3,y_4 \rangle = \langle x_1,y_4 \rangle = \langle x_1,y_1 \rangle \Diamond \langle x_4,y_4 \rangle$$

となるのでよい．　　　　　　　　　　　　　　　　　　　　　　　■

　問題文の条件をみたす書き込み方を 1 つとると，この書き込み方を与える (*) は，$I_1, I_2, \cdots, I_m$ の並べ替えと $J_1, J_2, \cdots, J_n$ の並べ替えによる $m! \times n!$ 通り存在する．

　$mn = 6$ をみたす正の整数 m, n のそれぞれに対し，(*) は 6! 通りなので，書き込む方法は $\dfrac{6!}{m! \times n!}$ 通りとなる．したがって，求める場合の数は

$$\frac{6!}{1! \times 6!} + \frac{6!}{2! \times 3!} + \frac{6!}{3! \times 2!} + \frac{6!}{6! \times 1!} = \mathbf{122}$$

通りである．

　2. 良いマスの個数を A，悪いマスの個数を B とする．また，(i,j) で上から i 行目，左から j 列目のマスを指すものとする．

　$A - B$ として考えられる最大の値が 5050 であることを示す．

　初めに，$A - B = 5050$ となる実例を構成する．

- i が奇数のとき，$i < j$ ならば j を，$i \geq j$ ならば 0 を (i,j) に書き込む．
- i が偶数のとき，$i \geq j$ ならば $j - 1$ を，$i < j$ ならば 0 を (i,j) に書き込む．

上端の行および右端の列のマスは悪いマスにならない．

　それ以外のマスについて，負の値は書き込まれておらず，必ず右か上に 0 のマスが存在するため，悪いマスではない．よって，悪いマスは存在しない．

　また，良いマスは，正の数が書き込まれたマスすべてである．

　正の数が書き込まれたマスの総数は $101 \times 50 = 5050$ 個であるから，この場合，$A - B = 5050$ である．

0	2	3	4	5	$\cdots$	97	98	99	100	101
0	1	0	0	0	$\cdots$	0	0	0	0	0
0	0	0	4	5	$\cdots$	97	98	99	100	101
0	1	2	3	0	$\cdots$	0	0	0	0	0
0	0	0	0	0	$\cdots$	97	98	99	100	101
$\vdots$	$\vdots$	$\vdots$	$\vdots$	$\vdots$	$\ddots$	$\vdots$	$\vdots$	$\vdots$	$\vdots$	$\vdots$
0	0	0	0	0	$\cdots$	0	98	99	100	101
0	1	2	3	4	$\cdots$	96	97	0	0	0
0	0	0	0	0	$\cdots$	0	0	0	100	101
0	1	2	3	4	$\cdots$	96	97	98	99	0
0	0	0	0	0	$\cdots$	0	0	0	0	0

$A - B$ が 5050 より大きくならないことを示す．良いマスであって，1 つ下が悪いマスでないようなものを，**とても良いマス**と定義する．とても良いマスの個数は，良いマスの個数から，1 つ上に良いマスがある悪いマスの個数を引いたものに等しい．したがって，とても良いマスの個数は $A - B$ 以上である．

以下，整数 k, l は $1 \leq k \leq 50,\ 2 \leq l \leq 100$ の範囲を動くものとする．

補題 $(2k-1, l)$ と $(2k, l+1)$ のうち，とても良いマスは高々 1 個である．

証明 この 2 マスがともにとても良いマスであるとすると，特にこれらは良いマスであるので，$(2k, l)$ に書かれた数は $(2k-1, l)$ と $(2k, l+1)$ のいずれよりも小さい．よって，$(2k, l)$ は悪いマスなので，$(2k-1, l)$ がとても良いマスであることに矛盾する．したがって，$(2k-1, l)$ と $(2k, l+1)$ の両方がとても良いマスであることはない． ∎

$i = 101$ あるいは $j = 1$ ならば（良いマスにはならないため）(i, j) はとても良いマスではない．

$1 \leq i \leq 100,\ 2 \leq j \leq 101$ において，$(i, j) = (2k-1, l)$ または $(i, j) = (2k, l+1)$ と表せないものは，$1 \leq m \leq 50$ なる整数 m について，$(2m-1, 101)$ または $(2m, 2)$ と表せる合計 $50 \times 2 = 100$ 個のマスのみである．また，これ以外のマスについて

は，ただ 1 組の (k, l) を用いて，$(i, j) = (2k - 1, l)$ または $(i, j) = (2k, l + 1)$ のうちちょうど一方で表せる．

ここですべての k, l について，補題を用いることで，$(2m - 1, 101)$ あるいは $(2m, 2)$ と表せるマスを除き，とても良いマスの数は高々 $99 \times 50 = 4950$ 個しかないことがわかる．したがって，とても良いマスの個数は $100 + 4950 = 5050$ 以下である．これは $A - B$ 以上であるため，$A - B$ は 5050 以下とわかった．

以上より，求める値は **5050** である．

◆第 7 章◆

● 初級

1. 上 2 行の 3 個の円は互いに接するので，4 を高々 1 つしか書き込めない．同様に，左下の 3 個，右下の 3 個の円にもそれぞれ 4 を高々 1 つずつしか書き込めないので，4 を 4 個書き込むためには，中央の円に 4 を書き込まなければならない．このとき，残り 9 個の円のうち中央の円と接しない円はちょうど 3 個あるので，それらの円に 4 を書き込む必要がある．

次に，1 を書き込む方法は 6 通り存在する．どの場合でも，残り 5 つの円は 1 列に並んで接している状態なので，条件をみたすように 2 を 2 個，3 を 3 個書き込む方法は ③②③②③ に限られる．また，このように書き込んだ結果は問題の条件をみたしている．

したがって，条件をみたす書き込み方の数は，1 を上の手順で書き込む方法の数に等しいので，**6** 通りである．

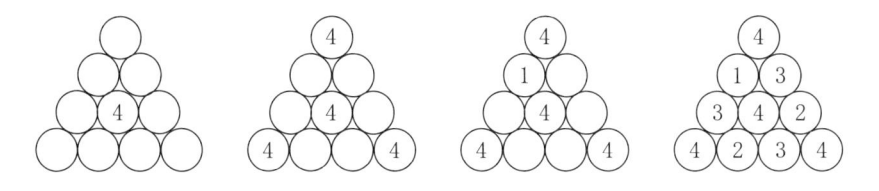

2. 長方形は，縦の 2 辺と横の 2 辺が与えられると定まる．

上側の 2 段に含まれる長方形は，縦の辺の選び方が ${}_{10}\mathrm{C}_2 = 45$ 通り，横の辺の選び方が ${}_3\mathrm{C}_2 = 3$ 通りであるから，$45 \times 3 = 135$ 個存在する．

同様に，下側の 2 段に含まれる長方形は，縦の辺の選び方が ${}_4\mathrm{C}_2 = 6$ 通り，横

の辺の選び方が $_3\mathrm{C}_2 = 3$ 通りであるから，$6 \times 3 = 18$ 個存在する．

黒い穴の右側の正方形を含むような長方形は，必ず幅が正方形 1 つ分であり，上下の辺の選び方が，それぞれ，3 通り存在するから，$3^2 = 9$ 個存在する．黒い穴の左側の正方形を含むような長方形も同様に 9 個存在するから，合計で

$$135 + 18 + 9 + 9 = \mathbf{171}$$

個存在する．

3. 最も下の行および最も右の列を除いた $(a-1) \times (b-1)$ のマス目のすべてに印が付いているとき，すべてのマスに印を付けることができることは簡単にわかる．

以下，N 個のマスに印が付いている状態から何回かの操作によりすべてのマスに印が付けられたとして，$N \geq (a-1)(b-1)$ を示そう．最後の操作によって印が付いたマスについて，それを含む行および列を，それぞれ，X, Y とする．そのとき，それ以前に操作を行った行や列は X, Y を除く高々 $(a+b-2)$ 個である．また同じ行や列で 2 回以上操作を行うことはない．よって，操作は全部で高々 $(a+b-1)$ 回しか行われない．1 回の操作で印の付いたマスは 1 つ増えるため，最終的に ab 個のすべてのマスに印を付けるためには，

$$N \geq ab - (a+b-1) = (a-1)(b-1)$$

が必要である．

よって，求める値は，$\boldsymbol{(a-1)(b-1)}$ である．

4. 下左の図のように，7×7 のマス目のうち，16 マスを黒く塗ると，1 つの金属板には高々 1 つしか黒マスは含まれないので，少なくとも 16 個の金属板がある．17 個以上の金属板があるとすると，全部で $3 \times 17 = 51$ 個以上のマスがあることになり矛盾するので，金属板は 16 個である．よって，1 種類目が 1 個，2 種類目が 15 個となる．下右の図のようにすると，これが実現されるので，求める個数は **15** である．

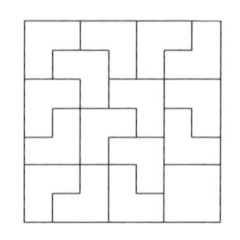

5. 左図のように，板を構成するマスのうち4隅以外を，交互にAとBの2種類に分類する．Aのマスは40個，Bのマスは21個あるので，Aの方が19個多い．板をマス目に沿って長方形に分割したとき，どの長方形もAのマスをBのマスより高々1個しか多く含まない（1個多いか，同数か，1個少ないかのいずれかである）．よって，19個以上の長方形に分割する必要がある．一方で，右図のように，19個の長方形に分割することができる．よって，求める最小値は**19**である．

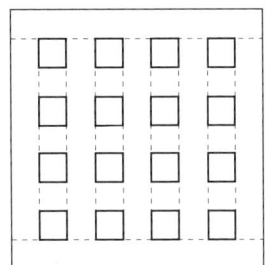

● 中級

1. 上から i 行目，左から j 列目のマスを (i,j) と表記する．

駒が3個のときに題意をみたすことを示す．最も上の駒のうち最も左のものを左，上と順に動かすことで $(1,1)$ に置くことができる．また同様に，最も下の駒のうち最も右のものを $(55,55)$ に置くことができる．その後，残りの1個の駒は右，上，左と動かすことで $(1,2)$ に置くことができる．

27以下の正の整数 i について，(i,i)，$(i,i+1)$，$(55,55)$ に駒が置かれているとき，以下のように駒を移動させることで $(i+1,i+1)$，$(i+1,i+2)$，$(55,55)$ に駒を移動させることができる：

> (i,i) に置かれている駒を $(55,i)$ に動かし，$(55,55)$ に置かれている駒を $(55,i+1)$，$(i+1,i+1)$ に動かす．その後，$(i,i+1)$ に置かれている駒を $(i,55)$ に動かし，$(55,i)$ に置かれている駒を $(55,55)$，$(i+1,55)$，$(i+1,i+2)$ に動かす．最後に，$(i,55)$ に置かれている駒を $(55,55)$ に動かすとよい．

よって，これを27回繰り返すことで中央のマスに駒を置くことができる．

駒が2個のとき，最初に駒が $(1,1)$，$(1,2)$ に配置されているときに，問題の条件をみたす動かし方があると仮定して，矛盾を導く．

中央のマスに駒を置くまでの操作の回数が最小であるような手順を考える．こ

のとき，最後の操作が $(i, 28)$ $(i < 28)$ から $(28, 28)$ に駒を動かす操作であった場合，もう一方の駒は $(29, 28)$ に置かれていたことになる．$i \neq 1$ とすると，この 1 回前に行いうる操作は存在しない．$i = 1$ とすると，この 1 回前に行った操作は $(j, 28)$ $(j \leq 28)$ に置かれている駒を $(1, 28)$ に動かすもの以外ありえないが，このときに $(j, 28)$ から $(28, 28)$ に駒を動かすことで，より少ない操作回数で中央のマスに駒を置くことができるようになり，矛盾する．最後の操作としてありうるものはこれを回転したもののみであるため，他の場合も同様に矛盾する．よって，中央のマスに駒を置くことができない．

駒が 1 個のときは，最初に駒が $(1, 1)$ に配置されると 4 隅のマス以外に駒を移動させることができないため，中央のマスに駒を置くことができない．

よって，求める n の最小の値は **3** である．

2. 第 i 行に対して行う操作 1 を r_i，第 j 列に対して行う操作 2 を c_j と表す．異なる場所に対する操作は $r_1, r_2, r_3, c_1, c_2, \cdots, c_{100}$ の $3 + 100 = 103$ 種類ある．この 103 種類の操作を，いずれもちょうど 1 回ずつ行うような操作の順序を，**良い操作列**とよぶことにする．ここで，操作をどのような順序で行ったとしても，次のようにすることで，103 種類の操作をちょうど 1 回ずつ行い，かつ，得られるコインの配置がまったく同一になるような，良い操作列が得られることがわかる：

(1) $c_1, c_2, \cdots, c_{100}, r_1, r_2, r_3$ の順に操作を行う（この 103 回の操作の後，すべてのコインは最初と同じく表向きになっている）．その後に，元の順序で操作を行う．

(2) (1) で得られた操作の順序において，同じ場所に対する操作が複数回現れる場合は，そのような操作のうち，最後に行うもの以外を取り除く．

2 つの良い操作列 A, B によって同じコインの配置が得られることは，次と同値である：

> すべての i, j $(1 \leq i \leq 3, \ 1 \leq j \leq 100)$ に対し，r_i と c_j のどちらを先に行うかは A, B において一致する．

これは，第 i 行第 j 列のマスに置かれたコインが，r_i を c_j より後に行うと表になり，c_j を r_i より後に行うと裏になることから従う．ここから，良い操作列の中で，操作 k $(k = 1, 2)$ が連続して現れる場合，それらの操作の順番を自由に入れ替えても同じコインの配置が得られ，逆に，このような操作の順番の入れ替えに

よって一致しない 2 つの良い操作列では，異なるコインの配置が得られることがわかる．

　ちょうど 1 回の操作 1 を r，0 回以上の操作 2 を C の記号で表す．異なるコインの配置を与える操作列の数を，r と C による表し方によって場合分けをして求める．

　すべての良い操作列は $CrCrCrC$ と表せる．まず，連続する操作 1 の入れ替えを異なるものとみなして場合の数を求める．操作 1 を並べる順序は $3! = 6$ 通りで，100 個の操作 2 はそれぞれ 4 通りの場所の C に入る可能性があるから，6×4^{100} 通りである．

　この数え方では，操作 1 が連続して現れる場合に，連続する操作 1 の順序の入れ替えただけのものが重複して数えられている．そのため，次に操作 1 が 2 個連続する箇所が 1 箇所ある場合の数を除く．これは，操作が $CrrCrC$ あるいは $CrCrrC$ と表される場合である．それぞれについて操作 1 を並べる順序は，連続する箇所での入れ替えによって一致するものを同一視すれば，3 通りあり，100 個の操作 2 はそれぞれ 3 通りの場所に入る可能性があるから，3×3^{100} 通りある．したがって，合計で，6×3^{100} 通りである．

　これを除いた後では，操作 1 が 3 個すべて連続して現れる並べ方が数えられなくなっている．これは，$CrrC$ と表される場合である．この場合の数は，操作 1 を並べる順序が 1 通りあり，100 個の操作 2 はそれぞれ 2 通りの場所に入る可能性があるから，2^{100} 通りある．

　まとめると，異なるコインの配置は，
$$6 \times 4^{100} - 6 \times 3^{100} + 2^{100}$$
通りある．

3. 求める最小値が $m = 2(n - k)$ であることを示す．

　黒く塗られているマス，アリが最初にいるマス，アリが到達したあと動けなくなるマスをあわせて**良いマス**とよぶ．アリが通るのは，同じ行または同じ列の 2 つの良いマスに挟まれたマスと良いマスのみである．よって，良いマスが 1 つ以下しか存在しない行，良いマスが 1 つ以下しか存在しない列がともに存在したとすると，その行，列の両方に含まれるマスはアリが通らないことになって矛盾する．ゆえに，良いマスはすべての行またはすべての列に 2 つ以上存在する．これより，$2k + m \geq 2n$ が成り立つので，$m \geq 2(n - k)$ が成り立つ．

次に，$m = 2(n-k)$ ですべてのマス目を少なくとも 1 匹のアリが訪れるようにできることを示す．上から i 番目，左から j 番目のマスを (i, j) と表す．

$$(i, 1) \quad (2 \leq i \leq n-k), \qquad (i, n) \quad (1 \leq i \leq n-k),$$

および，$n-k$ が偶数のとき $(n-k+1, 1)$ を，$n-k$ が奇数のとき $(n-k+1, n)$ を黒く塗る．1 匹のアリは $(1, 1)$ からスタートし，

$$(2l-1, 1) \rightarrow (2l-1, 2) \rightarrow \cdots \rightarrow (2l-1, n) \rightarrow (2l, n)$$
$$\rightarrow (2l, n-1) \rightarrow \cdots \rightarrow (2l, 1) \rightarrow (2l+1, 1)$$

の順に動くことを，$l = 1, 2, \cdots$ の順に可能な限り繰り返す．残りの $k-1$ 匹のアリが $(i, 1)\,(n-k+2 \leq i \leq n)$ からスタートして，それぞれ，(i, n) に動くと，すべてのマスを少なくとも 1 匹のアリが訪れる．以上より，示された．

4. 下図のように，マス A, B, C, D およびマス $1, 2, \cdots, 16$ を定める．マス A, B, C, D を覆うタイルに着目して，タイルの置き方を数える．

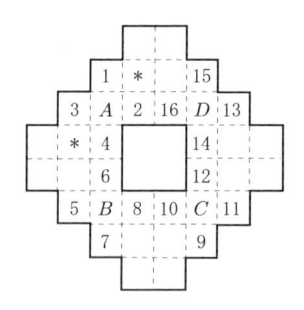

マス A を覆うタイルが，$*$ と書かれているマスのどちらかを覆うとすると，残された部分をタイルで敷き詰めることができなくなる．よって，マス A を覆うタイルは，マス A 以外にマス $1, 2, 3, 4$ のうちの 2 つを覆う．具体的には，

- (a) マス $1, 2$ を覆う場合，
- (b) マス $3, 4$ を覆う場合，
- (c) マス $2, 4$ を覆う場合，
- (d) マス $1, 3$ を覆う場合

の 4 通りがある．(a), (b), (c) の場合は，次図のように残りのタイルの置き方が 1 通りに定まる．

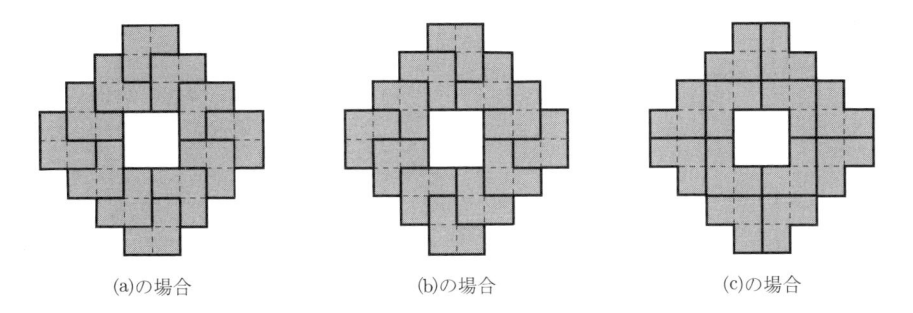

(a)の場合　　　　　　　　　(b)の場合　　　　　　　　　(c)の場合

　マス B を覆うタイルの置き方も，

(a)　マス 5, 6 を覆う場合，

(b)　マス 7, 8 を覆う場合，

(c)　マス 6, 8 を覆う場合，

(d)　マス 5, 7 を覆う場合

の 4 通りがある（実際，これら以外の置き方では，盤面全体をタイルで敷き詰めることができなくなる）．(a), (b), (c) の場合は，残りのタイルの置き方が 1 通りに定まり，上図と同一の置き方が得られる．

　したがって，上図に挙げたタイルの置き方を除くと，マス A を覆うタイルは他にマス 1, 3 を覆い，マス B を覆うタイルは他にマス 5, 7 を覆うとしてよい．同様に，マス C を覆うタイルは他にマス 9, 11 を覆い，マス D を覆うタイルは他にマス 13, 15 を覆う場合のみを考えればよい．下図のように，4 枚のタイルの置き方が定まった．

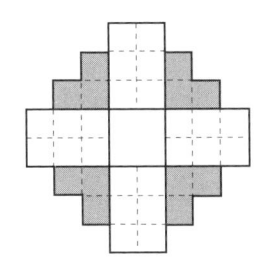

　残された部分は，2×3 の長方形 4 つに分かれているが，それぞれをタイル 2 枚で覆う方法は 2 通りずつあり，全体で $2^4 = 16$ 通りの置き方がある．よって，求める敷き詰める方法は，$3 + 16 = 19$ 通りである．

5. 可能な n は任意の 9 の倍数であること，すなわち，$n = 9k$ $(k = 1, 2, 3, \cdots)$ で

あることを示す.

まず, サイズ 9 の次の正方行列を考える:

$$
A = \begin{pmatrix}
I & I & I & M & M & M & O & O & O \\
M & M & M & O & O & O & I & I & I \\
O & O & O & I & I & I & M & M & M \\
I & I & I & M & M & M & O & O & O \\
M & M & M & O & O & O & I & I & I \\
O & O & O & I & I & I & M & M & M \\
I & I & I & M & M & M & O & O & O \\
M & M & M & O & O & O & I & I & I \\
O & O & O & I & I & I & M & M & M
\end{pmatrix}
$$

この行列 A が条件をみたすことは容易に確かめられる. n が 9 の倍数 $n = 9k$ のときには, この行列 A を $k \times k$ 個並べた $n \times n$ の行列 X を考える. 行列 X の行および列が条件をみたすことは, 行列 A が条件をみたすことから明らかである. X の各斜線について, その斜線に含まれるマス目の数が 3 の倍数であれば, その斜線と交わる各小行列 A について, 斜線と A との交わりにあるマス目の数が 3 の倍数となり, A の性質から X の斜線が条件をみたすことがわかる. これでサイズが $n = 3k$ の行列 X が条件をみたすことが確かめられた.

次に, サイズ n の正方行列 Y が条件をみたしたとする. 行 (または列) の条件から, n が 3 の倍数であることは明らかなので, $n = 3m$ と置き, Y を $m \times m$ 個の 3×3 の小ブロックに分ける. 各小ブロックの中心にある成分を主成分とよび, 主成分を含む行, 列, 斜線を, それぞれ, 主行, 主列, 主斜線とよび, これらを合わせて主線分とよぶ. 以下, 主線分 l と主成分 c の組 (l, c) で, l が c を含み, c が M となる組の数 N を数える.

各行または各列は同じ個数の I, M, O を含むから, 各主行または主列は m 個の M を含む. これに対して, 主斜線については, 一方向の主斜線全体で

$$
1 + 2 + \cdots + (m-1) + m + (m-1) + \cdots + 2 + 1 = m^2
$$

個の M を含む. よって, $N = 4m^2$ である.

Y 上に全部で $3m^2$ 個の M があり, 各成分は 1 個または 4 個の主線分に属する. よって, $4m^2 \equiv 3m^2 \pmod{3}$ となる. よって, $m^2 \equiv 0 \pmod{3}$ となり, m は 3 の倍数となる.

6. 図を変形して，同様の条件のもとで次図の（実線で示した）菱形を塗るようにしても，塗り方の数は同じである．

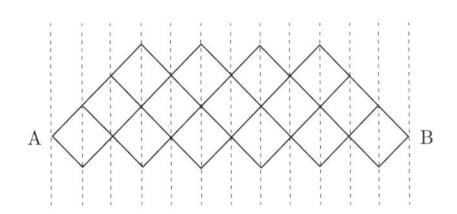

　条件をみたす塗り方を**良い塗り方**とよぶことにする．それぞれの良い塗り方に対して，赤く塗られている領域と青く塗られている領域の境界を考える．ここで，どの菱形よりも上にある部分は青く，どの菱形よりも下にある部分は赤く塗られているものと考える．

　このような境界をとると，上の図中の点線で挟まれた各領域について，ちょうど 1 本の辺が境界中に含まれていることがわかる．したがって，境界は点 A から点 B まで，いずれかの菱形の辺となっている線分上を右上あるいは右下に進むことを繰り返して得られる 1 本の折れ線をなすことがわかる．

　このような折れ線を以後，**良い折れ線**とよぶ．良い折れ線が与えられたとき，その折れ線に対応するような塗り方が存在するから，良い塗り方と良い折れ線は 1 対 1 に対応する．

　よって，良い折れ線は何本あるかを数えればよい．これは，点 A から順に，各頂点に「点 A からその点までの良い折れ線の数」を順次書くことで求めることができる．例えば，点 A に 0 を書き，左の頂点から順に，その頂点の左上，左下にある頂点に書かれている数の合計を書いていけばよい（下図を参照）．これにより，答は **365** 通りであることがわかる．

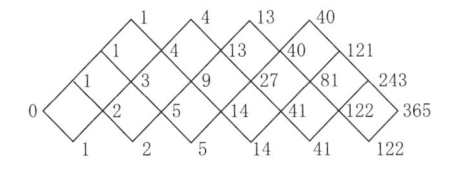

覚書　上図の中の数字は，左端の頂点 A から各頂点までの最短経路の個数を表している．グラフ理論において「最短経路問題」のアルゴリズムとして知られて

いる.

7. 11×11 のマス目は縦方向の線と横方向の線の 12 本ずつからなり,このうち外周を構成しないものは 10 本である.この中から縦と横で 2 本ずつを選ぶことで,外周に辺をもたない長方形が 1 つ決まる.これを R で表す.R のとり方は $({}_{10}C_2)^2$ 通りである.

R 以外の 4 つの長方形のとり方を考える.R の辺を延長することでマス目は 9 個の領域に分割される.このうち R 以外を図のように A, B, C, D, X, Y, Z, W で表す.

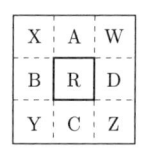

A, B, C, D の 2 個以上と共通部分をもつ長方形は存在しないので,A, B, C, D を含む長方形が 1 つずつなければならない.これらを順に R_A, R_B, R_C, R_D で表す.特に,R 以外に外周に辺をもたない長方形は存在しないことがわかった.X は R_A または R_C のどちらか一方のみに,そのすべてが含まれる.同様に,Y は R_B または R_C に,Z は R_C または R_D に,W は R_D または R_A に含まれる.X, Y, Z, W が,それぞれ,どちらに含まれるかを決めることで,R 以外の 4 つの長方形のとり方が決まる.これは 2^4 通りである.

以上の手順ですべての分割方法が得られ,それは

$$({}_{10}C_2)^2 \times 2^4 = 45^2 \times 2^4 = \mathbf{32400}$$

通りである.

● 上級

1. すべての硬貨を裏が上になっている状態にはできないことを示す.

次ページの図のように,硬貨に記号を割り振る.

すると,操作にしたがって 5 枚の硬貨を同時にひっくり返したとき,

どのようにひっくり返しても A, B, C, D, E の記号が割り振られた硬貨が 1 枚ずつひっくり返る. $\cdots$ (1)

ここで,A, B, D, E の硬貨は 58 枚ずつ,C の硬貨は 57 枚ある. $\cdots$ (2)

$$
\begin{array}{ccccccccc}
ⒶⒷⒸⒹⒺ & Ⓐ & \cdots & Ⓑ \\
ⒹⒺⒶⒷⒸ & Ⓓ & \cdots & Ⓔ \\
ⒷⒸⒹⒺⒶ & Ⓑ & \cdots & Ⓒ \\
ⒺⒶⒷⒸⒹ & Ⓔ & \cdots & Ⓐ \\
ⒸⒹⒺⒶⒷ & Ⓒ & \cdots & Ⓔ \\
ⒶⒷⒸⒹⒺ & Ⓐ & \cdots & Ⓑ \\
\vdots\ \vdots\ \vdots\ \vdots\ \vdots & \vdots & & \vdots \\
ⒹⒺⒶⒷⒸ & Ⓓ & \cdots & Ⓔ
\end{array}
$$

さらに，すべての硬貨が裏が上の状態になったとき，すべての硬貨は偶数回ひっくり返されている．　　　　　　　　　　　　　　　　　　　　　　$\cdots$ (3)

(2) と (3) より，A の硬貨は延べで偶数回ひっくり返され，C の硬貨は延べで奇数回ひっくり返されるから，A の硬貨が延べでひっくり返された回数と，C の硬貨が延べでひっくり返された回数は異なる．しかし，これは (1) に矛盾する．よって示された．

2. 答は $k = \lfloor \sqrt{n-1} \rfloor$ である（$\lfloor x \rfloor$ は x 以下の最大の整数を表す）．この値が最大値であることをいうには，以下の 2 つを示せばよい．

（ⅰ）　正の整数 l が $n > l^2$ をみたすとき，どの平和な配置にも駒を 1 つも含まない $l \times l$ のマス目がある．

（ⅱ）　正の整数 l が $n \leq l^2$ をみたすとき，平和な配置でありどの $l \times l$ のマス目にも駒があるようなものがある．

（ⅰ）**の証明**　どの平和な配置にも，最も左に駒があるような行があるので，その行を R とおく．R を含む連続する l 行をとり，そこから左のいくつかの列を取り除いた $l^2 \times l$ の部分を考えると，そこには高々 $l-1$ 個の駒しかない．一方で，この $l^2 \times l$ の部分は l 個の $l \times l$ の正方形に分割することができる．したがって，これらの $l \times l$ の正方形の中に駒を 1 つも含まないものがある．

（ⅱ）**の証明**　平和な配置であり，$l \times l$ の駒を 1 つも含まない正方形がないようなものを構成する．

まず，$n = l^2$ の場合を考え，それをもとにより小さい n の場合での構成を与える．

行と列に $0, 1, \cdots, l^2-1$ と番号を付ける．第 r 行かつ第 c 列にあるマスを (r, c) で表す．駒を $(il+j, jl+i)$ $(i, j = 0, 1, \cdots, l-1)$ と表されるマスに置く．0 以上 l^2-1 以下の整数は $il+j$ $(i, j = 0, 1, \cdots, l^2-1)$ と一意的に表されることか

ら，各行，各列に1個ずつ駒があり，この配置は平和であることがわかる.

次に，任意の$l \times l$の正方形Aには駒があることを示す．Aを含む連続するl行をとる．最も小さい行番号を$pl + q\,(0 \leq p,\, q \leq l-1)$とおく（$pl + q \leq l^2 - 1$となる）．Aのマスのうち駒のあるものの列番号は

$$ql + p,\ (q+1)l + p,\ \cdots,\ (l-1)l + p,\ p+1,\ l+(p+1),\ \cdots,\ (q-1)l+(p+1)$$

である．これを小さい順に並べると以下のようになる.

$$p+1,\ l+(p+1),\ \cdots,\ (q-1)l+(p+1)$$
$$ql+p,\ (q+1)l+p,\ \cdots,\ (l-1)l+p.$$

最初の番号は$l-1$以下であり（特に$p = l-1$であれば，$q = 0$であり，上記のリストは$ql + p = l-1$から始まる），最後の番号は$(l-1)l$以上である．また，隣り合う数字の差はl以下である．よって，Aを含む列の番号はl個の連続する数字だが，必ず上記のリストにある番号と重複するものがあり，その列の駒はAに含まれる．以上で，$n = l^2$の場合の配置が構成された.

$n < l^2$の場合を考える．$l^2 \times l^2$の正方形に対する上の配置から下の$l^2 - n$行と右の$l^2 - n$列を取り除いたものを考える．この時点で，どの$l \times l$の正方形にも駒があるという条件をみたしているが，いくつかの行と列には駒が存在しない可能性がある．そのような行の個数と列の個数は等しいので，それらの間に1:1の対応を作ることができ，対応する行と列の交わるマスに駒を配置すればよい.

（ⅰ），（ⅱ）から，kの最大値は$\lfloor \sqrt{n-1} \rfloor$である.

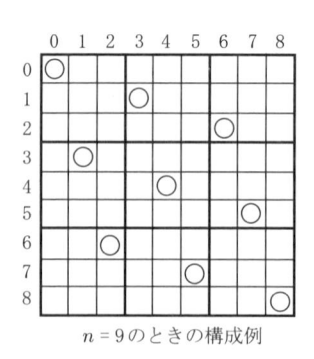

$n = 9$のときの構成例

3. フックの「凹み」を別のフックで覆うことを考えれば，必ず次図の甲か乙（回転や裏返しも許す）のごとく2個ずつ咬み合わせざるを得ない.

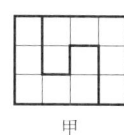 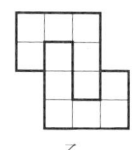

甲　　　　　　　乙

　ゆえに，題意の敷き詰めをするにはフックを偶数枚使うので，mn が 12 の倍数であることが必要，すなわち，

(1)　m と n のうち，少なくとも一方が 12 の倍数であるか，

(2)　m と n のうち，一方が偶数，他方が 6 の倍数であるか，

(3)　m と n のうち，一方が 3 の，他方が 4 の倍数であるか

の少なくともいずれかが必要である．

　(3) の場合，明らかに盤面を甲で敷き詰められる．

　(1) の場合，敷き詰めは m, n のいずれかが 1 か 2 か 5 ならば，明らかに不可能だが，そうでなければ可能である．なぜならば，12×3 や 12×4 や 12×8 の長方形は (3) に帰せられ，またこのいずれかに 12×3 をいくつか継ぎ足せば $12 \times p\,(p \neq 1, 2, 5)$ の長方形を得る．

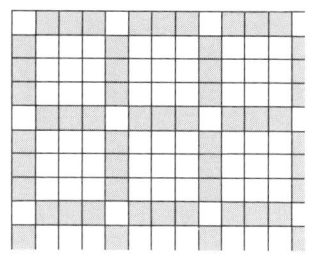

　(2) の場合を考える．盤面の左上から各マスを右図のごとく塗る．ここに甲や乙を 1 枚置くと奇数個の黒マスを覆う．一方，(2) より，盤面全体の黒マスは偶数個であるから，敷き詰めには甲や乙を合わせて偶数枚使う．このとき，mn は 24 で割り切れるから，(3) か (1) に帰着する．

　以上をまとめて，求める条件は次の通りである：

　mn は 12 の倍数であり，m, n は少なくとも一方が 4 の倍数であり，どちらも 1, 2, 5 ではない．

覚書 本問は IMO2004 で最も正解者の少ない難問であった．

　『USA and International Olympiads 2004 』(MAA 発行) には，5 通りの解答が紹介されている．

　4. $1 \times k$ のタイルを**横タイル**，$k \times 1$ のタイルを**縦タイル**とよぶことにする．各

行には横タイルが高々1枚，各列には縦タイルが高々1枚しか置けないことに注意する．これ以上タイルが置けなくなったときの置き方を**極大**な置き方ということにする．

$n = k$の場合，縦と横の両方のタイルを置くことはできない．縦タイルのみを置く場合は各列に1個ずつn枚，横タイルのみ置く場合も各行に1個ずつn枚置かなければ極大でない．逆に，n枚置けば極大である．よって，最小値はnである．

次に，$k+1 \leq n \leq 2k-1$の場合を考察する．まず，左図のように上から奇数行目には左につめて，偶数行には右につめて横タイルを置くと極大である．また，右図のように4枚のタイルで$(n-1) \times (n-1)$の領域を囲み，残りの行と列に1枚ずつタイルを置いても極大である．それぞれに使用するタイルの枚数は，n枚と$2(n-k+1)$枚である．よって，$\min\{n, 2(n-k+1)\}$枚のタイルで極大な置き方ができる．

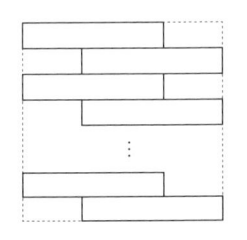 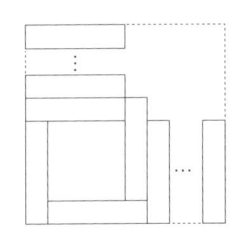

縦タイルまたは横タイルのみを用いて極大にするには，n枚必要である．以下，縦タイル，横タイルそれぞれ$n-1$枚以下しか使用しない場合を考えればよい．極大な置き方のとき，縦タイルの置かれていない列は連続して並ばなければならないことを示そう．そのためには，第j列に縦タイルTが置かれているが，第i, k列には縦タイルが置かれていないような$i < j < k$があるとして，極大でないことを示せばよい．

$n \leq 2k-1$より，$2 \leq j \leq k$（Tが左側k列の中にある）場合と，$n-k \leq j \leq n-1$（Tが右側k列の中にある）場合のいずれかが成り立つ（両方のこともある）．

前者の場合，Tの左側$k \times (j-1)$の領域には横タイルは置けず，第i行との共通部分には縦タイルが置けるので極大ではない．

同様に，後者の場合，第k列に縦タイルが置けるので極大ではない．よって，縦タイルの置かれる列は連続する．また，k行以上連続して縦タイルの置かれな

い列があるとすると，各行に横タイルを置かないと極大にはならないので適さない．よって，縦タイルの置かれない列は高々 $k-1$ 列しかないので，縦タイルは $n-k+1$ 枚以上置かれる．同様に，横タイルも $n-k+1$ 枚以上置かれる．

以上より，極大な置き方をするためには，$\min\{n, 2(n-k+1)\}$ 枚以上のタイルが必要であることがわかった．

まとめると，$k+1 \le n \le 2k-1$ のとき，最小値は $\min\{n, 2(n-k+1)\}$ 枚である．

以上より，求める最小値は次のようになる：

$k+1 \le n \le 2k-2$ のとき，　　**$2(n-k+1)$**.

$n=k$ のとき，　　　　　　　　　　**n**.

$n=2k-1$ のとき，　　　　　　　　**n**.

5. $2n \times 2n$ のマス目を n^2 個の 2×2 の部分マス目に区切って考察する．区切られた各部分を**ブロック**とよぶことにする．条件より，各ブロックにおいてドミノで覆われているマスの数は最大 2 個であり，全部で $2n^2$ 個のマスがドミノで覆われているので，各ブロックはちょうど 2 個ずつのマスがドミノで覆われており，それらは同じ行または同じ列にあることがわかる．

次に，各ブロックにおいて，ドミノによって覆われている 2 個のマスは同じドミノで覆われていることを示す．左側にはみ出すように置かれたブロックが存在したとし，このようなブロックのうち最も左にあるものの 1 つについて考える．条件をみたすようにするには，その左側のブロックにもさらに左側にはみ出すようにドミノを置かねばならず，これは先のブロックが最も左であることに矛盾する．右側，上側，下側にはみ出すように置かれたブロックが存在する場合も同様である．

以上より，各ブロックにはちょうど 1 個ずつドミノが置かれていることがわかったので，ドミノが置かれている位置によって各ブロックに下図のように A, B, C, D のいずれかの文字を対応させることができる．ただし，2×1 または 1×2 の塗りつぶしでドミノが置かれている位置を表す．

A: 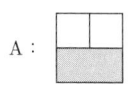　　B: 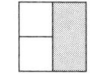　　C: 　　D:

ここで，もとの $2n \times 2n$ のマス目において，2 つのブロックにまたがる 2×2 の

マス目に注目すると，すべての 2×2 のマス目が条件をみたすためには，A または B が置かれたブロックのすぐ右か下にあるブロックには A または B が置かれていなければならないことがわかる．よって，A または B が置かれたブロック全体からなる領域は存在しないかマス目の右下側にあり，C または D の置かれたブロック全体からなる領域（存在しなくともよい）との境界を考えると，マス目の左下隅を出発しブロックの辺に沿って右または上に進みながらマス目の右上隅に辿り着く折れ線，すなわちマス目の左下隅と右上隅をブロックの辺で結ぶ最短の折れ線になっている．

同様に，A または D が置かれたブロックと B または C が置かれたブロックの境界はマス目の左上隅と右下隅をブロックの辺で結ぶ最短の折れ線であり，境界の左下側が A または D が置かれたブロックになっている．

逆に，このような 2 種類の折れ線が与えられれば，下図のようにブロックに文字を対応させることでドミノの置き方がちょうど 1 通り定まる．

D	D	C	C	C	C
D	D	C	C	C	B
D	D	D	B	B	B
D	D	D	A	A	B
D	D	D	A	A	B
D	A	A	A	A	B

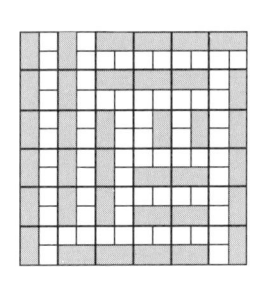

マス目の左下隅と右上隅をブロックの辺で結ぶ最短の折れ線，およびマス目の左上隅と右下隅をブロックの辺で結ぶ最短の折れ線は，それぞれ，${}_{2n}\mathrm{C}_n$ 本あるので，条件をみたすようなドミノの配置の仕方は

$$\left({}_{2n}\mathrm{C}_n\right)^2 = \frac{(2n)\,!}{(n\,!)^2}$$

通りある．

◆第 8 章◆

● 初級

1. 長さ $x, y, z\,(0 < x \le y \le z)$ の 3 本の線分があるとき，これらの線分で三

角形が作れる必要十分条件は，$x + y > z$ であり，鋭角三角形をなす場合，さらに $x^2 + y^2 > z^2$ をみたす.

5 本の線分の長さを $a, b, c, d, e\,(a \leq b \leq c \leq d \leq e)$ とおく.

$\{a, b, e\}$ の 3 本で三角形が作れると仮定する.　$a + b > e$ が成り立つため，どの 2 本の線分の長さの和もどの 1 本の線分の長さより大きく，他の 9 通りの組合せでも三角形が作れる.　したがって，$\{a, b, e\}$ 以外の組合せで鋭角三角形を作れると仮定し，$\{a, b, e\}$ で三角形を作れることを示せばよい.

$\{a, b, c\}$，$\{a, c, e\}$ の組合せで，それぞれ，鋭角三角形が作れることから，$a^2 + b^2 > c^2$, $a^2 + c^2 > e^2$ が成立する.　これらから，次が成り立つ:

$$(a + b)^2 = a^2 + 2ab + b^2 \geq 2a^2 + b^2 > a^2 + c^2 > e^2.$$

よって，$a + b > e$ となり，$\{a, b, e\}$ で三角形を作れることが示された.

2. $x, y \in A$ とし，$x < y$ と仮定する.　これらを辺とする二等辺三角形が存在するためには，$2x \leq y$ が必要十分である(実際，このとき y を 2 辺とし x を 1 辺とする二等辺三角形が存在する).　もし，$A = \{2^0, 2^1, 2^2, \cdots, 2^9, 2^{10}\}$ とすると，任意の 2 つの元 $x < y$ について，$2x \leq y$ をみたすので，A の元の個数の最大値は 11 以上である.

もし，元の個数が 12 の集合 A があったとする.　$a_1, a_2, \cdots$ をそのような集合の元とし，小さい順に並んでいるとする: $a_i < a_{i+1}$.　すると，これらの元について，

$$a_2 \geq 2a_1, \ a_3 \geq 2a_2 \geq 2^2 a_1, \ \cdots, \ a_{12} \geq 2a_{11} \geq 2^{11} a_1 \geq 2^{11} = 2048$$

を得る: しかしこれは矛盾である.　よって，A の元の個数の最大値は **11** である.

3. もとの小立方体の頂点と一致する点は $3^3 = 27$ 点ある.　この中から相異なる 2 点を選ぶ場合の数は ${}_{27}\mathrm{C}_2 = 351$ 通りである.　相異なる 2 点を選ぶことでそれらを結ぶ直線が定まるが，3 つ以上の点が同一直線上にあった場合は同じ直線が重複して数えられる.　この問題において，4 つ以上の点が同一直線上にあることはない.　もとの小立方体の頂点と一致する点を 3 つ通る直線は次のようなもので，それぞれの本数は以下に述べる通りである.

- 立方体の辺に平行なもの:
  これは，縦，横，高さの 3 方向にそれぞれ 9 本ずつあるので，全部で $9 \times 3 = 27$ 本ある.

- 立方体の面の対角線に平行なもの：

  これは，縦，横，高さの 3 方向に垂直な面がそれぞれ 3 面あり，その面上に 2 本あるので，全部で $2 \times 3 \times 3 = 18$ 本ある．

- 立方体の対角線：

  これは 4 本ある．

このような直線は $_3\mathrm{C}_2 = 3$ 回数えられていることになるので，題意をみたす直線の本数は，次のようになる：

$$351 - (3 - 1) \times (27 + 18 + 4) = \mathbf{253}.$$

4. 以下，「直線」は図において実線で示された直線を指し，「点」は図において黒丸で示された点を指すものとする．また，図において，5 本の直線で囲まれた五角形の頂点を内側の点，そうでない点を外側の点とよぶことにする．

(1)　内側の点のうち 4 つ以上に印が付いている場合：

外側の点 X をとると，X を通る 2 つの直線のうち少なくとも一方について，直線上にある内側の点 2 つはともに印が付いている．したがって，外側の点には印が付いておらず，内側の点すべてに印が付いていなければならない．これは条件をみたす．この場合は明らかにただ 1 通りである．

(2)　内側の点のうち 3 つに印が付いている場合：

内側の点 5 つを反時計回りに P, Q, R, S, T とする．P をうまくとることで，P, Q に印が付いているとしてよい．

(a)　R に印がついているとき，QP と ST の交点にも，QR と ST の交点にも，印は付いていない．よって，ST 上のどの点にも印は付いていない．よって，条件をみたさない．

(b)　T に印がついているとき，上の (a) と同様に条件をみたさない．

(c)　S に印がついているとき，QR と PT のそれぞれにもう 1 つずつ印の付いた点が必要である．このうち条件をみたすのは，QR と TS の交点，および PT と RS の交点に印が付いているときのみである．

以上より，内側の点で印が付いているものは P, Q, S だとわかる．点 P を定めると，印の付き方がただ 1 通り定まり，しかもそれらは P によって異なる．点 P の取り方は 5 通り存在するので，この場合は 5 通りである．

(3)　内側の点のうち 2 つ以下に印が付いている場合：

印が付いている点と付いていない点を逆にしたものを考えても，やはり各直線上に印が付いた点は 2 つずつ存在する．この場合は 3 個以上内側の点に印が付いているので，(1) または (2) の各場合と 1 対 1 に対応させられる．よって，この場合は $1+5=6$ 通りである．

(1), (2), (3) より，求める印の付け方は，$1+5+6=\mathbf{12}$ 通りである．

[**別解**]　（グラフ理論の利用．第 9 章を参照．）

　図における 5 本の直線に各々頂点 v_1, v_2, v_3, v_4, v_5 を対応させ，対応する直線 v_i と v_j の交点に印が付いているとき，v_i と v_j を結ぶ辺 e_{ij} を導入し，グラフ $G=(V, E)$, $V=\{v_1, v_2, v_3, v_4, v_5\}$ を考える．グラフ G のどの頂点についても，対応する直線上では 2 点に印が付いているので，次数 $deg(v_i)=2\,(i=1, 2, 3, 4, 5)$ である．よって，G は 1 つ以上のサイクルから成る．ループは存在しないことと，多重辺が存在しないことから，G 自身は 5-サイクルである．逆に，5-サイクルから，条件をみたすように印の付いた図形が作れ，これらは 1 対 1 に対応していることがわかる．

　このようなグラフの数は，回転や裏返しを区別せず，5 個の頂点を円形に並べる場合の数と等しい．したがって，$\dfrac{5!}{2\times 5}=\mathbf{12}$ 通りである．

5. 中心点 J に数字 j を割り振ったとすると，j は 4 通りの和に関与し，残りの 8 個の数字は和にはただ一度だけ関与する．したがって，4 つのライン上の数字の総和は

$$3j+(1+2+3+4+5+6+7+8+9)=45+3j$$

となる．4 つのライン上の数字の和は等しいので，上の総和は 4 の倍数である．よって，$j=1, 5, 9$ を得る．この各 j について，すべてのラインの残りの 2 頂点の数字の和は同じである．たとえば，$j=1$ に対しては，対は 2 と 9，3 と 8，4 と 7，5 と 6 となる．そこで，これらの数字の対は，頂点の対 (A,E), (B,F), (C,G), (D,H) に対応して配置される．この結果は，各 j に対して，$2^4\times 4!$ 通りの異なる組合せがある．したがって，$2^4\times 4!\times 3=\mathbf{1152}$ 通りの割り振りが題意をみたす．

6. 正八角形を ABCDEFGH とする．各頂点を端点とする対角線が 5 本ずつあって，総数 20 本の対角線がある（次図参照）．

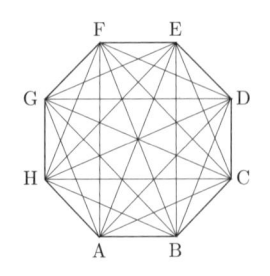

(1)　頂点 A を端点とする対角線を例にすると，AC, AG のように，隣の頂点をスキップして結ぶ対角線が 2 本ある．このタイプの対角線は，スキップした頂点から出る 5 本の対角線の各々と 1 点で交差する．

(2)　頂点 A を端点とする対角線を例とすると，AD, AF のように，隣の 2 頂点をスキップして結ぶ対角線が 2 本ある．このタイプの対角線は，スキップした2 頂点の各々から出る 5 本の対角線のうちの 4 本と各 1 点で交差する．

(3)　頂点 A を端点とする対角線を例とすると，AE のように，両隣の 3 頂点をスキップして真向かいの頂点と結ぶ対角線が 1 本ある．このタイプの対角線は，スキップした 3 頂点の各々から出る 5 本の対角線のうちの 3 本と各 1 点で交差する．

したがって，頂点 A について，そこから出る対角線は，他の対角線と

$$2 \times 5 + 2 \times 8 + 1 \times 9 = 35$$

点で交差する．8 頂点すべてで数えると，合計 $8 \times 35 = 280$ となる．

対称性より，タイプ (3) の 4 本の対角線は，正八角形の中心点で交差する．この交点は，8 頂点の各々から，3 回ずつ，24 回数えられている．

さらに，タイプ (2) の 8 本の対角線でつくられる最小の（つまり，最も内側の）正八角形の頂点では，3 本の対角線が交差している．これら 8 個の交点は，6 頂点の各々から 2 回ずつ，12 回数えられている．

残りの交点は，各々 2 本の対角線の交差点で，その各々は 4 回数えられているから，その個数は $\dfrac{280 - 24 - 8 \times 12}{4} = 40$ である．

よって，内部にある交点の個数は，$1 + 8 + 40 = \mathbf{49}$ である．

7. 白石が黒石より少ないとしてよい．13 個の石の位置を対称にする軸は 13 本であることに注意する．

(1)　白石が 2 個以下の場合は，つねに，ある軸に関して石の色が対称であるので，明らかに成立する．

(2) 白石が 3 個または 4 個の場合：

白石を 2 個選んでそれらが対称になる軸を考え，この軸に関して石の色が対称となるように石を入れ替えることができるので，成立する．

(3) 白石が 5 個の場合：

白石を 2 個選ぶ方法は 10 通りあり，それぞれについて，選ばれた 2 個の白石を対称にするような軸が 1 本ずつ存在する．このような軸のうちに共通するものがあるとき，共通する軸を定める 2 通りで選ばれた計 4 個の石は異なり，残り 1 個の白石が軸上になるように石を入れ替えるとよい．

これら 10 本の軸がすべて異なるとき，このうちに白石を通るものが少なくとも 1 本存在する．この軸に関して対称な白石が 3 個存在するので，残り 2 個の白石が対称になるように石を入れ替えるとよい．

(4) 白石が 6 個の場合：

白石を 2 個選ぶ方法は 15 通りあり，それぞれについて，選ばれた石を対称にするような軸が 1 本ずつ存在する．このような軸には共通するものがあるので，共通する軸を 1 本選ぶと，その軸を定める 2 通りで選ばれた計 4 個の石は異なる．残り 2 個の白石がこの軸に関して対称になるように石を入れ替えるとよい．

● 中級

1. まず，5 点が正五角形をなすとき，角の最小値は 36° である．これより，角の最小値として考えられる最大値は 36° 以上であることが示された．

以下，問題文のようないかなる 5 点の配置についても，36° 以下の角が存在することを示す．5 点の凸包をとる．凸包は三角形，四角形，五角形のいずれかであるから，その内角で 108° 以下のものが存在する．これを角 $A_1A_2A_3$ としてよい．凸包の性質より，残りの 2 点 A_4, A_5 は角 $A_1A_2A_3$ の間にあるから，$\frac{1}{3} \times 108° = 36°$ 以下の角が存在する．

以上より，角の最小値として考えられる最大値は **36°** である．

(覚書) n 次元ユークリッド空間 $\mathbb{R}^n$ の部分集合 S に対して，S を含む最小の凸集合を S の**凸包** (convex hull) という．S が平面 $\mathbb{R}^2$ の有限個の点であるときは，その凸包はそれらの 2 点を結ぶ線分でできる外側の凸多角形になる．

2. 一般に，互いに平行な辺を持つ n 個の長方形があるとき，平面は最大で

$2n^2 - 2n + 2$ 個の部分に分割されることを示す. なお, これ以降では各部分のことを「領域」とよぶ.

平面に直交座標を導入し, 座標平面で考察する.

座標平面上, 4 点 (x, y), $(-x, y)$, $(x, -y)$, $(-x, -y)$ を頂点とする長方形を $R_{(x,y)}$ とおく. このとき, n 個の長方形 $R_{(1,n)}, \cdots, R_{(i,n+1-i)}, \cdots, R_{(n,1)}$ は平面を $2n^2 - 2n + 2$ 個の領域に分割する.

したがって, 互いに平行な辺をもつ長方形 $R_1, \cdots, R_n$ をどのようにとっても, 平面は高々 $2n^2 - 2n + 2$ 個の領域にしか分割されないことを示せばよい. この主張を n に関する帰納法で示す.

$n = 1$ のときは明らかである.

$n = k \geq 1$ まで示されたとして, $n = k + 1$ のときを示す. 互いに平行な辺をもつ長方形 $R_1, \cdots, R_k, R_{k+1}$ をとり, $R_1, \cdots, R_k$ によって分割された領域を $D_1, \cdots, D_m$ とおく. 帰納法の仮定より, $m \leq 2k^2 - 2k + 2$ である.

長方形 R_i の外周を C_i と記す. ここで $C_1, \cdots, C_{k+1}$ のどの 2 つも交わる点は高々有限個であるとしよう (そうでない場合も証明は同様である). C_{k+1} と $C_1, \cdots, C_k$ との交点をすべて考え, C_{k+1} の上に並んでいる順番に添え字を付けて $P_1, \cdots, P_l$ とする. 各 C_i と C_{k+1} の交点は高々 4 個だから, $l \leq 4k$ である.

C_{k+1} は, l 個の折れ線 $P_1 P_2, \cdots, P_i P_{i+1}, \cdots, P_l P_1$ に分割されている. 領域 $D_1, \cdots, D_m$ から始めて, これらの折れ線を 1 つずつ追加していこう. あきらかに, 1 つの折れ線を追加したことで領域の個数は高々 1 しか増えない (図のように, 折れ線を追加しても領域の個数が増えない場合もある). したがって, すべての折れ線を追加しても領域の個数は高々 l 個しか増えない.

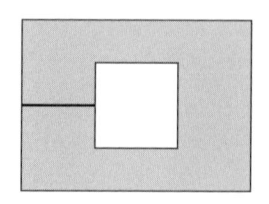

ところで, 折れ線 $P_1 P_2, \cdots, P_l P_1$ をすべて描くことと, R_{k+1} の外周 C_{k+1} を描くことは同じである. したがって, 長方形 $R_1, \cdots, R_{k+1}$ によって分割された領域の個数は,

$$m + l \leq (2k^2 - 2k + 2) + 4k = 2(k+1)^2 - 2(k+1) + 2$$

以下である．これで示された．

特に，$n = 3$ として，本問の解は，$2n^2 - 2n + 2 = \mathbf{14}$ である．

3. ここでは，矢印に従って移動することを「矢移動」と表記する．整数 x について，$\bar{x}$ で，x を 14 で割ったときの余りを表す．円周上の 14 個の点を時計回りに順に $A_0, A_1, \cdots, A_{13}$ とする．

A_i から 1 回矢移動した点を B_i とする．B_i から 19 回矢移動した点は $B_{\overline{i+2}}$ であるから，B_i から $19n$ 回矢移動した点は $B_{\overline{i+2n}}$ である．よって，B_i から 19×7 回矢移動した点は $B_{\overline{i+14}} = B_i$ である．よって，B_i から矢移動を繰り返して初めて B_i に戻ってくるまでの回数を x_i とすると，x_i は 19×7 の約数である（B_i に戻ってくるのは x_i の整数倍矢移動したときであるため）．また，B_i に初めて戻ってくるまでに同じ点を 2 回以上通ることはないので，$x_i \le 14$ である．よって，x_i は 1 または 7 である．

以下，n は 0, 1, 2, 3, 4, 5, 6 をとるものとする．

$x_i = 1$ のとき，B_i から 19 回矢移動した点は B_i であるから，$B_{\overline{i+2}} = B_i$，$x_{\overline{i+2}} = 1$ となる．よって，$B_{\overline{i+2n}}$ はすべて一致する．逆にこのとき，$A_{\overline{i+2n}}$ について条件はみたされている．

$x_i = 7$ のとき，B_i から 1 回矢移動した点は，B_i から $19 \times 3 = 7 \times 8 + 1$ 回矢移動した点であり，$B_{\overline{i+6}}$ である．よって，

$$B_i \to B_{\overline{i+6}} \to B_{\overline{i+12}} \to B_{\overline{i+4}} \to B_{\overline{i+10}} \to B_{\overline{i+2}} \to B_{\overline{i+8}} \to B_i$$

の順で矢印が引かれている（$x_i = 7$ であるから，これらの点はすべて異なる）．よって，$x_{\overline{i+2n}} = 7$ となる．逆にこのとき，$A_{\overline{i+2n}}$ について条件はみたされている．また，B_i から $B_{\overline{i+6}}$ に向かって矢印が引かれているから，B_i がある n について $A_{\overline{i+2n}}$ と一致するならば，それは $A_{\overline{i+6}}$ であることもわかる．

以上より，$x_{2n} = x_0$，$x_{1+2n} = x_1$ であるから，x_0, x_1 の値について場合分けして矢印の引き方の場合の数を求める．

- $x_0 = x_1 = 1$ の場合：

B_0 と B_1 が一致しているものが 14 通りある．また，B_0 と B_1 が一致しない場合は，B_0 は A_{2n} のいずれかであり，B_1 は A_{1+2n} のいずれかであるので，7^2 通りある．

- $x_0 = 1$，$x_1 = 7$ の場合：

B_0 は A_{2n} のいずれかであり，B_{1+2n} は $A_{\overline{1+2n+6}}$ であるから，7 通りある．

$x_0 = 7$, $x_1 = 1$ の場合も同様であるから，7 通りある.

- $x_0 = x_1 = 7$ の場合：

整数 $k \, (0 \leq k \leq 6)$ について，$\mathrm{B}_0 = \mathrm{B}_{1+2k}$ とすると，$\mathrm{B}_{2n} = \mathrm{B}_{\overline{1+2k+2n}}$ であり，B_{2n} は $\mathrm{A}_{\overline{2n+6}}$ または $\mathrm{A}_{\overline{1+2k+2n+6}}$ であるから，各 k について 2^7 通りあり，全部で 7×2^7 通りである.

B_0 が B_{1+2k} と一致しない場合は，B_{2n} と B_{1+2k} に同じ点は存在しないため，$\mathrm{B}_i = \mathrm{A}_{\overline{i+6}}$ となり，1 通りである.

よって，求める場合の数は，$14 + 7^2 + 7 + 7 + 7 \times 2^7 + 1 = \mathbf{974}$ である.

4. 条件式 $|a - c| \neq |b - d|$ は，$a + b \neq c + d$ かつ $a - b \neq c - d$ と言い換えられる．選んだ点のうちの 1 つの座標を (x, y) とおくと，$0 \leq x + y \leq 4034$ をみたしており，条件式より，どの 2 点についも $x + y$ の値は等しくならない．また，$x + y = 0$ をみたす点は $(0, 0)$ のみであり，$x + y = 4034$ をみたす点は $(2017, 2017)$ のみであるが，条件式より，この 2 点を同時に選ぶことはできない．よって，$N \leq 4034$ である.

次に，具体的に 4034 点を選ぶ方法を考える．先ほどの考察より，$1 \leq x + y \leq 4033$ をみたす点を $x + y$ の値ごとに 1 点ずつ選び，さらに $x + y = 0$ または $x + y = 4034$ である点から 1 点選ぶ必要があることがわかっている.

まず，$x + y = 0$ または $x + y = 4034$ である点から 1 点選ぶ方法は 2 通りありうる．対称性より，$(0, 0)$ を選ぶとしてよい.

次に，$k = 1, 2, \cdots, 2017$ として，$x + y = k$ または $x + y = 4034 - k$ をみたす点から 1 点ずつ選ぶ方法を，k が小さい方から順に決めていくことを考える.

$$x + y = 0, \, 1, \, \cdots, \, k - 1, \, 4034 - k + 1, \, 4034 - k + 2, \, \cdots, \, 4033$$

をみたす $2k - 1$ 点について，$x - y$ の取り得る値は $-(k - 1)$ 以上 $k - 1$ 以下であり，これらはすべて異なる必要があるので，$x + y = k$ または $x + y = 4034 - k$ をみたす点での $x - y$ の値は，$-(k - 1)$ 以上 $k - 1$ 以下をとれず，k または $-k$ に定まる.

これをみたす選び方は，

$k = 1, 2, \cdots, 2016$ のときは，それぞれ，$(0, k)$，$(2017, 2017 - k)$ と，$(k, 0)$，$(2017 - k, 2017)$ の 2 通り，

$k = 2017$ ときは，$(0, 2017)$，$(2017, 0)$ の 2 通り.

逆に，このように点を選んだとき，どの 2 点も $x + y$，$x - y$ の値がともに異な

り，条件をみたすので，$N = 4034$ であり，$n = 4034$ をみたす選び方は，

$$2 \times 2^{2017} = \mathbf{2^{2018}}$$

通りである．

5. 求める最大値が $n(n-1)$ であることを示す．

まず，条件をみたす点列 $P_0, P_1, \cdots, P_{m+1}$ に対して，つねに $m \leq n(n-1)$ が成り立つことを示そう．ある $i\,(1 \leq i \leq m)$ に対して，P_i となる点を**曲がる点**ということにする．また，ある i に対して，$\{P, Q\} = \{P_{i-1}, P_i\}$ となるような 2 点 P, Q は**隣接している**ということにし，さらに PQ が y–軸と平行なとき，**縦に隣接している**ということにする．

曲がる点は，ちょうど 1 つの曲がる点と縦に隣接している．したがって，「縦に隣接」という関係により，曲がる点全体は 2 点ずつのペアに分割できる．したがって，$k \in \{1, 2, \cdots, n\}$ を固定すると，x 座標が k の曲がる点は偶数個なので，$n(n-1)$ 以下である．よって，全体では曲がる点は高々 $n(n-1)$ 個しかない．これで，つねに $m \leq n(n-1)$ が成り立つことが示された．

あとは，実際に $m = n(n-1)$ 個となるように点列をとれることを示せばよい．n に関する帰納法により示す．

$n = 1$ のときは自明である．

$n = 3$ のときは，

$$P_0 = (0,1), \quad P_1 = (1,1), \quad P_2 = (1,2), \quad P_3 = (2,2),$$
$$P_4 = (2,1), \quad P_5 = (3,1), \quad P_6 = (3,3), \quad P_7 = (4,3)$$

とすればよい（下左図）．

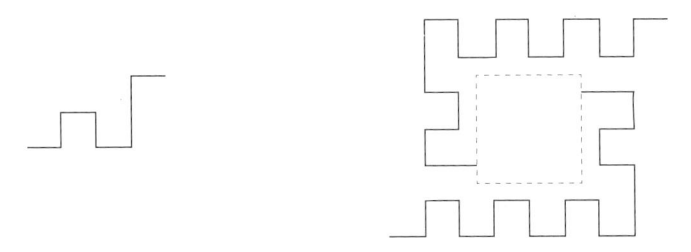

n を 5 以上の奇数とし，$n-4$ に対しては所望の点列が存在すると仮定すると，上右の図のような構成が可能である（破線内は帰納法の仮定を用いる）：

実際このとき破線内の点で曲がる点は $(n-4)(n-5)$ 個あり（帰納法の仮定），

それ以外では $(n,2)$, $(n-1,n-2)$, $(2,3)$, $(1,n-1)$ の 4 点以外のすべての点が曲がる点である．したがって，曲がる点は

$$(n-4)(n-5) + (n^2 - (n-4)^2 - 4) = \boldsymbol{n(n-1)}$$

個ある．

6. l 個ずつの白点と黒点に対し，以下の条件をみたす $2l$ 本の線分の引き方を**良い引き方**と定義する．

(1) どの線分も 1 個の白点と 1 個の黒点を端点にもつ．

(2) これらの線分を順に辿ることで，すべての点を 1 回ずつ通り 1 周することができる．

(3) 線分どうしの交点は $l-1$ 個以下である．

まず次の補題を示す．

> **補題** k を 3 以上の整数とする．このとき，白点と黒点が $k-1$ 個ずつのときに良い引き方が存在すれば，白点と黒点が k 個ずつのときも良い引き方が存在する．

証明 白点 k 個と黒点 k 個が時計回りに交互に並んでいた場合は，その順番に点を結べば線分どうしの交点が 0 個になり，良い引き方になる．以下そうでない場合を考える．

点が交互に並んでいないので，点が時計回りに「白黒黒」または「黒白白」と並んでいる場所が存在する．この 3 点を P, Q′, Q とする．まず，P と Q，P と Q′ を，それぞれ，実線で結ぶ．次に 2 点 P, Q を除いた $2(k-1)$ 点に対して良い引き方を点線で行う．良い引き方が存在することは補題の仮定よりわかる．

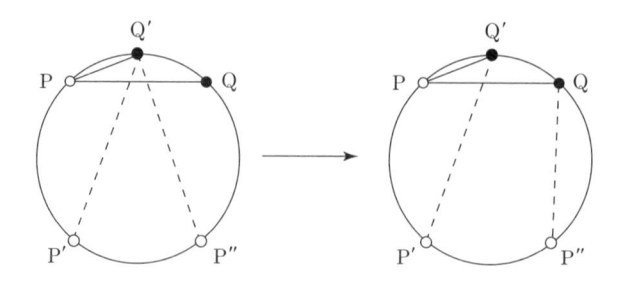

　次に Q′ と点線で結ばれている 2 点を P′, P″ とする．ただし，点が P′, Q′, P″ の順に時計回りに並ぶようにする．そして点線 Q′P″ を消し，新しく点線 QP″ を結ぶ（前図参照）．

　このとき，実線と点線を合わせたものが，白点と黒点が k 個ずつの場合の良い引き方になっていることを示す．まず線分を順に辿ることで一周できることを示す．これは点線を辿るときに P′ → Q′ → P″ と辿るところを，P′ → Q′ → P → Q → P″ と辿ることになるので示せた．次に，線分どうしの交点が $k-1$ 個以下であることを示す．最後の点線を 1 つ変更する動作により，点線どうしの交点の個数は変わらず $k-2$ 個以下である．また，実線どうしは交点をもたず，実線と点線は P′Q′ と PQ の交点 1 点のみで交わる．ゆえに，実線と点線を合わせた $2k$ 本の線分の交点は $(k-2)+1=k-1$ 個以下である．以上により，補題が示された．∎

　この補題を用いれば，白点と黒点が 2 個ずつのときに良い引き方が存在することを示せば十分であるとわかる．なぜなら，これが示されれば，補題を $k=3$ のときに用いることで，白点と黒点が 3 個ずつのときの良い引き方が存在することがわかる．この議論を k の値を 1 ずつ大きくして繰り返し用いることで，与えられた問題が示される．

　最後に，白点と黒点が 2 個ずつのときに，良い引き方が存在することを示す．4 点を時計回りに A, B, C, D とすると，交わりうる線分の組合せが AC と BD 1 通りしか存在しないので，線分の交点も高々 1 つである．以上より，与えられた問題が示された．

　　注　　上記の解答では，正確にいうと，n 本の線分が交わる点を $_nC_2$ 個の交点として数えている（つまり，交わる 2 線分の組を数えている）．こうして数えた交点の個数は，本来の交点の個数以上なので，3 本以上の線分が 1 点で交わる場合にもこの証明は正しい．

7. 2017 本の直線によって，平面はいくつかの領域に分割される．これらの領域に関して，次を証明する：

　　補題　n を正の整数とする．平面上のどの 3 直線も 1 点で交わらないような n 本の直線によって分割される領域は，隣り合う領域は異なる色で

> あるように，（白と黒の）2色で塗り分けられる．

証明　帰納法で証明する．

$n = 1$，つまり，直線が1本の場合は可能である．実際，例題1で述べたように，Pasch の公理でもある．

$n \geq 1$ のとき可能であるとき，$n + 1$ の場合に可能であることを示す．$n + 1$ 本の直線のうち1本（これを l で表す）を無視し，残りの n 本に関して条件をみたすように領域を塗り分ける．この時点では，l を隔てて隣り合う領域は同じ色が塗られている．そこで，l によって平面は2つの半平面 H_0, H_1 に分けられるが，H_1 に含まれる領域のみ色を反転させると，条件をみたす塗り分けになる．

帰納法により，任意の n に対し，主張が示された．∎

2017本の直線によってできた領域を，上の補題を使って，黒と白で塗り分ける．必要であれば色を反転させることで，はじめの時点でかたつむり君の進行方向右側が黒（左側が白）の領域としてよい．進行方向右側が黒の領域のとき，次に左右のどちらに曲がったとしても，再び進行方向右側が黒の領域であるから，常にかたつむり君の進行方向の右側は黒の領域である．もし，一度通った線分を逆向きにもう一度通った場合，この際に進行の右側は白の領域となるので，これはあり得ない．

> **注**　この問題の2017本の直線は一般の位置にあるとは限らない．しかし，平行線の個数を指定すると，2017本の直線で平面を分割した際の領域の個数がわかる．

8. 正100角形の頂点に時計回りに $0, 1, 2, \cdots, 99$ と番号を付ける．$i \neq j$ なる0以上99以下の整数の組 (i, j) に対し，$l(i, j)$ を番号 i と番号 j の頂点を通る直線と定める．また，整数 n を100で割った余りを $r(n)$ で表す．このとき，

$$r(a + b) = r(c + d) \quad \Longleftrightarrow \quad l(a, b) \parallel l(c, d) \, (\text{平行})$$

が成り立つことに注意する．

$0 \leq p, q \leq 99$ かつ $p \neq q$ をみたす整数の組 (p, q) に対し，$l(p, q)$ を $r(p + q)$ の値によって100個のグループに分ける．すると上の注意より，同じグループに属する直線どうしは平行であり，また異なるグループに属する直線どうしは平行でない．これらのグループを $r(p + q)$ の値を用いて，グループ0，グループ1，$\cdots$，

グループ 99 とよぶことにする.

補題　グループ k に属する直線は，グループ $r(k+50)$ に属する直線のみと直交する.

証明　$k \neq 0, 50$ とする．グループ k に属する直線はすべて $l(0, k)$ と平行である．円周角の定理より，番号 0 の頂点を通る直線のうち，$l(0, k)$ と直交するのは $l(0, r(k+50))$ のみである．$l(0, r(k+50))$ はグループ $r(k+50)$ に属する．以上より，$k \neq 0, 50$ の場合は示せた．$k = 0, 50$ の場合も，グループ k に属する直線として $l(1, 99-k)$ を考えれば，同様に示せる．∎

グループ k に属する直線の本数を考える．$r(p+q)$ の偶奇は $p+q$ の偶奇に等しく，これは $|p-q|$ の偶奇に等しい．よって，k の偶奇は，そのグループの直線が通る 2 頂点の番号の差の偶奇と同じである．したがって，グループ k には k が奇数ならば 50 本，k が偶数ならば 49 本の直線が属する．

以下では，赤の 2 点を通る直線を赤い直線，青の 2 点を通る直線を青い直線とよぶ．赤い直線がグループ k に属すると仮定して，条件をみたす青い直線の個数を場合分けして考える．補題より，青い直線はグループ $r(k+50)$ に属することに注意する．

(a)　k が奇数のとき：

$r(k+50)$ は奇数なので，赤い直線と直交する直線はちょうど 50 本ある．そのうち赤い直線と頂点を共有する直線が 2 本あるので，条件をみたす青い直線は $50 - 2 = 48$ 本ある.

(b)　k が偶数かつ赤い直線が正 100 角形の中心を通らないとき：

$r(k+50)$ は偶数なので，赤い直線と直交する直線はちょうど 49 本ある．そのうち赤い直線と頂点を共有する直線が 2 本あるので，条件をみたす青い直線は $49 - 2 = 47$ 本ある.

(c)　k が偶数かつ赤い直線が正 100 角形の中心を通るとき：

$r(k+50)$ は偶数なので，赤い直線と直交する直線はちょうど 49 本ある．これらの直線はすべて赤い直線と頂点を共有しないので，条件をみたす青い直線は 49 本ある.

条件 (a), (b), (c) をみたす赤い直線は，それぞれ，$50 \times 50 = 2500$ 本，$50 \times 49 - 50 =$

2400 本, 50 本存在するので, 答は
$$2500 \times 48 + 2400 \times 47 + 50 \times 49 = \mathbf{235250}$$
通り.

9. (1) ある頂点 P をとり, 整数 $1 \leq k \leq n$ について, P から時計回りに見て $2k-1$ 個目の頂点には k を, $2k$ 個目の頂点には $n+k$ を割り当てる. ただし, P を 1 個目の頂点として数える. このとき, 整数 $1 \leq m \leq 2n-1$ について, m 個目の頂点と $m+1$ 個目の頂点に割り当てられた数の差は, m が奇数なら n に, m が偶数なら $n-1$ になる. また, $2n$ 個目の頂点と 1 個目の頂点に割り当てられた数の差は $2n-1$ になる. 以上より, 隣り合う頂点に割り当てた数の差はすべて $n-1$ 以上になるので, この割り当て方は条件をみたす.

(2) 1 以上 $2n$ 以下の整数 k で, $|k-n| \geq n$ となるものは $k = 2n$ しかないから, n と隣り合う頂点に条件をみたすように数を割り当てることはできない. よって, このような割り当て方は存在しない.

● 上級

1. 答は $k = \mathbf{2013}$ である.

まず, $k \geq 2013$ を示す. 2013 個の赤い点と 2013 個の青い点を正 4026 角形の頂点に赤と青を交互に配置する（残り 1 個の青い点はどこでもよい）. この配置に対する k 本の直線からなる良い集合を考えると, この正 4026 角形の各辺の両端は異なる色なので, どの辺も良い集合の 1 本以上の直線と交わっていなければならない. ところが各直線は高々 2 本の辺としか交わらないので, 直線は $\dfrac{4026}{2} = 2013$ 本以上必要である.

逆に, どのようなコロンビア風の配置に対しても, 2013 本の直線からなる良い集合が存在することを示す.

まず, 「配置中の任意の 2 点 A, B に対し, この 2 点と他の全てとを分離するように 2 本の直線が引ける」ことに注意する. これは, 直線 AB と平行な直線を AB の十分近くに AB の両側に引けばよい.

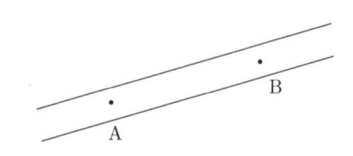

　さて，配置の全ての点の凸包を考え，その境界を P とする．P は多角形で，問題の条件から，その辺上にはその両端点以外に配置の点は存在しないことに注意する．

　場合 1　P 上に赤い点 A があるとき，A と他の点全てを分離するように 1 本の直線を引ける．残りの 2012 個の赤い点を 1006 個の対にし，各対の点を上で述べたように平行な 2 直線を引いて他の点全てから分離する．これで 2013 本の直線からなる良い集合ができた．

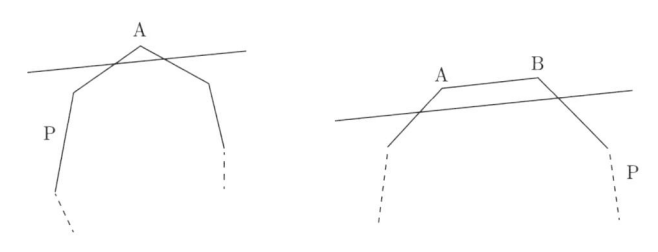

　場合 2　P 上にある点が全て青いとき，P の任意の 1 辺 AB を選ぶ．点 A, B は青い点である．このとき，A, B と他の全ての点を分離するように 1 本の直線を引ける．実際，AB の十分近くに AB と平行な直線を引けばよい．後は，場合 1 と同様に，残りの 2012 個の青い点を 1006 個の対にして，それぞれを平行な 2 直線を引いて他の点全てと分離すればよい．この場合も使った直線は 2013 本である．

　2. (a)　n 点からなる平衡集合 **S** を，n が奇数・偶数のそれぞれの場合に具体的に構成する．

　(1)　n が奇数の場合：

　点 $A_1, \cdots, A_n$ をこの順に正 n 角形の頂点をなすようにとると，$\mathbf{S} = \{A_1, \cdots, A_n\}$ は平衡集合となる．実際，どの異なる A_i, A_j についても，n が奇数であることから，$2k \equiv i + j \pmod{n}$ なる $k \in \{1, \cdots, n\}$ が存在し，このとき $k - i \equiv j - k \pmod{n}$，すなわち，$A_i A_k = A_j A_k$ が成り立つ．

　(2)　n が偶数の場合：

　点 $A_1, \cdots, A_{3n-6}$ をこの順に正 $3n - 6$ 角形の頂点をなすようにとり，O をその外接円の中心とすると，$\mathbf{S} = \{O, A_1, \cdots, A_{n-1}\}$ は平衡集合になることを示す．どの異なる A_i, A_j についても $A_i O = A_j O$ であるから，各 $1 \leq i \leq n - 1$ について $OA_j = A_i A_j$ なる $1 \leq j \leq n - 1$ が存在することを示せばよい．ここで，$1 \leq i \leq n - 1$ について，

$$j = \begin{cases} i + \dfrac{n}{2} - 1 & \left(1 \le i \le \dfrac{n}{2} - 1\right) \\[3mm] i - \left(\dfrac{n}{2} - 1\right) & \left(\dfrac{n}{2} \le i \le n - 1\right) \end{cases}$$

とすれば，$\angle \mathrm{A}_i \mathrm{OA}_j = 60°$ より，$\mathrm{OA}_i \mathrm{A}_j$ は正三角形であり，確かに $\mathrm{OA}_j = \mathrm{A}_i \mathrm{A}_j$ となる．

(b) n の偶奇で場合分けをして議論する．

(1) n が奇数の場合．

S を (a)–(1) のようにとると，平衡集合であるが非中心的でもある．実際，相異なる 3 点 A, B, C $\in$ **S** について，PA＝PB＝PC となるのは，P が正 n 角形 $\mathrm{A}_1 \cdots \mathrm{A}_n$ の外接円の中心のときのみであり，これは **S** に属さない点である．

(2) n が偶数の場合．

n 点からなる非中心的な平衡集合 **S** が存在すると仮定して矛盾を導く．**S** の相異なる 2 つの元からなる組 {A, B}（順序は区別しない）を**ペア**とよぶ．ペア {A, B} について，AC＝BC なる C $\in$ **S** をその**中立点**とよぶことにする．ペアは全部で $_n\mathrm{C}_2 = \dfrac{n(n-1)}{2}$ 個ある．

P $\in$ **S** を 1 つ固定して考える．P がペア {A, B} の中立点であるとき，A, B は P とは異なる点である．また，P とは異なる点 A $\in$ **S** について，A を含むペアであり，その中立点が P であるものは，高々 1 つしか存在しない．なぜなら，P がペア {A, B}，{A, C}（B $\ne$ C）の中立点であるとき，A, B, C は相異なりかつ PA＝PB＝PC となるので，非中心的であることに反するからである．

以上より，各 P $\in$ **S** を中心点とするペアは高々 $\left\lfloor \dfrac{n-1}{2} \right\rfloor = \dfrac{n-2}{2}$ 個しかない（実数 x について，x 以下の最大の整数を $\lfloor x \rfloor$ で表す）．ペアの個数は，各 P $\in$ **S** について P を中立点とするペアの個数の和をとったもの以下であるから，

$$\frac{n(n-1)}{2} \le n \times \frac{n-2}{2}$$

となるが，これは明らかに成立しえない．

(1), (2) より，答は **3 以上の奇数**である．

3. k 本の直線が青く塗られていて，しかも新たに直線を選び青く塗ると必ず条件がみたされなくなる状態を考える．目標は $k \ge \sqrt{n}$ を示すことである．

青く塗られていない直線をすべて赤く塗る．青い直線と青い直線の交点を**青い点**とよび，それ以外の交点を**赤い点**とよぶことにする．青い点の個数は $_k\mathrm{C}_2$ 個で

ある.

　赤い直線 l を考える. l を青く塗ると条件がみたされなくなることから, ある有界領域 A が存在して, A の唯一の赤い辺が l 上にあるとしてよい. A の頂点を時計回りに $r', r, b_1, b_2, \cdots, b_k$ とおく (r, r' は l 上の点). 直線 l に対して, 赤い点 r と青い点 b_1 の組を対応させる. ここで, 赤い点と青い点の組 (r, b) に対応する赤い直線は高々 1 本であることに注意する (r と b が時計回りにこの順に隣り合っている多角形は高々 1 つなので).

　いま, それぞれの青い点 b について, 対応する赤い直線は高々 2 本であることを背理法で示す.

　仮に, 3 本の赤い直線 l_1, l_2, l_3 が b に対応していたとする. これらの赤い直線に対応する赤い点を, それぞれ, r_1, r_2, r_3 とする. 点 b は 4 本の半直線を定めるが, 対応の付け方より, r_1, r_2, r_3 は, それぞれが乗る半直線上でも b に最も近い点でなければならない. したがって, r_2 と r_3 が b を通る同じ青い直線上にあり, r_1 がもう 1 本の b を通る青い直線上にあると仮定して一般性を失わない. l_1 を b と r_1 に対応させるときに用いた有界領域 A を考える. r_1, b, r_2 が A の頂点であり, この順に時計回りに隣り合っていたとして一般性を失わない. A は赤い辺を 1 本しかもたないので, A は三角形 $r_1 b r_2$ でなければならない. しかしこのとき, r_2 を l_1, l_2, および b と r_2 を通る青い直線の 3 本が通っていたことになり, 直線が一般の位置にあることに矛盾する.

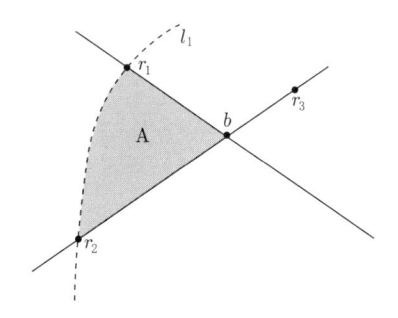

　したがって, それぞれの青い点について対応する赤い直線は高々 2 本であることが示された. 青い点は ${}_k\mathrm{C}_2$ 個であり赤い直線は $n - k$ 本あるので,

$$n - k \leq 2 \times {}_k\mathrm{C}_2$$

これを整理して, $\boldsymbol{k \geq \sqrt{n}}$ を得る.

[別解] すでに何本かの直線が条件をみたすように青く塗られている状態を考える．青い直線同士の交点を**青い点**とよぶ．

> **補題** 1本のまだ塗られていない直線 l をとる．l と青い直線の交点のうち，青い点の隣に存在するものが1個以下ならば，l を新たに青く塗っても与えられた条件はみたされる．

証明 l を新たに青く塗ったときに l を含む境界がすべて青く塗られているような有界領域ができたとして矛盾を導く．境界がすべて青く塗られているような有界領域の頂点は，すべて青い点であり，しかも青い点に隣接していなければならない．l と青い直線の交点のうちそのようなものは1個以下であると仮定されているが，この領域の頂点のうち直線 l 上にある点は2つあるはずである．したがって，矛盾．∎

k 本の直線が青く塗られているとき，青い点の個数は ${}_k\mathrm{C}_2$ 個なので，青い点の隣に存在する点は高々 $4 \times {}_k\mathrm{C}_2$ 個である．これ以上直線を青く塗れないとすると，補題より，どの塗られていない直線も青い点の隣の点を2個以上通ることから，

$$2(n-k) \leq 4 \times {}_k\mathrm{C}_2 \iff k \geq \sqrt{n}$$

が示される．

4. すべての線分を含む大きな円盤をとり，各線分を直線 $l_i\,(i = 1,\,2,\,\cdots,\,n)$ に延長して，円周との交点を $\mathrm{A}_i, \mathrm{B}_i$ とおく．

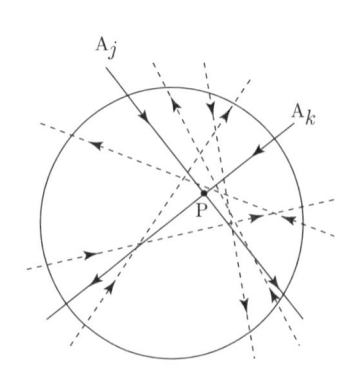 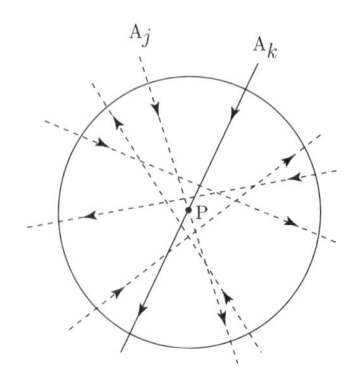

1. n が奇数の場合：

ある直線 l_1 と円周との交点 A_1 に「入口」，B_1 に「出口」と印を付け，円周を時計回りに周りながら，直線との交点にぶつかる毎に「出口」，「入口」の印を交代に付けていく．どの 2 本の直線も必ず交わるから，直線 l は偶数である $n-1$ 個の $l_i (2 \le i \le n)$ と交わるから，B_1 に来る直前の円周との交点は「入口」となっている．したがって，各直線と円周の交点全体に「入口」と「出口」の印を交互に付けることができる．そこで各直線の「入口」に近い線分の端点にカエルを置くと，太郎君は目的を達成することができることを示す．

必要なら記号を変えることにより，「入口」と印が付いた円周との交点を A_i とし，「出口」と印が付いた円周との交点を B_i とする．太郎君が目的を達成できないとすると，A_j に近い端点に置いたカエルと $A_k (j \neq k)$ に近い端点に置いたカエルが，l_j と l_k の交点 P でぶつかることになり，A_jP と A_kP の上には同じ数の直線 $l_i (i \neq j, k)$ との交点がなければならない．

A_j, A_k はともに「入口」であるから，その間には奇数個の直線 $l_i (i \neq j, k)$ と円周との交点があり，それらを端点とする直線 l_i は必ず線分 A_jP か線分 A_kP のどちらか一方とのみ交わる．したがって，A_jP の上にあるこのようにしてできる交点と，A_kP の上にあるこのようにしてできる交点が，同じ数であるということはない．それ以外の直線 l_i は，線分 A_jP か線分 A_kP のどちらとも交わるかどちらとも交わらないか，のいずれかである．したがって，A_jP と A_kP の上にある交点の数は異なる．これは矛盾だから，カエルは交点でぶつかることはなく，太郎君は目的を達成することができる．

2. n が偶数の場合：

太郎君が目的を達成できたとして矛盾を導く．

各直線について，カエルが置かれた端点に近い円周との交点を A_i とおき，それを「入口」とよび，反対側の交点を B_i とおき，「出口」とよぶ．このとき，円周上で隣り合う「入口」があることを示す．

ある直線 l_j を固定し，その「入口」A_j から時計回りに円周と直線との交点が「入口」か「出口」かを調べる．隣り合う「入口」がないとすれば，A_j から時計回りに交点を調べていくと，交点の個数は奇数である $n-1$ 個あるから，A_j の「出口」に到達するまでに「出口」の方が少なくとも 1 つ多い．A_j から始めて時計の逆向きに同じことをおこなうと，そちらでも「出口」の方が少なくとも 1 つ多くなる．「入口」と「出口」の数は同じであるから，これは矛盾である．したがって，

円周上で隣り合う「入口」A_j と A_k がある.

A_j と A_k は円周上で隣り合っているから,l_j と l_k の交点を P とすると,A_jP と交わる直線 l_i $(i \neq j, k)$ は A_kP とも交わる.よって,A_jP と A_kP の上には同じ数の直線 l_i との交点がある.したがって,A_j に近い l_j の端点に置かれたカエルと,A_k に近い l_k の端点に置かれたカエルは,交点 P でぶつかる.これは矛盾だから,太郎君は目的を達成することができない.

> **注** 上記のように,すべての線分を含む大きな円盤を作り,線分を延長した直線と円周との交点を考えると,問題の見通しが良くなる.これらの直線群は一般の位置にあり,円盤の外には交点は存在しない.

5. 平面に直交座標を固定して考える.すると,部分集合 $T \subset S$ が問題の条件をみたすことは,

> ある実数係数の 2 変数 x, y の 1 次式 $f(x, y) = ax + by + c$ が存在して,
> $$f(x_0, y_0) > 0 \ ((x_0, y_0) \in T), \quad f(x_0, y_0) < 0 \ ((x_0, y_0) \in S \backslash T)$$
> となる

ことと書き直せる.このとき,$f(x, y)$ は S から T を切り取るということにする.

主張を n に関する帰納法で示す.

$n = 1$ のときは明らかである.実際,S の部分集合は,空集合 $\emptyset$ と S 自身の 2 つである.

$n - 1 \geq 1$ 以下で成り立つとして,n に対して示す.$S = \{P_1, \cdots, P_n\}$,$P_1 = (x_1, y_1), \cdots, P_n = (x_n, y_n)$ とする.部分集合 $T \subset S$ であって,問題の条件をみたすもの全体の集合を $X(S)$ とおく.$S' = S \backslash \{P_n\}$ とおき,$X(S')$ も同様に定める.写像 $F : X(S) \to X(S')$ を $F(T) = T \cap S'$ で定める.F の定め方より,任意の $T \in X(S')$ に対して,$F^{-1}(T) \subset \{T, T \cup \{P_n\}\}$ である.$T \in X(S')$ とし,S' から T を切り取る 1 次式 $f(x, y)$ を 1 つとる.ここで,$P_n = (x_n, y_n)$ について,$f(x_n, y_n) \geq 0$ ならば,十分小さい $\varepsilon > 0$ について,$f(x, y) - \varepsilon$ は S から T を切り取るので,$T \in X(S)$ となる.したがって,F は全射である.よって,任意の $T \in X(S')$ に対して,$|F^{-1}(T)|$ は 1 または 2 である.

ここで,次の補題を示す:

補題　$T \in X(S')$ について，次の 2 つの条件は同値である：

  (1)　S' から T を切り取る 1 次式 $f(x, y)$ で，$f(x_n, y_n) = 0$ をみたす
     ものが存在する．ただし，$\mathrm{P}_n = (x_n, y_n)$ である．

  (2)　$|F^{-1}(T)| = 2$.

証明　上に述べたことより，(2) は $F^{-1}(T) = \{T, T \cup \{\mathrm{P}_n\}\}$ と同値である．
(1) が成り立つとき，$\varepsilon > 0$ を十分小さくとると，$f(x, y) - \varepsilon$ は S から T を切り
取り，$f(x, y) + \varepsilon$ は S から $T \cup \{\mathrm{P}_n\}$ を切り取るので，$T, T \cup \{\mathrm{P}_n\} \in X(S)$ と
なり，(2) が成り立つ．

逆に (2) が成り立つとする．S から $T \cup \{\mathrm{P}_n\}$ を切り取る 1 次式 $g(x, y)$ をとる．
そこで，$\lambda = -\dfrac{f(x_n, y_n)}{g(x_n, y_n)}$ とおけば，$f(x, y) + \lambda g(x, y)$ は (x_n, y_n) を代入すると
0 になり，$\lambda > 0$ より，S' から T を切り取るので (1) が成り立つ．∎

F の全射性と補題より，$|X(S)| - |X(S')|$ は補題の条件 (1) をみたす T の個
数に等しい．さて，必要ならば座標を取り替えることにより，$\mathrm{P}_1, \cdots, \mathrm{P}_n$ の x-
座標はすべて異なるとしてよい．P_n の x-座標 x_n と異なる実数 m をとり，直線
$x = m$ を考える．各 $\mathrm{P}_i \in S'$ について，直線 $\mathrm{P}_n \mathrm{P}_i$ との交点を (m, y_i) とおくと，
S のどの 3 点も同一直線上にはないという条件より，$y_1, \cdots, y_{n-1}$ はすべて異な
る．また，T が補題の条件 (2) をみたすことと，ある 1 変数 1 次式 $h(y)$ により，
$T = \{\mathrm{P}_i \in S' \mid h(y_i) > 0\}$ と書けることは同値である．このような T は全部で
$2(n-1)$ 個あり，帰納法の仮定より，$|X(S')| = (n-1)^2 - (n-1) + 2$ なので，
$|X(S)| = |X(S')| + 2(n-1) = n^2 - n + 2$ を得る．

6. 2 辺が奇線であるような二等辺三角形を「良い三角形」とよぶことにする．

補題　AB を P の分割に用いた 1 つとし，点 A と点 B で 2 つに分割さ
れた P の周のうち短い方を $\mathcal{L}$ とする．$\mathcal{L}$ が n 本の辺からなるとき（$2 \le$
$n \le 1003$），$\mathcal{L}$ 上にすべての頂点がある良い三角形は $\left[\dfrac{n}{2}\right]$ 個以下であ
る．$\left(\left[\dfrac{n}{2}\right]$ は $\dfrac{n}{2}$ を超えない最大の整数を表す．$\right)$

証明　帰納法で示す．

$n = 2$ のときは，明らかに補題が成り立つ．

$n < k\,(3 \leq k \leq 1003)$ のとき補題が成り立つと仮定し，$n = k$ ときを考える．

分割された三角形で辺 AB を辺としてもつもののうち，$\mathcal{L}$ 上に 3 つの頂点があるものを $\triangle$ABC とする．ここで，点 C によって $\mathcal{L}$ を 2 つの部分 $\mathcal{L}_{AC}$，$\mathcal{L}_{CB}$ に分ける．$\mathcal{L}_{AC}$ は a 個の辺，$\mathcal{L}_{CB}$ は b 個の辺からなるとする（ただし，$a + b = k$）．

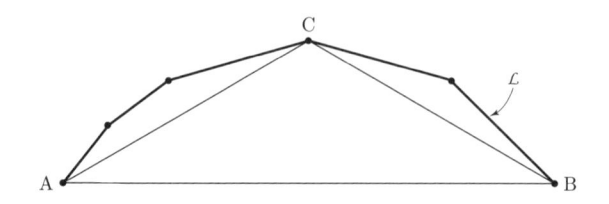

（ i ）　$\triangle$ABC が良い三角形でないとき：

帰納法の仮定より，$\mathcal{L}$ 上にすべての頂点がある良い三角形の個数 $M_{\mathcal{L}}$ は，

$$M_{\mathcal{L}} \leq \left[\frac{a}{2}\right] + \left[\frac{b}{2}\right] \leq \left[\frac{a+b}{2}\right] = \left[\frac{k}{2}\right].$$

（ ii ）　$\triangle$ABC が良い三角形のとき：

$\triangle$ABC は直角三角形もしくは鈍角三角形なので，AC $=$ BC である．よって，a, b は奇数なので，帰納法の仮定より，

$$M_{\mathcal{L}} \leq \left[\frac{a}{2}\right] + \left[\frac{b}{2}\right] + 1 = \left[\frac{a-1}{2}\right] + \left[\frac{b-1}{2}\right] + 1$$
$$\leq \left[\frac{a+b-2}{2}\right] + 1 = \left[\frac{k}{2}\right].$$

$\blacksquare$

$\triangle$XYZ を，内部または周上に P の中心を含む三角形とする．このとき，$\triangle$XYZ は直角三角形または鋭角三角形である．P の周が 3 点 X, Y, Z によって $\mathcal{L}_{XY}$，$\mathcal{L}_{YZ}$，$\mathcal{L}_{ZX}$ に分けられるとし，各々 l, m, n 個の辺をもつとする．このとき，$1 \leq l, m, n \leq 1003$，$l + m + n = 2006$ である．良い三角形の個数を M とすると，補題より，

（ i ）　$\triangle$XYZ が良い三角形でないとき：

$$M \leq \left[\frac{l}{2}\right] + \left[\frac{m}{2}\right] + \left[\frac{n}{2}\right] \leq \left[\frac{l+m+n}{2}\right] = 1003.$$

（ ii ）　$\triangle$XYZ が XY $=$ YZ なる良い三角形のとき：

l, m は奇数なので，

$$M \leq \left[\frac{l}{2}\right] + \left[\frac{m}{2}\right] + \left[\frac{n}{2}\right] + 1 = \left[\frac{l-1}{2}\right] + \left[\frac{m-1}{2}\right] + \left[\frac{n}{2}\right] + 1$$

$$\leq \left[\frac{l+m+n-2}{2}\right] + 1 = 1003.$$

よって，良い三角形のの個数の最大値は 1003 以下である．

一方，P の頂点を順に P_1, P_2, $\cdots$, P_{2006} とし，対角線

$$P_2P_4,\ P_4P_6,\ \cdots,\ P_{2004}P_{2006},\ P_{2006}P_2,\ P_2P_6,\ P_2P_8,\ \cdots,\ P_2P_{2004}$$

を用いて P を分割すると，良い三角形は 1003 個である．

以上より，求める最大値は **1003** である．

[別解]　$\triangle ABC$ を $AB = BC$ なる良い三角形とし，点 A, B, C によって P の周が 3 つの部分 $\mathcal{L}_{AB}$, $\mathcal{L}_{BC}$, $\mathcal{L}_{CA}$ に分かれるとする．このとき，$\mathcal{L}_{AB}$, $\mathcal{L}_{BC}$ に含まれる辺は，$\triangle ABC$ に属するという．また，3 つの頂点すべてが $\mathcal{L}_{BC}$ 上にある良い三角形が存在するとき，この良い三角形は $\triangle ABC$ に従うという．

良い三角形 $\triangle DEF$ ($DE = EF$) をとる．$\mathcal{L}_{DE}$, $\mathcal{L}_{EF}$ は，それぞれ，奇数個の辺からなるので，$\mathcal{L}_{DE}$, $\mathcal{L}_{EF}$ の辺であって，$\triangle DEF$ に従うどの良い三角形にも属さない辺が，それぞれ，少なくとも 1 つ存在する．この 2 つの辺を良い三角形 $\triangle DEF$ に割り当てる．

この方法によって，すべての良い三角形に重複せずに P の辺 2 つを割り当てることができる．P の辺は 2006 本なので，良い三角形の個数は 1003 以下である．

良い三角形 1003 個の構成は前の解答と同じ（最後の 3 行）である．

7. 一般に 2010 を 6 以上の偶数 $2m$ で置き換えた場合に，求める値が $2m^2 - 4m + 1$ となることを示そう．

整数 i ($1 \leq i \leq m$) について，間に i 本の辺がある 2 頂点を結ぶ対角線に対し，i をこの対角線の**長さ**とよぶことにする．

まず，自己交差点が $2m^2 - 4m + 1$ 個ある例を与える．

多角形を $P_1P_2 \cdots P_m Q_1 Q_2 \cdots Q_m$ とおく．各 $i = 1, 2, \cdots, m-1$ に対し，P_i と Q_{i+1} を結び，Q_i と P_{i+1} を結ぶ．この $2m-2$ 本は長さ $m-1$ の対角線である．また，P_1 と Q_1 を結び，P_m と Q_m を結ぶ．この 2 本は長さ m の対角線である．この $2m$ 本の対角線が閉折れ線をなしていることは容易に確かめられる．

この閉折れ線の自己交差点の個数を数えよう．以下で「対角線」とはこの閉折れ線に含まれているもののみを指す．

P_iQ_{i+1} 上に自己交差点が $2m-4$ 個あることを示す．多角形を P_iQ_{i+1} で二分すると，頂点が m 個の部分と頂点が $m-2$ 個の部分に分かれ，いずれの部分にも長さ $m-1$ 以上の対角線は $P_{i+1}Q_i$ だけである．したがって，P_iQ_{i+1} は $P_{i+1}Q_i$ を除く $2m-1$ 本すべての対角線と点を共有する．その $2m-1$ 本のうち，端点を共有する 2 本および自分自身を除いた $2m-4$ 本との共有点が折れ線の自己交差点を与える．

$P_{i+1}Q_i$ についても同様である．

P_1Q_1 および P_mQ_m は，上と同様の議論により，すべての対角線と点を共有し，そのうち，端点を共有する 2 本および自分自身を除いた $2m-3$ 本との共有点が折れ線の自己交差点を与える．

以上より，折れ線の自己交差点の個数は，（各々が 2 回ずつ数えられていることに注意すると）次のようになる：

$$\frac{(2m-2)\times(2m-4)+2\times(2m-3)}{2}=2m^2-4m+1.$$

次に，自己交差点の個数は $2m^2-4m+1$ より多くならないことを示す．これより多くの自己公差の回数を実現するような閉折れ線が存在すると仮定しよう．以下で「対角線」とはこの閉折れ線に含まれるもののみを指す．

各対角線上にある自己交差点は $2m-3$ 個以下であることが容易にわかる（解答の前半での議論を参照）．自己交差点を $2m-3$ 個もつ対角線を**良い対角線**とよぶことにする．良い対角線が 2 本以下だと，自己公差点の個数が $2m^2-4m+1$ 以下にしかならないので，良い対角線は 3 本以上ある．

良い対角線は長さ m である．なぜなら，対角線 l の長さが m 未満ならば，多角形を l で二分するとき，片側には高々 $m-2$ 個の頂点しかなく，l と交わる対角線はこのうち少なくとも 1 つを端点にもたなければならないが，そのような対角線は高々 $2m-4$ 本しかないからである．

良い対角線を 3 本とる．これらはいずれも長さ m ゆえ交わる．したがって，これらを A_1A_4, A_2A_5, A_3A_6 とおき，多角形上で A_1, A_2, A_3, A_4, A_5, A_6 の順に頂点が並ぶとしてよい．

Q を多角形の頂点とし，Q から対角線を 1 本辿った点を Q' とおき，Q' からもう 1 本辿った点を Q'' とおく．いま Q も Q'' も A_1, A_4 と異なるならば，（このとき Q' も A_1, A_4 と異なり），A_1A_4 が良いことから，QQ' も $Q'Q''$ も A_1A_4 と交わり，よって，Q, Q'' は A_1A_4 に関して同じ側にある．A_2A_5, A_3A_6 について

も同様の議論が成り立つので，結局ある i が存在し，Q, Q″ は多角形の周上で A_i と A_{i+1} の間にあることがわかる．ただし，$A_7 = A_1$ とみなし，また「間」には両端も含むものとする．

折れ線上の頂点を 1 つおきに黒く塗る．A_1 と A_4，A_2 と A_5，A_3 と A_6 のうち，それぞれ，一方のみが黒く塗られている．一般性を失わず次のいずれかであるとしてよい．

(1)　A_1, A_2, A_3 が黒，　　　(2)　A_1, A_3, A_5 が黒．

(1) の場合：

A_1 から「対角線を 2 本辿る」行為を繰り返すことで，A_2 と A_3 を 1 回ずつ通り A_1 に戻ってくるはずだが，上に述べたことより，A_2 を通らずに A_1 から A_3 へ（および，A_3 から A_1 へ）到達することはできず，矛盾する．

(2) の場合：

A_1 から「対角線を 2 本辿る」行為を繰り返しても，A_6 と A_2 の間から脱出することができず，A_3 に到達し得ない．やはり矛盾する．

以上より，自己交差点を $2m^2 - 4m + 1$ 個より多くもつ閉折れ線は存在しないことが示された．

かくして，2010 を 6 以上の偶数 $2m$ で置き換えた場合に求める値が $2m^2 - 4m + 1$ となることが示された．

したがって，問題の答は **2016031** である．

<h2 style="text-align:center">◆第 9 章◆</h2>

● 初級

1. 下の図において，白丸の点から 1 回移動した点は黒丸であり，黒丸の点から 1 回移動した点は白丸である．よって，中央の点から奇数回移動した点は白丸の 4 つのいずれかである．

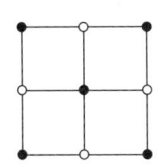

このことから，最後の 1 回以外はどのように移動しても 9 回移動した点は白丸であり，10 回目の移動で中央の点に戻る方法は 1 通りである．

また，白丸の点から 2 回移動する方法は，まず中央の点に移動した場合は 4 通りあり，隅の点に移動した場合は 2 通りあるため，$4 + 2 \times 2 = 8$ 通りある．最初の 1 回の移動は 4 通りであるため，求める値は，$4 \times 8^4 = \mathbf{16384}$ 通りである．

2. 点 A から点 B まで最短で行く経路は，横向きの辺を端点から端点まで 2 回右方向へ，対角線を端点から端点まで 3 回右上方向へ直進するもの（順序は問わない）のみであることを示す．このような経路が存在することは明らかである．

点 A から点 B へ行くとき，正方形の頂点 P を通過した後には，

　　点 P を通る縦向きの直線上の頂点であって点 P より上にあるもの，

　　点 P を通る横向きの直線上の頂点であって点 P より右にあるもの，

　　点 P から右上へ対角線を通って $\sqrt{2}$ 進んだ頂点

のうち少なくとも 1 点を通る（下図のように点 P をとった場合は ○ 印の付いている点である）．しかし，点 P からこれらの頂点へは一度も曲がることなく辺または対角線を上，右，右上方向を直進することで行くことが可能である．よって，正方形の頂点からは必ず上か右に 1，あるいは右上に $\sqrt{2}$ 直進する場合のみを考えればよい．

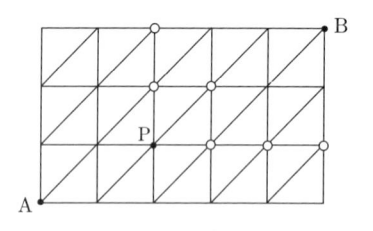

上，右，右上へ進む辺または対角線の数を a, b, c とする．このような経路の長さはいずれも $a + b + \sqrt{2}c$ である．A から B へは上方向に 3，右方向に 5 進む必要があるので，$a + c = 3$, $b + c = 5$ が成り立つ．$b \geq a$ に注意して，$a \geq 1$ のとき，上，右へ進む辺の数をそれぞれ a 減らし，右上へ進む対角線の数を a 増やしたものを考える．すると，$1 + 1 > \sqrt{2}$ なので，経路は短くなる．これより，$a = 0$ としてよい．以上より，経路が最短となるのは，$(a, b, c) = (0, 2, 3)$ のときで，最初に述べたものが最短の経路であることが示された．

このような経路の場合の数は，2 本の横向きの辺と 3 本の対角線あわせて 5 本

通るうち，何番目と何番目に辺を通るかを選ぶことで得られる．よって，求める最短経路は $_5\mathrm{C}_2 = \mathbf{10}$ 通りである．

3. 2 つの航空会社を α, β とし，都市 X と都市 Y を結ぶ往復便を XY で表す．題意をみたすような往復便の配置を考える．

α の便によって都市 A と結ばれている都市が 3 つ以上ある場合，それらのうちの 3 つを B, C, D とすると，BC, CD, DB は α の便でなければならない．このとき，B を出発点とし，C, D を経由して B に戻ることができるから，題意をみたさない．同様に，β の便によって都市 A と結ばれている都市も 2 つ以下である．

$n \geq 6$ のとき，都市 A を任意に選ぶと，その他 5 つ以上の都市が往復便によって A と結ばれているため，少なくとも一方の航空会社について 3 つ以上の都市が往復便によって A と結ばれている．よって，題意をみたすような往復便の配置は存在しない．

$n = 5$ のとき，5 つの都市を A, B, C, D, E とすると，一般性を失うことなく，AB, AC, BE が α の便であり，AD, AE が β の便であるとしてよい．すると，BC が β の便，DE が α の便，BD が β の便と順次定まっていくが，CD を α の便とすると，A, B, E, D, C, A の順に訪れる α の便のみに乗る旅行コースが存在し，CD を β の便とすると，B, C, D, B の順に訪れる β の便のみに乗る旅行コースが存在する．よって，題意をみたすような往復便の配置は存在しない．

$n = 4$ のとき，4 つの都市を A, B, C, D とすると，AB, BC, CD を α の便，AC, BD, AD を β の便とすることで題意をみたす．

よって，n の最大値は **4** である．

● 中級

1. 4 つの係を 4 つの点とみなす．4 人の委員は，希望する 2 つの係を結ぶ辺に対応させる．すべての点がちょうど 1 回ずつ選ばれるように，各辺についてその端点の 1 つを選ぶ方法を**上手い選び方**という．問題の条件をみたす割り当て方は，上手い選び方に対応する．各点について，その点を端点の 1 つとする辺の本数をその点の**次数**とよぶ．

上手い選び方が存在する場合について考え，これを状態 S_0 とする．どの係にもそれを希望する人が存在するので，すべての点の次数は正である．次数が 1 の点が存在するとき，その点およびその点を端点の 1 つとする辺を取り除く操作を

考える．このとき，この操作の前後で上手い選び方の場合の数は変わらない．なぜならば，取り除く前の点と辺について上手い選び方を考えた場合に，取り除かれた辺に対しては取り除かれた点を選ぶ必要があるからである．同様の操作を繰り返し，すべての点の次数が 2 以上になった状態を S_1 とする．状態 S_1 において k 個の点と k 本の辺が残っているとき，すべての点の次数の和は辺の本数の 2 倍，すなわち $2k$ である．一方，すべての点の次数は 2 以上であったので，すべての点の次数は 2 であることがわかる．S_1 にはループは存在しないので，S_1 の連結成分はすべてのサイクルである．

ここで，上手い選び方の場合の数を求める．ある辺について端点を選ぶと，同じサイクルに含まれる他の辺に対しては，端点の選び方がただ 1 通りに定まる．よって，サイクルが n 個あるとすると，上手い選び方は 2^n 通りである．問題の条件から，サイクルは 1 つであることがわかる．

状態 S_1 においてサイクルが 1 つであるような，S_0 における点と辺の結び方の場合の数を求める．サイクルに含まれる点の個数で場合分けをする．

(1) サイクル S_1 に含まれる点の個数が 4 のとき：

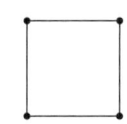

点と辺の結び方の場合の数は，点の配置が 3 通り，点の配置を決めたときの辺の配置が $4! = 24$ 通りなので，$3 \times 24 = 72$ 通り．

(2) サイクル S_1 に含まれる点の個数が 3 のとき，

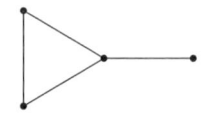

サイクルに含まれる点の選び方が 4 通り，サイクルに含まれない点と結ばれる点が 3 通り，点を決めたときの辺の配置が $4! = 24$ 通りなので，$4 \times 3 \times 24 = 288$ 通り．

(3) サイクル S_1 に含まれる点の個数が 2 のとき，サイクルに含まれる点の選び方が 6 通りある．その 2 つの点を A, B とおく．残りの 2 点の配置を考える．

(3–1) 2 点が A, B と，それぞれ，結ばれているとき，

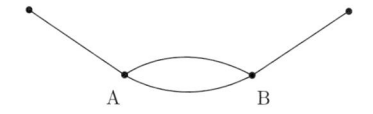

2 点のうち，どちらが A と結ばれているかの 2 通り．

(3–2)　2 点とも A と結ばれているとき，あるいは B と結ばれているとき，

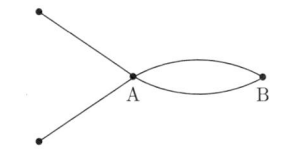

それぞれ，1 通りであり，合わせて 2 通り．

(3–3)　2 点のうち 1 点 C が A または B と結ばれていて，もう 1 点は C と結ばれているとき，

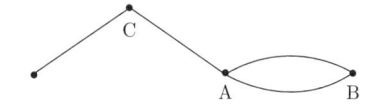

2 点のうちどちらが C であるか，C は A と B のうちどちらと結ばれているかの $2 \times 2 = 4$ 通り．

よって，合わせて $2 + 2 + 4 = 8$ 通り，したがって，サイクルに含まれる点の個数が 2 のときの点の配置は $6 \times 8 = 48$ 通りである．点の配置を決めたときの辺の配置は，サイクル以外の辺を決めればよいので，$4 \times 3 = 12$ 通りある．したがって，$48 \times 12 = 576$ 通りある．

以上より，上手い選び方が 2 通りであるような点と辺の結び方の場合は，

$$72 + 288 + 576 = \mathbf{936}$$

通りである．

2. 8 人の人を 8 個の点で表し，仲良し同士を辺で結んでできるグラフを考える．3 以上 8 以下の整数 n について，グラフに n–サイクルがあるとは，ある点から同じ点を二度通らずに n 本の辺を辿って元の点に戻ってくることができることをいう．問題文の仮定から，どの 4 点を選んでもその間に少なくとも 1 本は辺がある．

さて，奇数本の辺からなるサイクルは存在しないと仮定しよう．ある点 A に注目すると，自分自身も含めて 8 個の点は

(a) Aから偶数本の辺を辿って到達できる（Aはこれに含まれる），

(b) Aから奇数本の辺を辿って到達できる，

(c) Aから辺を辿って到達できない

のいずれか一つのみをみたす．なぜなら，(a) と (b) の2個を同時にみたすなら，奇数本の辺からなるサイクルが存在してしまうからである．(a) をみたす点を白く塗り，(b) をみたす点を黒く塗る（同色の点同士は辺で結ばれないことに注意する）．そして，まだ色が付いていない点がある場合には，そのうちのある点に注目して，また同じことを繰り返すことにより，辺の両端点に別の色が付くように，点を白と黒で塗り分けることができる．この操作を続けることで，8個の点を白と黒の2色で塗り分けることができる．しかしこのとき，白い点と黒い点のどちらかは4点以上あるので，問題文の仮定より，辺で結ばれている同色の2点があることになり，これは矛盾である．

よって，奇数本の辺からなるサイクルが存在する．問題文の仮定より，3–サイクルは存在しない．5–サイクルも存在しないとすると，7–サイクル ABCDEFG がある．このサイクル上にない点を H とする．4点 A, C, E, H を選び，AH 間に辺があるとしてよい．4点 B, D, F, H を選ぶと，FH 間に辺があることになる．すると4点 B, E, G, H を選ぶと，どこにも辺を入れられないので矛盾する．つまり，7–サイクルは存在せず，5–サイクルが存在する．

5–サイクルを ABCDE とする．3–サイクルが存在しないことから，4人と知り合いであるような人はいないことに以下注意する．残りの3点 F, G, H は3–サイクルをなさないので，FG 間に辺がないとしてよい．

4点 A, C, F, G を選び，FA が辺で結ばれているとしてよい．

4点 B, E, F, G を選び，EG が辺で結ばれているとしてよい．

4点 B, D, F, G を選び，DF が辺で結ばれているとしてよい．

4点 A, D, G, H を選び，GH が辺で結ばれていることが確定する．

BH と CH はともに辺で結ばれていないので，BH 間に辺がないとすると，4点 B, E, F, H を選んで，FH が辺で結ばれていることが確定する．

この状態では，どの4点を選んでもその間に1つの辺がある．すなわち，条件をみたしている．ここから，3–サイクルを作らないように加えることのできる辺は，BG, CH（もしくは，BH, CG）の2本のみである．よって，求める仲良しの組の個数，すなわち，辺の本数は，**10, 11, 12** である．

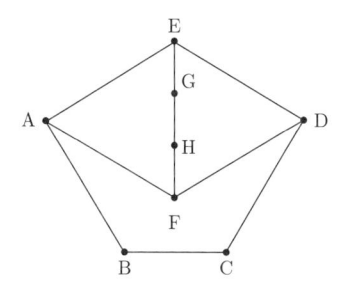

3. 点 A から出発し，他のすべての点をちょうど 1 回ずつ通過して点 A に戻ってくるまでに辿る経路としてあり得るものを**良い道**と定義する（良い道において辿る向きは区別しない）．各良い道に対して，辿る向きを考慮すると 2 通りの辿り方がある．

良い道の数について考える．中央の点を通過する前後に通る 2 本の線の選び方は 3 通りあり，対称性より，下図左の太線を含むものを考えるとよい．

Z を通過する前後に 2 本の線を通る必要があるため，弧 XZ か弧 YZ のどちらかの線を通らねばならない．また，その両方の線を通るとすると，他の点を通ることができなくなる．弧 XZ と弧 YZ のどちらを通るかの選び方は 2 通りあり，対称性より下図右の太線を含むものを考えるとよい．上と同様の議論により，弧 LN と弧 MN のどちらか一方のみを通らねばならず，その選び方は 2 通りあり，それを定めると良い道は定まる．よって，良い道の数は $3 \times 2 \times 2 = 12$ 通りある．したがって，求める方法は $12 \times 2 = \mathbf{24}$ 通りである．

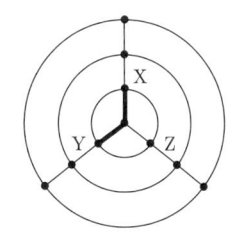
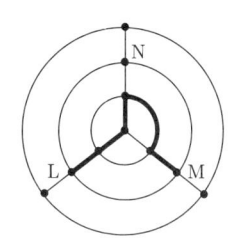

4. a, b をこの大会の選手とし，c をこの 2 人を打ち負かした選手とする．条件から，a, c の両方を打ち負かした選手 d が存在する．すると，d, c 以外に，a, d の両方を打ち負かした選手 e がいるはずである．したがって，a は少なくとも 3 人の選手 c, d, e に打ち負かされたことになる．a は任意の参加選手であったから，すべての参加選手は少なくとも 3 試合で負けていると結論できる．

l_i, w_i を，それぞれ，選手 i の負け数，勝ち数とする．各試合は，負け数と勝ち数に 1 だけ貢献するから，次が成り立つ：

$$\sum l_i = \sum w_i = {}_n\mathrm{C}_2.$$

ところで，すべての i について，$l_i \geq 3$ であるから，$\sum w_i \geq 3n$ が成立し，したがって，いくつかの w_i は少なくとも 3 である．よって，少なくとも 3 試合で負けて，少なくとも 3 試合で勝った選手がいる：これより，参加選手は少なくとも 7 人であると結論される．

次の表は，7 人が参加した大会の勝敗表であり，題意をみたしている．(i,j) 成分が 1 であるとは，選手 i が選手 j に勝った場合であり，(i,j) 成分が 0 は選手 j が選手 i に勝った場合を示す．したがって，(j,i) 成分が 0 であるのは，(i,j) 成分が 1 の場合であり，逆も成り立っている．

	1	2	3	4	5	6	7
1	*	0	1	0	1	0	1
2	1	*	0	0	0	1	1
3	0	1	*	0	1	1	0
4	1	1	1	*	0	0	0
5	0	1	0	1	*	0	1
6	1	0	0	1	1	*	0
7	0	0	1	1	0	1	*

5. 求めるグラフ $G = (V, E)$ について $|E| = 9$ であることを以下の $(1), (2), (3)$ で証明する．

(1) $|E| \geq 8$ である．

証明 9 頂点から任意に 5 頂点を取ると，これらの頂点を結ぶ辺のうち 2 本以上が E に属する．5 頂点の選び方は ${}_9\mathrm{C}_5 = 126$ で，その選び方に 2 本以上の E の元が現れるから，延べでの辺の最小数は $126 \times 2 = 252$ である．他方，G の 1 つの辺の 2 頂点を含む 5 頂点の選び方は ${}_{9-2}\mathrm{C}_{5-2} = {}_7\mathrm{C}_3 = 35$ である．よって，

$$|E| \geq \frac{{}_9\mathrm{C}_5 \times 2}{{}_7\mathrm{C}_3} = 7.2$$

を得る．$|E|$ は正の整数であるから，$|E| \geq 8$ である． ∎

(2) 3 個の三角形（3 頂点完全グラフ K_3）からなるグラフは，9 頂点で 9 辺よりなるから，問題の条件をみたすので，$|E| \leq 9$ である．

(3)　$|E| = 8$ と仮定すると，どの 9 頂点で 8 辺よりなる単純グラフ $G = (V, E)$ にも矛盾を引き起こす 5 頂点が存在する．

　証明　$V = \{x_1, x_2, \cdots, x_9\}$ とすると，握手の補題から，

$$\sum_{i=1}^{9} deg(x_i) = 2|E| = 16 \qquad \text{①}$$

ここで $deg(x_1) \geq deg(x_2) \geq \cdots \geq deg(x_9) \geq 0$ とし，(3) を以下の (A), (B), (C) の場合に分けて証明する．

(A)　$deg(x_9) = 0$ のとき，x_9 は孤立頂点である．

x_8, x_7, x_6, x_5 と x_9 の 5 頂点と E からなるグラフをみると (1) と同様にして，

$$|E| \geq \frac{{}_8\mathrm{C}_4 \times 2}{{}_6\mathrm{C}_2} = \frac{140}{15} > 8$$

が得られるが，これは $|E| = 8$ に矛盾する．

(B)　$deg(x_9) \geq 1$ のとき，$deg(x_8) = 1$ である．

　実際，$deg(x_8) \geq 2$ とすると，

$$\sum_{i=1}^{9} deg(x_i) \geq 2 \times 8 + 1 > 16$$

となり，矛盾を生じるからである．以下, (B) を (B1), (B2) の 2 つに場合分けする．

　(B1)　次数 1 の 2 頂点 x_9, x_8 が辺 e で結ばれている場合：

　新しいグラフ $G' = (V', E')$ を $V' = V \setminus \{x_8, x_9\}$, $E' = E \setminus \{e\}$ で定義する．5 頂点 x_8, x_7, x_6, x_5, x_4 を選ぶと，これらは G において 2 本以上の辺で結ばれ，この辺の中に e は属さないから，4 頂点 x_7, x_6, x_5, x_4 が 2 本以上の辺で G' の中で結ばれることになる．したがって，(1) と同様にして，次を得る：

$$|E'| = \frac{{}_7\mathrm{C}_4 \times 2}{{}_5\mathrm{C}_2} = 7.$$

　よって，次を得る：

　グラフ G' の任意の 5 頂点はちょうど 2 本の辺で結ばれる　　　　②

$$\sum_{i=1}^{7} deg(x_i) = 16 - 2 = 14 \qquad \text{③}$$

　よって，もし $deg(x_1) \geq 3$ であれば，$x_1 x_2$, $x_1 x_3$, $x_1 x_4$ は G' の 3 辺となり，②と矛盾する．

(B2) $deg(x_1) = deg(x_2) = \cdots = deg(x_7) \leq 2$ であり，③から各 $deg(x_i) = 2$ となる．よって，x_1x_2, x_2x_3 は G' の辺であるとしてよい．すると $deg(x_3) = 2$ より，頂点 $x_i \in V'$ が存在して x_3x_i も G' の辺となる．ここで $i = 1$ なら x_1, x_2, x_3 の 3 頂点が 3 辺で結ばれ②と矛盾する．$i \geq 4$ なら x_1, x_2, x_3, x_i の 4 頂点が 3 辺で結ばれ，②と矛盾する．

(C)　残りの場合は，$deg(x_9) = 1$, $deg(x_8) \geq 2$ で，x_9x_8 が G の辺になるときである．x_9 と x_1, x_2, $\cdots$, x_7 の中から 4 頂点の計 5 頂点を選ぶ．x_9 と各 x_i $(i = 1, 2, \cdots, 7)$ は G の辺で結ばれない．そこで x_1, x_2, $\cdots$, x_7 とそれらを結ぶ辺からなるグラフ $G'' = (V'', E'')$ を考えると，(1) と同様にして，次を得る：

$$|E''| \geq \frac{{}_7\mathrm{C}_4 \times 2}{{}_3\mathrm{C}_2} = 7 > 6.$$

これは矛盾である．

結局，$|E| = 8$ の場合は生じないこととなり，$|E| = 9$ が証明された．

● 上級

1. 9 人のメンバーを頂点集合 $V = \{x_1, x_2, \cdots, x_9\}$ とし，x_i と x_j は対応する 2 人が握手をした場合に辺で結ぶことによって，頂点数 9 の単純グラフ $G = (V, E)$ をつくる．条件より，すべての頂点の次数は 2 であるから，G の各連結成分はサイクルとなる（辺数も 9 である）．よって，G の構成は次の 4 つの場合となる．

(1)　3 つの 3–サイクル；
(2)　1 つの 3–サイクルと 1 つの 6–サイクル；
(3)　1 つの 4–サイクルと 1 つの 5–サイクル；
(4)　1 つの 9–サイクル．

そこで，これらのサイクルに分割する方法の個数を数える．

(1) については，${}_9\mathrm{C}_3 \times {}_6\mathrm{C}_3 / 3! = 280$ 通りある．

(2) については，3–サイクルに属する 3 人が決まれば残り 6 人は自動的に決まるので，${}_9\mathrm{C}_3 = 84$ 通りある．

(3) についても同様に考えて，${}_9\mathrm{C}_4 = 126$ 通りある．

(4) の場合は 1 通りである．

次に，各サイクルに属するメンバーが決まった場合に，そのメンバーどうしの握手の仕方を数える．数え方の原理は次のようになる：

k–サイクルから 1 頂点を選び，A とする．A と結ぶ 2 頂点の選び方は $_{k-1}\mathrm{C}_2$ 通りであり，その 2 頂点を B, C とする．

$k > 3$ ならば，B と結ぶ第 4 の頂点があるのでそれを D とする；D の選び方は $k - 3$ 通りである．

$k > 4$ ならば，D と結ぶ第 5 の頂点があるのでそれを E とする；E の選び方は $k - 4$ 通りである．これを続けると，最後は C と結ぶことになり，完成するから，k–サイクルでは $_{k-1}\mathrm{C}_2 \times (k-3)!$ 通りの仕方がある．これをもとに，各場合について，仕方を数える：

(1) 3 人で 3–サイクルをつくる方法は 1 通りである．

(2) 3–サイクルの方は自動的で 1 通り，6–サイクルの方は $_{6-1}\mathrm{C}_2 \times (6-3)! = 60$ 通りである．

(3) 4–サイクルの方は $_{4-1}\mathrm{C}_2 \times (4-3)! = 3$ 通り，5–サイクルの方は $_{3-1}\mathrm{C}_2 \times (5-3)! = 12$ 通りだから，全部で $3 \times 12 = 36$ 通りである．

(4) 9–サイクルについては，$_{9-1}\mathrm{C}_2 \times (9-3)! = 20160$ 通りである．

上の結果，握手の組合せの個数は，

$$280 \times 1 \times 1 \times 1 + 84 \times 1 \times 60 + 126 \times 3 \times 12 + 1 \times 20160 = \mathbf{30016}$$

である．

2. 一般的に島の数が p，橋の数が q のとき，このような橋の壊し方は，初めの橋の架かり方に依らず，2^{q-p+1} であることを，q に関する帰納法で証明する．ただし以下，島を頂点とし，橋を辺とみなしたグラフと対応させて考える．

$q = p - 1$ の場合は，このグラフは「木」であり，このときはすべての橋を壊すしかないので 1 通りであるため，$q = p - 1$ のときは証明された．

一般に，頂点の数が x，辺の数が y のときに，条件をみたす辺の壊し方は L 通りあるとする．そしてこのときのグラフを T としよう．また，T は完全グラフでないとする．T は連結グラフであるので，$x - 1 \le y$ である．

今 T が含まない辺を 1 つとってそれを e とする．$T + e$ の辺の壊し方の中で，e を壊すようなものは T の辺の壊し方の数と等しく，L 通りある．さて，$T + e$ の辺の壊し方で e を壊さないやり方は何通りあるかを考える．T は連結なので，$T + e$ には e を含むサイクルが必ず存在する．その 1 つを選んで C と書くことにする．$T + e$ の中で e 以外のいくつかの辺を取り除いたグラフを S と書くことに

する．ここで，S が題意の条件をみたすことは以下の条件と同値である．

条件：S の中で C と重なる辺は除去し，重ならない辺は加える．こうしてできたグラフを U としたとき，U は e を含まない，題意をみたすグラフとなっている．

これは C の各頂点の次数が偶数であることから明らかである．

よって，$T+e$ の辺の壊し方で，e を壊さないやり方も L 通りある．よって，頂点数を変えないまま辺を 1 本増やすと，題意をみたす辺の壊し方は 2 倍になることがわかった．したがって，帰納法により，一般の p, q についても証明された．

よって，求める最大値は，$2^{2005-80+1} = \mathbf{2^{1926}}$ である．

3. k の最小値は **57** であることを示す．

流れ星航空の開設する直行便は，2016 頂点の有向グラフ G であって，各頂点の出次数が 1 に等しいようなものとみなせる．

まず，条件をみたすには少なくとも 57 個のグループが必要であることを示す．このためには，G が 57 頂点から成る有向サイクルをもつとすればよい．このとき，このサイクル内のどの 2 都市についても，片方からもう片方に 28 本以下の直行便を乗り継いで移動できる．よって，このサイクル内に同じグループに属する 2 都市は存在しない．したがって，少なくとも 57 個のグループが必要である．

次に，条件をみたすためには，57 個のグループで十分であることを示す．銀河帝国の都市を頂点として頂点集合 V を定め，頂点 u から頂点 v に 28 本以下の直行便を乗り継いで到着できるときに u から v への有向辺を定めることによって有向グラフ $H = (V, E)$ を定める．各頂点の出次数は高々 28 である．このとき，H の頂点集合 V を，同じグループ内の 2 頂点間に有向辺が存在しないように 57 個以下のグループに分けられることを示せば十分である．したがって，次の主張を示せば証明が完結する．

補題　$H = (V, E)$ を $n\,(\geq 1)$ 頂点から成る有向グラフとする．各頂点 $u \in V$ について，u の出次数が 28 以下であるとする：$odeg(u) \leq 28$.
　このとき，同じグループ内のどの 2 頂点も辺で結ばれていないように，頂点集合を 57 個以下のグループに分けることができる．

証明　頂点数 n に関する数学的帰納法で証明する．

$n = 1$ のときは明らかである.

$n = k$ のとき，命題が正しいと仮定する．$n = k + 1$ のとき，各頂点の出次数が 28 以下なので，入次数が 28 以下であるような頂点 v が存在する．H から v（と v に接続するすべての有向辺）を取り除いて得られるグラフ H' も補題の仮定をみたすので，帰納法の仮定より，H' の頂点集合 $V - \{v\}$ を，同じグループ内のどの 2 頂点も辺で結ばれていないように 57 個以下のグループに分けることができる．ところで，v の出次数と入次数はいずれも 28 以下なので，H において v と辺で結ばれている頂点は高々 56 個である．したがって，57 個のグループには，その中のどの頂点も v と辺で結ばれていないグループがあるので，v をそのグループに入れることができる．これにより，$n = k + 1$ のときも正しいことが示された.

4. 西から x 本目の筋と北から y 本目の通りの交点を $\langle x, y \rangle$ で表す．まず隣り合う 2 つの公差点は和 $x + y$ の偶奇が異なることに注する．題意の経路が隣り合う交差点間の移動 $mn - 1$ 回からなることに着目すると，

(1)　mn が奇数であり，かつ $a + b, a' + b'$ はともに偶数であるか，

あるいは

(2)　mn が偶数であり，かつ $a + b$ と $a' + b'$ のうち一方のみが偶数であるか

のいずれかが必要である．また，これがみたされたとしても，

(3)　$m = 2$ かつ $1 \neq b = b' \neq n$ であるか，

あるいは

(4)　$m = 3$ かつ n は偶数であり，しかも $b' - b > 1$ または $a = a' = 2$ が成り立ち，さらに

- $a + b$ は奇数かつ $b < b'$ であるか，

または

- $a + b$ は偶数かつ $b > b'$ である

ならば（図 1），題意の経路は存在しないことが容易に確かめられる.

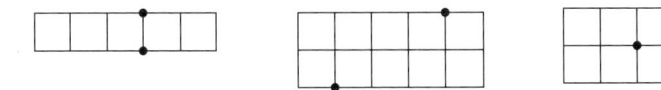

図 1　条件 (3) や (4) をみたすため，題意の経路が存在しないような始点・終点の配置の例

以下では逆に (m, n, a, b, a', b') として勝手な $(\hat{m}, \hat{n}, \hat{a}, \hat{b}, \hat{a}', \hat{b}')$ をとり，

★ (1) か (2) が成り立ち，(3) も (4) も成り立たない

と仮定して，題意にいう経路の存在を示そう．まず，$\hat{n} \le 3$ のときは図 2 による．以下では，$\hat{n} > 3$ とし，帰納法の仮定として，

$$(m, n) = (\min\{\hat{m}, \hat{n} - 2\}, \max\{\hat{m}, \hat{n} - 2\})$$

においては，★をみたす任意の a, b, a', b' について，題意の経路が存在するとする．

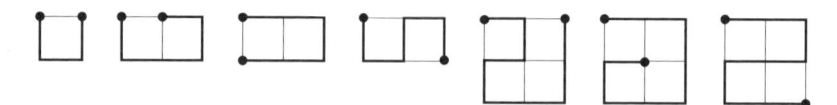

図 2　$(\hat{m}, \hat{n}) = (2, 2), (2, 3), (3, 3)$ における始点・終点の配置は，上に図示されるものから回転や裏返しで得られるもののみである．いずれの場合にも，題意の経路が存在する．

$\hat{b} \ge 3$，$\hat{b}' \ge 3$ ならば，図 3 で個別に示す場合を除き，帰納法の仮定より，最も西の 2 本の筋にない交差点を一度ずつ通りながら $\langle \hat{a}, \hat{b} \rangle$ から $\langle \hat{a}', \hat{b}' \rangle$ へ到達できる．この経路は西から 3 本目の筋の一部を必ず通るから，その部分を図 4 のように引き伸ばして所望の経路を得る．$\hat{b}$ と $\hat{b}'$ が $\hat{n} - 2$ 以下である場合も同様である．

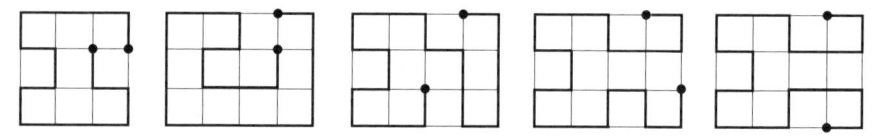

図 3　西から 2 筋を除くと★が成り立たなくなる配置は，上に図示される場合とその上下を反転したもののみである．いずれの場合にも，題意の経路が存在する．

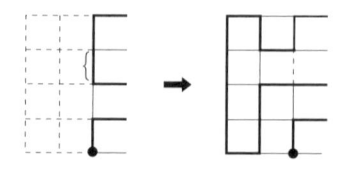

図 4　西から 3 本目の筋を通る部分を引き伸ばして経路を延長する．

そこで，必要なら経路の向きを反転することで，$\hat{b} \le 2$ と $\hat{b}' \ge \hat{n} - 1$ を仮定し，さらに必要なら南北や東西の反転により，$\hat{a} + \hat{b}$ を偶数としてよい．求める経路を構成しよう．まず，$\langle \hat{a}, \hat{b} \rangle$ から出発し，最も西の 2 本の筋にある交差点のみを一度ずつ通りながら $\langle 2, 1 \rangle$ へ到達できることが容易に確かめられる．次に東に 1 筋だけ進む．そこから $\langle \hat{a}', \hat{b}' \rangle$ へ，最も西の 2 本の筋にない交差点を一度ずつ通りなが

ら到達できることは，帰納法の仮定から結論できる．

5. 去年訪れた町を順に $c_0, c_1, \cdots, c_n, c_0$ とする．まず c_0，次に c_1 を訪れてから，残りのすべての町をちょうど一度ずつ訪れる経路——最後に c_0 に戻れるとは限らない——を**良い旅程**という．良い旅程のうち，最後の町と c_0 が道路で結ばれているものを**完璧な旅程**という．たとえば，去年は完璧な旅程 $c_0 c_1 \cdots c_n$ を辿ってから c_0 に戻ってきた．完璧な旅程をもう1つ見つけたい．

さて，良い旅程

$$J = c_0 a_1 a_2 \cdots a_i a_{i+1} a_{i+2} \cdots a_{n-1} a_n$$
$$(a_1 = c_1, \{a_2, \cdots, a_n\} = \{c_2, \cdots, c_n\})$$

で，a_n と $a_i\,(1 \le i \le n-2)$ が道路で結ばれていれば，

$$J' = c_0 a_1 a_2 \cdots a_i a_n a_{n-1} \cdots a_{i+2} a_{i+1}$$

もまた，J とは異なる良い旅程である．このとき，J と J' は**似ている**という（次図）．

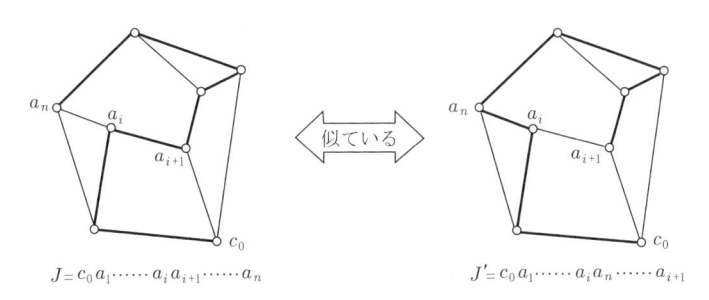

このとき，a_i は，a_n に道路で結ばれた3つの町から選ぶのだから，その選び方は，J が完璧な旅程ならば1通り，さもなくば2通りある．よって，完璧な旅程は自分に似ている良い旅程を1つもち，完璧でない良い旅程は自分に似ている良い旅程を2つもつ．

したがって，完璧な旅程は偶数個ある．去年使ったのはその1つだから，少なくとももう1つある．

> **注**　(1)　問題文の町を頂点とし，町を結ぶ道路を辺としたグラフ G を考えると，良い旅程はハミルトン道で，完璧な旅程の終点 a_n と始点 c_0 を結ぶとハミルトンサイクルになる．G は連結な 3–正則グラフで，奇頂点定理より，頂点の個数は偶数である．ハミルトンサイクルの辺を2色で交互に塗り分け，残りの辺に第3の色を塗ることで，G の辺彩色数が3であることがわかる．この場合，G には偶数個の

ハミルトンサイクルが存在することが一般論で証明される.

(2) 上の解答は,良い旅程を頂点とし,互いに似ている良い旅程どうしを辺で結ぶことによって得られるグラフを H とすると,完璧な旅程に対応する頂点の次数は 1 であり,そうでない旅程に対応する頂点の次数は 2 であるから,奇頂点定理により,H には次数 1 の頂点が全部で偶数個あるという証明である.

6. 優勝する可能性のある 2 人の選手のうち,練習試合で敗れた方を A,勝った方を B とする.B が練習試合で全勝したとすると,はじめの選手の並び方によらず B が優勝することになるため,B は練習試合で 1 敗以上したとわかる.ここで,B に練習試合で勝利した選手のうちの 1 人を C とする.A が練習試合で C に敗れたとすると,はじめに左から順に $A, B, C, \cdots$ と選手が並んだとき,A, B 以外の選手が優勝するため矛盾する.よって,A は練習試合で C に勝利したことがわかる.

A が練習試合で 2 敗以上したとする.ここで,B 以外で A に練習試合で勝利した選手のうちの 1 人を D とする.はじめに左から順に $A, D, B, C, \cdots$ と選手が並んだとすると,A, B 以外の選手が優勝するため矛盾する.したがって,A は練習試合で 6 勝 1 敗であったとわかる.

B が練習試合で 2 敗以上したとする.ここで,C 以外で B に練習試合で勝利した選手のうちの 1 人を D とする.はじめに左から順に $A, B, C, D, \cdots$ と選手が並んだとすると,A, B 以外の選手が優勝するため矛盾する.したがって,B も練習試合で 6 勝 1 敗であったとわかる.

C が練習試合で 2 勝以上したとする.ここで,B 以外で C が練習試合で勝利した選手のうちの 1 人を E とする.はじめに左から順に $A, B, C, E, \cdots$ と選手が並んだとすると,A, B 以外の選手が優勝するため矛盾する.したがって,C は練習試合で 1 勝 6 敗であったとわかる.

逆に,A, B, C が練習試合で,それぞれ,6 勝 1 敗,6 勝 1 敗,1 勝 6 敗であったとする.A が優勝しないとき,B は A に勝利するから,B は 2 回戦に進出する.さらに,B が優勝しないとすると,B は 2 回戦以降で C に敗北することになるが,C は練習試合で 1 勝 6 敗だったから,2 回戦以降で勝利することはないため矛盾する.

以上より,A, B, C が練習試合で,それぞれ,6 勝 1 敗,6 勝 1 敗,1 勝 6 敗であったことが,優勝する可能性のある選手が A と B のちょうど 2 人になる必要十分条件である.このような勝敗の組合せは,A, B, C に該当する選手の選び方

が $8 \times 7 \times 6 = 336$ 通り，残りの 5 人の選手どうしの試合が $_5\mathrm{C}_2 = 10$ 試合あってその勝敗の組合せが $2^{10} = 1024$ 通りであるから，

$$336 \times 1024 = \mathbf{344064}$$

通りである．

7. 14 人を A_1, A_2, $\cdots$, A_{14} とし，A_k は a_k 勝 $13 - a_k$ 敗であるとする．

任意の 3 人について，その勝敗のパターンは「2 勝，1 勝 1 敗，2 敗が 1 人ずつ」か「1 勝 1 敗が 3 人」のいずれかなので，三竦みでないときには，1 人が残りの 2 人に勝っている．したがって，三竦みでない 3 人に対して，そのうちの 2 人に勝った 1 人を対応させることにより，三竦みでない 3 人組の数は $\displaystyle\sum_{k=1}^{14} {}_{a_k}\mathrm{C}_2$ であり（ただし，${}_1\mathrm{C}_2 = {}_0\mathrm{C}_2 = 0$ とする），三竦みの数は $_{14}\mathrm{C}_3 - \displaystyle\sum_{k=1}^{14} {}_{a_k}\mathrm{C}_2$ であることがわかる．よって，三竦みの数の最大値を求めるには，$\displaystyle\sum_{k=1}^{14} {}_{a_k}\mathrm{C}_2$ の最小値を求めればよい．

以下，$\displaystyle\sum_{k=1}^{14} {}_{a_k}\mathrm{C}_2$ の最小値が 252 であることを証明するが，

$$\sum_{i=1}^{14} a_k = {}_{14}\mathrm{C}_2 = 91$$

に注意すると，次のことを証明すればよい．

(1)　非負整数 x_1, $\cdots$, x_n が $\displaystyle\sum_{k=1}^{14} x_k = 91$ をみたしつつ動くときの，$\displaystyle\sum_{k=1}^{14} {}_{x_k}\mathrm{C}_2$ の最小値は 252 である．

(2)　$\displaystyle\sum_{k=1}^{14} {}_{a_k}\mathrm{C}_2 = 252$ となるように勝敗を定めることができる．

まず，(1) を証明する．x_1, $\cdots$, x_n のとり得る値は有限個しかないので，$\displaystyle\sum_{k=1}^{14} {}_{x_k}\mathrm{C}_2$ は最小値をもつ．$x_i - x_j \geq 2$ なる i, j が存在する場合，

$$y_k = \begin{cases} x_i - 1 & (k = i) \\ x_j + 1 & (k = j) \\ x_k & (k \neq i, j) \end{cases}$$

とおくと，$y_k \geq 0$, $\displaystyle\sum_{k=1}^{14} y_k = 91$ であり，

$$\sum_{k=1}^{14} {}_{x_k}\mathrm{C}_2 - \sum_{k=1}^{14} {}_{y_k}\mathrm{C}_2 = ({}_{x_i}\mathrm{C}_2 + {}_{x_j}\mathrm{C}_2) - ({}_{x_i-1}\mathrm{C}_2 + {}_{x_j+1}\mathrm{C}_2)$$

$$= \frac{x_i(x_i-1)}{2} + \frac{x_j(x_j-1)}{2} - \frac{(x_i-1)(x_i-2)}{2} - \frac{(x_j+1)x_j}{2}$$

$$= x_i - x_j - 1 > 0$$

なので, $\displaystyle\sum_{k=1}^{14} {}_{x_k}\mathrm{C}_2$ は最小値ではない. よって, $\displaystyle\sum_{k=1}^{14} {}_{x_k}\mathrm{C}_2$ が最小値をとるとき, 任意の i, j に対して, $x_i - x_j \leq 1$ である. 簡単な考察により, このような $x_1, \cdots, x_{14}$ は $6, 7$ が, それぞれ, 7 個ずつの場合に限ることがわかる. ゆえに, $\displaystyle\sum_{k=1}^{14} {}_{x_k}\mathrm{C}_2$ の最小値は ${}_6\mathrm{C}_2 \times 7 + {}_7\mathrm{C}_2 \times 7 = 252$ となる.

次に, (2) を証明する. 表のように勝敗を定めると, $a_1, \cdots, a_{14}$ は $6, 7$ が, それぞれ, 7 個ずつなので, $\displaystyle\sum_{k=1}^{14} a_k = 252$ となる.

	A_1	A_2	A_3	A_4	A_5	A_6	A_7	A_8	A_9	A_{10}	A_{11}	A_{12}	A_{13}	A_{14}
A_1	×	○	○	○	○	○	○	●	●	●	●	●	●	●
A_2	●	×	○	○	○	○	○	○	●	●	●	●	●	●
A_3	●	●	×	○	○	○	○	○	○	●	●	●	●	●
A_4	●	●	●	×	○	○	○	○	○	○	●	●	●	●
A_5	●	●	●	●	×	○	○	○	○	○	○	●	●	●
A_6	●	●	●	●	●	×	○	○	○	○	○	○	●	●
A_7	●	●	●	●	●	●	×	○	○	○	○	○	○	●
A_8	○	●	●	●	●	●	●	×	○	○	○	○	○	○
A_9	○	○	●	●	●	●	●	●	×	○	○	○	○	○
A_{10}	○	○	○	●	●	●	●	●	●	×	○	○	○	○
A_{11}	○	○	○	○	●	●	●	●	●	●	×	○	○	○
A_{12}	○	○	○	○	○	●	●	●	●	●	●	×	○	○
A_{13}	○	○	○	○	○	○	●	●	●	●	●	●	×	○
A_{14}	○	○	○	○	○	○	○	●	●	●	●	●	●	×

ただし, i 行 j 列において, ○, ● は, それぞれ, A_i が A_j に勝った, 負けたことを表しており, × は試合が行われていないことを表す.

以上より, 求める三竦みの最大値は, ${}_{14}\mathrm{C}_3 - 252 = \mathbf{112}$ である.

◆第 10 章◆

● 初級

1. D の発言が誤りであると仮定すると，A, B, C の発言より，n は $2^3 \times 3^2 \times 7 = 504$ の倍数であるが，これは n が 500 以下の正の整数であることに矛盾するので，不適である．よって，D の発言は正しい．

これにより，n の各桁の数字の和は 15 であるので，n は 3 でちょうど 1 回割り切れる．よって，B の発言が誤りであり，A, C の発言は正しい．

A, C の発言より，n は $2^3 \times 7 = 56$ の倍数である．このうち 1 以上 500 以下であって各桁の数字の和が 15 であるものは 168 のみである．また，$n = 168$ は問題の条件をみたす．

以上より，答は $n = \mathbf{168}$ である．

2. 31 以下の正の整数は条件をみたす．n が 32 以上の整数のとき，100 を n で割った商は 3 以下である．

(0)　商が 0 のとき：

余りは 100 であるから，条件をみたすものは存在しない．

(1)　商が 1 のとき：

n は 51 以上 100 以下である．余りは $100 - n$ であるから，30 以下になるのは，$n = 70, 71, \cdots, 100$ の 31 個．

(2)　商が 2 のとき：

n は 34 以上 50 以下である．余りは $100 - 2n$ であるから，30 以下になるのは $n = 35, 36, \cdots, 50$ の 16 個．

(3)　商が 3 のとき：

n は 32 もしくは 33 である．余りは，どちらも 30 以下である．

以上より，求める整数の個数は，$31 + 31 + 16 + 2 = \mathbf{80}$ である．

3. 正の約数をちょうど 6 個もつような数は，ある素数 p を用いて p^5 と書けるか，異なる素数 p, q を用いて $p^2 q$ と書けるかのいずれかである．

$50400 = 2^5 \times 3^2 \times 5^2 \times 7$ であるので，p^5 が 50400 の約数となるのは $p = 2$ のときであり，$p^2 q$ が 50400 の約数となるのは

$$(p, q) = (2, 3),\ (2, 5),\ (2, 7),\ (3, 2),\ (3, 5),\ (3, 7),\ (5, 2),\ (5, 3),\ (5, 7)$$

のときである．

よって，求める約数の個数は，$1 + 9 = \mathbf{10}$ である．

4. 正の整数 n について，n を 20 で割った余りが 16 で割った余りより小さいということは，n 以下の最大の 20 の倍数が，n 以下の最大の 16 の倍数よりも大きいということと同値である．つまり，2016 以下の正の整数で，80 で割った余りが

$$20 \text{ 以上 } 32 \text{ 未満}, \quad 40 \text{ 以上 } 48 \text{ 未満}, \quad 60 \text{ 以上 } 64 \text{ 未満}$$

であるものの個数を求めればよい．

2000 が 80 の倍数であり，2001 以上で条件をみたすような整数がないことを考えると，条件をみたすような整数の個数は，次のようになる：

$$\frac{2000}{80} \times (12 + 8 + 4) = \mathbf{600}.$$

5. 4 枚のカードに書かれている整数が 2 種類以下と仮定すると，カード 2 枚の数の和として考えられるものは高々 3 種類である．また，4 つの整数すべてが異なる場合，4 数を $a < b < c < d$ とすると，

$$a + b < a + c < a + d < b + d < c + d$$

より，カード 2 枚の数の和として考えられるものは少なくとも 5 種類ある．以上より，4 枚のカードに書かれている整数は全部でちょうど 3 種類あり，1 つの整数が重複している．

これら 3 種類の整数を $p, q, r\,(p < q < r)$ とすると，$pq < pr < qr$ であるから，重複した数の 2 乗は pq, pr, qr のいずれかに一致する．

$p^2 < pq < pr < qr < r^2$ より，重複する数は q であり，$pq < q^2 < qr$ から，$pr = q^2$ が必要である．

したがって，4 枚のカードに書かれている整数の組は (p, q, q, r)（ただし，$p < q < r$ かつ $q^2 = pr$）と表せる．このような組をすべて列挙すると，

$$(1, 2, 2, 4), \quad (1, 3, 3, 9), \quad (2, 4, 4, 8), \quad (4, 6, 6, 9)$$

の 4 通りで，これらはすべて条件をみたすことが確認できる．

6. 1 桁の数が 9 個ある．数字を大きい方から並べて得られる単調な正整数は，集合 $\{0, 1, 2, \cdots, 9\}$ の部分集合の個数から，空集合 $\emptyset$ と $\{0\}$ の 2 個分を除いた数であるから，$2^{10} - 2 = 1022$ 個ある．また，数字を小さい方から並べて得られる単調な正整数は，集合 $\{1, 2, \cdots, 9\}$ の部分集合の個数であるから，$2^9 - 1 = 551$ 個ある．

よって，求める単調な正整数の個数は，$1022 + 551 - 9 = \mathbf{1564}$ である．

7. 1, 2, 3, 4, 5, 6, 7, 8, 9 を等差数列をなす 3 つの数 3 組に分ける方法が何通りあるのかを考えればよい．等差数列をなすように 1 を含む 3 つの数を選ぶ方法は，$\{1, 2, 3\}$, $\{1, 3, 5\}$, $\{1, 4, 7\}$, $\{1, 5, 9\}$ の 4 通りがある．それぞれの場合について，残りの 6 つの数を等差数列をなす 3 つの数 2 組に分ける方法を考えると，以下のように，$\{1, 2, 3\}$ の場合は 2 通り，それ以外の場合は 1 通りずつある．

$$\{1, 2, 3\} \ \rightarrow \ \{\{4, 5, 6\}, \{7, 8, 9\}\}, \ \ \{\{4, 6, 8\}, \{5, 7, 9\}\},$$
$$\{1, 3, 5\} \ \rightarrow \ \{\{2, 4, 6\}, \{7, 8, 9\}\},$$
$$\{1, 4, 7\} \ \rightarrow \ \{\{2, 5, 8\}, \{3, 6, 9\}\},$$
$$\{1, 5, 9\} \ \rightarrow \ \{\{2, 3, 4\}, \{6, 7, 8\}\}.$$

したがって，答は **5** 通りである．

● 中級

1. $i = 1, 2, 3, 4, 5, 6$ について，a_i と b_i がペアになっているとする．$a_i < b_i$ かつ $a_1 < a_2 < \cdots < a_6$ としてかまわない．6 組のペアの得点の総和が 30 となるとき，$\sum_{i=1}^{6}(b_i - a_i) = 30$ である．また，$\sum_{i=1}^{6}(a_i + b_i) = 1 + 2 + \cdots + 12 = \dfrac{12 \times 13}{2} = 78$ であるから，

$$\sum_{i=1}^{6} a_i = \frac{1}{2}\left(\sum_{i=1}^{6}(a_i + b_i) - \sum_{i=1}^{6}(b_i - a_i)\right) = \frac{1}{2}(78 - 30) = 24$$

がわかる．これは，

$$(a_1, a_2, a_3, a_4, a_5, a_6) = (1, 2, 3, 4, 5, 9), \ (1, 2, 3, 4, 6, 8), \ (1, 2, 3, 5, 6, 7)$$

のとき成立する．この 3 通りで場合分けする．

- $(a_1, a_2, a_3, a_4, a_5, a_6) = (1, 2, 3, 4, 5, 9)$ のとき

b_6 が 10, 11, 12 のいずれかであればよいので，分割の方法は $3 \times 5! = 360$ 通りある．

- $(a_1, a_2, a_3, a_4, a_5, a_6) = (1, 2, 3, 4, 6, 8)$ のとき

b_6 が 9, 10, 11, 12 のいずれかであり，b_5 が 7, 9, 10, 11, 12 のうち b_6 でないもののいずれかであればよいので，分割の方法は $4 \times 4 \times 4! = 384$ 通りである．

- $(a_1, a_2, a_3, a_4, a_5, a_6) = (1, 2, 3, 5, 6, 7)$ のとき

$b_i = 4$ となる i が $1, 2, 3$ のいずれかであればよいので, 分割の方法は $3 \times 5! = 360$ 通りである.

以上より, 題意をみたす分割の方法は, $360 + 384 + 360 = \mathbf{1104}$ 通りである.

2. 非負整数 n を 3 の非負整数乗の和として表す方法の総数を $f(n)$ で表す. ただし, $f(0) = 1$ と考える.

n を 3 の非負整数乗の和として表す方法のうち, 1 をちょうど k 個使うものが存在するのは $n - k$ が 3 の倍数のときのみである. このような k に対して, $n - k = 3m$ (m は非負整数) とおくと, n を 3 の非負整数乗の和として表す方法で 1 をちょうど k 個使うものの総数は, $3m$ を 3 の正整数乗の和として表す方法の総数に等しく, それは明らかに $f(m)$ に等しい. よって, 漸化式

$$f(n) = \sum_{0 \le m \le n/3} f(m)$$

が成り立つ.

この式を用いて $f(100)$ を計算する.

まず, $f(100) = f(0) + f(1) + \cdots + f(33)$ である. この和の各項に対して再び漸化式を適用することで, 次を得る:

$f(0) = f(1) = f(2), \quad f(3) = f(4) = f(5) = f(0) + f(1), \quad \cdots \quad,$

$f(30) = f(31) = f(31) = f(0) + \cdots + f(10), \quad f(33) = f(0) + \cdots + f(11).$

これより, 次がわかる:

$$f(100) = 34f(0) + 31f(1) + \cdots + 4f(10) + f(11).$$

さらに漸化式を用いると, 次を得る:

$$\begin{aligned}
f(100) &= (34 + 32 + 28)f(0) + (25 + 22 + 19)(f(0) + f(1)) \\
&\quad + (16 + 13 + 10)(f(0) + f(1) + f(2)) \\
&\quad + (7 + 4 + 1)(f(0) + f(1) + f(2) + f(3)) \\
&= 210f(0) + 117f(1) + 51f(2) + 12f(3).
\end{aligned}$$

ところで, $f(0) = f(1) = f(2) = 1$, $f(3) = f(0) + f(1) = 2$ であるから, 求める方法の総数 $f(100)$ は, 次のようになる:

$$f(100) = 210 + 117 + 51 + 12 \times 2 = \mathbf{402}.$$

3. 問題の式を変形すると

$$(ac - bd)^2 + (ad - bc)^2 = 106$$

となるので，$(ac - bd, ad - bc)$ の組としてあり得るのは $(\pm 5, \pm 9)$, $(\pm 9, \pm 5)$ の 8 個である．さらに，

$$(ac - bd) + (ad - bc) = (a - b)(c + d), \quad (ac - bd) - (ad - bc) = (a + b)(c - d)$$

だから，$((a-b)(c+d), (a+b)(c-d))$ の組としてあり得るのは $(\pm 4, \pm 14)$, $(\pm 14, \pm 4)$ の 8 個である．

逆に，$((a - b)(c + d), (a + b)(c - d))$ の値の組がこれら 8 個のいずれかとなるような整数の組 (a, b, c, d) は，

$$2((ac - bd)^2 + (ad - bc)^2) = ((a - b)(c + d))^2 + ((a + b)(c - d))^2$$
$$= 16 + 196 = 212$$

であるから，問題の式をみたす．

次に，(a, b, c, d) が $(a - b)(c + d) = 4$, $(a + b)(c - d) = 14$ をみたすとき，$m = a - b$, $n = a + b$ とすると，m が 4 の約数で n が 14 の約数であり，m と n, $\dfrac{4}{m}$ と $\dfrac{14}{n}$ の偶奇は一致する．逆に，(m, n) がこの条件をみたすとき，

$$a = \frac{m + n}{2}, \quad b = \frac{n - m}{2}, \quad c = \frac{1}{2}\left(\frac{4}{m} + \frac{14}{n}\right), \quad d = \frac{1}{2}\left(\frac{4}{m} - \frac{14}{n}\right)$$

とすれば，確かに $(a - b)(c + d) = 4$, $(a + b)(c - d) = 14$ も成り立つ．このような (m, n) の組は $(\pm 1, \pm 1)$, $(\pm 1, \pm 7)$, $(\pm 4, \pm 2)$, $(\pm 4, \pm 14)$ の 16 個である．

他の $((a - b)(c + d), (a + b)(c - d))$ の組についても同様なので，求める個数は，$16 \times 8 = \mathbf{128}$ である．

4. a と $b + c$, b と $c + a$, c と $a + b$ の最大公約数を，それぞれ，g_1, g_2, g_3 とおく．g_1 と g_2 をともに割り切る素数 p が存在したとすると，a, b はともに p で割り切れる．さらに，$b + c$ は p で割り切れるので，c も p で割り切れて，a, b, c の最大公約数が 1 であることに反する．よって，g_1 と g_2 は互いに素である．

同様に，g_2 と g_3, g_3 と g_1 も互いに素であることがわかる．

以上と，g_1, g_2, g_3 がいずれも 1 より大きいことより，$g_1 g_2 g_3 \geq 2 \times 3 \times 5 = 30$ となる．

さらに，g_1 は a, $b + c$ をともに割り切るので，$a + b + c$ を割り切る．同様に，g_2, g_3 も $a + b + c$ を割り切るので，$g_1 g_2 g_3$ は $a + b + c$ を割り切る．よって，

$$a + b + c \geq g_1 g_2 g_3 \geq 30$$

が成り立つ.

一方, たとえば, $(a, b, c) = (2, 3, 25)$ のとき, 問題の条件が成り立ち, $a+b+c = 30$ がみたされるので, 求める最小値は **30** である.

5. 5人の年齢を大きい順に a, b, c, d, e とおく.

$$a - e = (a - b) + (b - c) + (c - d) + (d - e) = (a - c) + (c - e)$$

であるが, $a-b, b-c, c-d, d-e, a-c, c-e$ は相異なる正の整数であるから,

$$a - e = \frac{((a - b) + (b - c) + (c - d) + (d - e)) + ((a - c) + (c - e))}{2}$$

$$\geq \frac{1 + 2 + 3 + 4 + 5 + 6}{2} = \frac{21}{2} > 10.$$

ここで, $a - e$ は整数であるから, $a - e \geq 11$ となる.

一方で, $(a, b, c, d, e) = (11, 9, 4, 1, 0)$ のとき, すべての2人組について年齢差を列挙すると,

$$a - b = 2, \quad a - c = 7, \quad a - d = 10, \quad a - e = 11, \quad b - c = 5,$$
$$b - d = 8, \quad b - e = 9, \quad c - d = 3, \quad c - e = 4, \quad d - e = 1$$

となり, これらはすべて異なっている. よって, 最も年上の人と最も年下の人の年齢差 $a - e$ としてあり得る最小の値は **11** である.

6. 黒板に書かれている数を大きい順に並べて $a_1, a_2, \cdots, a_m$ とおく.

$a_1, a_2, \cdots, a_m$ に対し, 順に次のようにして○印または×印を付ける:

その時点で○印の付いている数の総和と, ×印の付いている数の総和とを比較する. 前者の方が小さければ○印を付け, そうでなければ×印を付ける.

a_i まで印を付け終わったとき, ○印の付いている数の総和と×印の付いている数の総和との差は a_i 以下となることを, i に関する帰納法により示そう.

$i = 1$ の場合, 差は明らかに a_1 である.

$i = k - 1 \geq 1$ の場合に成り立ったと仮定して, $i = k$ の場合にも成り立つことを示す.

a_k に印を付ける前の○印の付いている数の総和と×印の付いている数の総和との差を d とおく. 印の付け方より, a_k に印を付けた後の差は $|d - a_k|$ で, 帰納法の仮定より, $0 \leq d \leq a_k + 1$ である. したがって, $-a_k \leq d - a_k \leq 1 \leq a_k$

となり，確かに差は a_k 以下になる．以上で帰納法が完結し，主張が示された．

　最後の数 a_m は 1 なので，m 個すべての数に印を付け終わったとき，○印の付いている数の総和と×印の付いている数の総和との差は 1 以下である．一方，仮定より，すべての数の和は偶数なので，差が 1 になることはあり得ない．ゆえに，○印の付いている数の総和と×印の付いている数の総和とは一致する．

[別解]　考えられる印の付け方は有限通りしかないので，そのうち○印の付いている数の総和と×印の付いている数の総和との差を最小にするものが存在する．そのような付け方を一つとる．

　差が 0 でないと仮定する．書かれている数の総和は偶数なので，差が 1 になることはあり得ず，ゆえに差は 2 以上である．一般性を失うことなく，○印の付いている数の総和の方が大きいとしてよい．ここで，次の操作を考える：

　　○印の付いている数のうち最小のものを t とする．

　　$t = 1$ の場合，○印の付いている 1 を一つ選んで×印に変える．

　　$t > 1$ の場合，○印の付いている t を一つ選んで×印に変え，×印の付いている $t-1$ を一つ選んで○印に変える．

　まず，この操作が可能であることを確かめておく．○印の付いている数の総和が×印の付いている数の総和より大きいならば，明らかに○印の付いている数が存在するので，最小のものをとることができる．また，$t > 1$ の場合，問題文の仮定より，$t-1$ は少なくとも 1 個黒板に書かれており，t の定義からどれも○印が付いていないため，×印が付いているものは確かに存在する．

　この操作を実行することにより，差が 2 だけ小さい印の付け方が得られ，最小性に矛盾する．

　ゆえに，最初の付け方は差を 0 にする．これが求めるものであった．

参考　別解を次のような形で述べることも可能である．まず，○印の付いている数の総和の方が大きくなるように印を付ける（たとえば，すべての数に○印を付ける）．このときの差は偶数である．別解で述べた操作を繰り返すと，差が 2 ずつ減少し，いつか差が 0 である印の付け方に到達する．これが求めるものであった．

7. A 君の選んだ数の和と積を，それぞれ，S_A, P_A とし，B 君の選んだ数の和と積を，それぞれ，S_B, P_B とする．条件より，$S_A = P_B, S_B = P_A$ が成り立っ

ている．$S_A \leq 9 + 9 + 9 = 27$ より，$P_B \leq 27$ である．

$a \leq b$ なる 2 数 a, b に対し，$ab > (a-1)(b+1)$ となることに注意すると，$S_B \geq 14$ のとき P_B は必ず $1 \times 4 \times 9 = 36$ 以上になってしまうことがわかる．よって，$P_B \leq 27$ のとき，$S_B \leq 13$ が成り立つ．したがって，$P_A \leq 13$ なので，上と同様の議論により，$S_A \leq 11$ となることがわかる．よって，$P_B \leq 11$ であるが，1 桁の正の整数 3 つの積が 11 となることはないので，$P_B \leq 10$ である．

ゆえに，$S_A = P_B \leq 10$ である．同様に，$S_B = P_A \leq 10$ も成り立つ．

和と積がともに 10 以下となるような 3 つの数の組を（積が大きい方から順に）列挙すると，

$$(1, 2, 5), \quad (1, 3, 3), \quad (1, 1, 8), \quad (1, 2, 4), \quad (2, 2, 2), \quad (1, 1, 7), \quad (1, 1, 6),$$
$$(1, 2, 3), \quad (1, 1, 5), \quad (1, 1, 4), \quad (1, 2, 2), \quad (1, 1, 3), \quad (1, 1, 2), \quad (1, 1, 1)$$

となるので，これらの組の中から A 君と B 君が選んだ数の組としての条件をみたすものを求めればよい．

A 君と B 君が数 x, y, z を選ぶことを，それぞれ，A (x, y, z)，B (x, y, z) と書くことにすると，

$$\text{A}\,(1, 2, 5),\ \text{B}\,(1, 1, 8), \qquad \text{A}\,(1, 3, 3),\ \text{B}\,(1, 1, 7),$$
$$\text{A}\,(2, 2, 2),\ \text{B}\,(1, 1, 6), \qquad \text{A}\,(1, 2, 3),\ \text{B}\,(1, 2, 3)$$

と，これらの A 君，B 君を入れ替えたものが条件をみたすすべての選び方である．したがって，A 君が選んだ 3 つの数の組としてあり得るのは **7** 通りである．

● 上級

1. 整数 n に対し，$f(n) = n - \left\lfloor \dfrac{n}{a} \right\rfloor - \left\lfloor \dfrac{n}{b} \right\rfloor - \left\lfloor \dfrac{n}{c} \right\rfloor$ とおく．n が正のとき，$f(n)$ は n 人が大会に参加した場合にメダルが渡されない人数に一致する．任意の実数 r について，$r - 1 < \lfloor r \rfloor \leq r$ なので，$S = 1 - \dfrac{1}{a} - \dfrac{1}{b} - \dfrac{1}{c}$ とおくと，$Sn \leq f(n) < Sn + 3$ である．また，条件より，$S > 0$ である．

解説　直観的には，n が 1 ずつ増えていくとき，$f(n)$ はおおむね一定の速さ S で増加し，その過程で 3 以上のすべての整数値をちょうど 2 回ずつとるので，$S = \dfrac{1}{2}$ であると予想される．実際そうでありこれを直接証明することは可能だが，後々のためにより強い命題を証明し，その系として導くことにしよう．(解説終)

a, b, c の最小公倍数を L とし，$S = 1 - \dfrac{1}{a} - \dfrac{1}{b} - \dfrac{1}{c} = \dfrac{M}{L}$ とおく．M は整数であり，また $S > 0$ より $M > 0$ である．任意の整数 n に対し，

$$f(n + L) = n + L - \left\lfloor \frac{n+L}{a} \right\rfloor - \left\lfloor \frac{n+L}{b} \right\rfloor - \left\lfloor \frac{n+L}{c} \right\rfloor$$

$$= n + L - \left\lfloor \frac{n}{a} \right\rfloor - \frac{L}{a} - \left\lfloor \frac{n}{b} \right\rfloor - \frac{L}{b} - \left\lfloor \frac{n}{c} \right\rfloor - \frac{L}{c}$$

$$= f(n) + L\left(1 - \frac{1}{a} - \frac{1}{b} - \frac{1}{c}\right)$$

$$= f(n) + M$$

となるので，一般に整数 t に対し，$f(n+tL) = f(n) + tM$ であることに注意する．

$f(n)$ を M で割った余りを $\bar{f}(n)$ とおく．上式より，$\bar{f}$ は周期 L をもつ．ここで，次の補題を示す．

> **補題**　L, M は正の整数であり，整数に対して定義され整数値をとる関数 $g(n)$ が任意の整数 n, t に対し，$g(n + tL) = g(n) + tM$ をみたしているとする．また，$g(n)$ を M で割った余りを $\bar{g}(n)$ と書くことにする．このとき，各 $0 \leq k < M$ に対し，次が成立する：
>
> $\bar{g}(n) = k$ となる $0 \leq n < L$ がちょうど q 個存在するならば，M で割った余りが k となる任意の整数 k' に対し，$g(n) = k'$ となる整数 n はちょうど q 個存在する．

証明　$\bar{g}(n) = k$ となる $0 \leq n < L$ が $n_1, n_2, \cdots, n_q$ のちょうど q 個存在したする．M で割った余りが k となる任意の整数 $k' = k + uM$ をとる．整数 t_i を用いて $g(n_i) = k + t_i M$ と書くと，$n_i' = n_i + (u - t_i)L$ とおくとき，$g(n_i') = k'$ であり，各 n_i' は（L で割った余りが異なるので）相異なる．

一方，$g(n) = k'$ となる n は $n_1', \cdots, n_q'$ のみであることを示そう．

$g(n) = k'$ だとすると，$\bar{g}(n) = k$ であり，n を L で割った余りを $\bar{n}$ とおくと，$\bar{g}$ が周期 L をもつことより，$\bar{g}(\bar{n}) = k$ なので，$\bar{n}$ はある n_i と一致する．よって，$n = n_i' + sL$（s は整数）と書けるが，$g(n_i') = g(n) = g(n_i' + sL) = g(n_i') + sM$ より，$s = 0$，すなわち，$n = n_i'$ となる．以上より，$g(n) = k'$ となる整数 n はちょうど q 個存在することが示された．

> **系** 題意の条件が成立することは，任意の $0 \le k < M$ に対し，$\bar{f}(n) = k$ なる $0 \le n < L$ がちょうど 2 つ存在することと同値である．そのとき，$S = \dfrac{1}{2}$ となる．

証明 $n \le 0$ ならば $f(n) < 3$ なので，$f(n) \ge 3$ ならば $n > 0$ が保証されることに注意すると，前半の主張は補題より従う．このとき特に $L = 2M$，すなわち，$S = \dfrac{M}{L} = \dfrac{1}{2}$ でなければならない． ∎

では，$\dfrac{1}{a} + \dfrac{1}{b} + \dfrac{1}{c} = \dfrac{1}{2}$ をみたす正の整数 a, b, c を求めよう．$a \ge b \ge c > 0$ なので，$\dfrac{1}{2} > \dfrac{1}{c} \ge \dfrac{1}{6}$，すなわち，$3 \le c \le 6$ が成り立つ．

$c = 3$ の場合：

$\dfrac{1}{a} + \dfrac{1}{b} = \dfrac{1}{6}$ で，$a \ge b$ より，$\dfrac{1}{b} \ge \dfrac{1}{12}$ であるから，$b \le 12$ を得る．また，$\dfrac{1}{b} < \dfrac{1}{6}$ から，$b > 6$ を得る．そこで，7 以上 12 以下のすべての整数を b に代入して確かめると，

$$(a, b) = (42, 7), \ (24, 8), \ (18, 9), \ (15, 10), \ (12, 12)$$

が適することがわかる．

$c = 4$ の場合：

$\dfrac{1}{a} + \dfrac{1}{b} = \dfrac{1}{4}$ で，$a \ge b$ より，$\dfrac{1}{b} \ge \dfrac{1}{8}$ であるから，$b \le 8$ を得る．また，$\dfrac{1}{b} < \dfrac{1}{4}$ から，$b \ge 5$ を得る．そこで，$5, 6, 7, 8$ を b に代入して確かめると，

$$(a, b) = (20, 5), \ (12, 6), \ (8, 8)$$

が適することがわかる．

$c = 5$ の場合：

$\dfrac{1}{a} + \dfrac{1}{b} = \dfrac{3}{10}$ で，$a \ge b$ より，$\dfrac{2}{b} \ge \dfrac{3}{10}$ であるから，$b \le 6$ を得る．また，$\dfrac{1}{b} < \dfrac{3}{10}$ から，$b \ge 4$ を得る．そこで，$4, 5, 6$ を b に代入して確かめると，

$$(a, b) = (10, 5)$$

が適することがわかる．

$c = 6$ の場合：

$\dfrac{1}{a} + \dfrac{1}{b} = \dfrac{1}{3}$ で，$a \geq b$ より，$\dfrac{1}{b} \geq \dfrac{1}{6}$ であるから，$b \leq 6$ を得る．また，$\dfrac{1}{b} < \dfrac{1}{3}$ から，$b > 3$ を得る．そこで，$4, 5, 6$ を b に代入して確かめると，

$$(a, b) = (12, 4), \quad (6, 6)$$

が適することがわかる．

以上の結果，$\dfrac{1}{a} + \dfrac{1}{b} + \dfrac{1}{c} = \dfrac{1}{2}$ をみたす (a, b, c) は，$a \geq b \geq c$ を考慮すると，次の 10 個であることがわかる：

$$(42, 7, 3), \quad (24, 8, 3), \quad (18, 9, 3), \quad (15, 10, 3), \quad (12, 12, 3),$$
$$(20, 5, 4), \quad (12, 6, 4), \quad (8, 8, 4), \quad (10, 5, 5), \quad (6, 6, 6).$$

系を用いてこれらすべての場合を調べると，条件が成立するのは

$$(a, b, c) = (12, 6, 4), \quad (8, 8, 4), \quad (10, 5, 5), \quad (6, 6, 6)$$

の場合のみであることが確認できる．

（確認作業）　$(a, b, c) = (12, 6, 4)$ の場合：$L = 12$，$M = 6$ であり，

$$f(0) = 0, \quad f(1) = 1, \quad f(2) = 2, \quad f(3) = 3, \quad f(4) = 3, \quad f(5) = 4,$$
$$f(6) = 4, \quad f(7) = 5, \quad f(8) = 5, \quad f(9) = 6, \quad f(10) = 7, \quad f(11) = 8$$

で，これらを 6 で割った余りは，順に，$0, 1, 2, 3, 3, 4, 4, 5, 5, 0, 1, 2$ であるから，余りには $0, 1, 2, 3, 4, 5$ がちょうど 2 回ずつ現れる．ゆえに，$(12, 6, 4)$ は条件をみたす．

以上より，求める答は，

$$(a, b, c) = \mathbf{(6, 6, 6)}, \quad \mathbf{(8, 8, 4)}, \quad \mathbf{(10, 5, 5)}, \quad \mathbf{(12, 6, 4)}.$$

注　補題の証明も大変だが，その後の計算量も多く，確認作業も膨大であり，予選問題としては難敵である．

参考　実際の国際数学オリンピック大会においては，参加者のおよそ半分にメダルが授与され，金，銀，銅メダルの個数はおよそ $1 : 2 : 3$ の比とすることになっている．

◆第 11 章◆

● 初級

1. n に関する帰納法で示す.

$n = 1$ の場合：各々の人が自分以外の全員と対戦すればよい.

$n = 2$ の場合：$t_2 + 1$ の人を，t_1 人からなるグループ A と，$t_2 - t_1 + 1$ 人からなるグループ B に分割する. グループ A の人は自分以外の全員と対戦（t_2 回対戦）し，グループ B の人はグループ A の人とのみ対戦（t_1 回対戦）すればよい.

$n \geq 3$ の場合：$t_n + 1$ の人を，t_1 人からなるグループ A，$t_n - t_{n-1} + 1$ 人からなるグループ B，$t_{n-1} - t_1 + 1$ 人からなるグループ C の 3 つのグループに分割する. グループ A の人は自分以外の全員と対戦（t_n 回対戦）し，グループ B の人はグループ A の人とのみ対戦（t_1 回対戦）するとする. あとは，グループ C の人どうしの対戦の仕方を決めればよい. したがって，問題は $(t_1, t_2, \cdots, t_n)$ の場合から，$(t_2 - t_1, \cdots, t_{n-1} - t_1)$ （n の値は 2 小さくなる）の場合に帰着されるが，帰納法の仮定により，グループ C での対戦方法を適切に定めることができる.

以上により，任意の n と $(t_1, t_2, \cdots, t_n)$ に対し，題意をみたす対戦方法が存在する.

2. 勝ち状況は真珠が偶数個付いた紐である. このことを帰納法で証明する.

1 個の真珠が付いた紐は，定義から，負け状況である.

偶数 n 個の真珠が付いた紐は，2 つの奇数個の真珠が付いた紐に切断される. 帰納法の仮定から，これらの紐はいずれも相手の負け状況であるから，n は勝ち状況である.

奇数個の真珠が付いた紐は，一方が偶数個の真珠が付いた部分に切断される. 相手はこの偶数個の真珠が付いた部分を選択するが，これは帰納法の仮定より，勝ち状況である. したがって，奇数 n は負け状況である.

この結果，2015 は奇数なので，太郎は必勝戦略をもつ.

3. 阻止できることを示す. カップに x グラムの牛乳と y グラムの紅茶が入っているとき，$3x - 2y$ をそのカップの**状態値**とする. あるカップが良いミルクティーであることと，そのカップの状態値が負であることは同値である.

A 君は自分の操作の直後に，すべてのカップの状態値を 60 以上に保ち続けられることを示す.

最初の操作においては，A 君は各カップに牛乳を 20 グラムずつ注げばよい．

2 回目以降の操作を考える．前回の B 君の操作で空になったカップを P，その他のカップを Q, R とする．また，B 君がそのとき Q, R に注いだ紅茶の量を，それぞれ，q グラム，r グラムとすれば，$q + r \leq 60$ が成り立つ．A 君は Q, R に，それぞれ，$\dfrac{2}{3}q$ グラム，$\dfrac{2}{3}r$ グラムの牛乳を注ぎ，残りをすべて P に注げばよい．すると，P には牛乳のみが $60 - \dfrac{2}{3}(q + r)$ グラム入っているので，状態値は

$$3\left(60 - \frac{2}{3}(q + r)\right) \geq 3 \times (60 - 40) = 60$$

となる．また，Q の状態値は前回の B 君の操作により $2q$ だけ減少し，A 君の操作により $3 \times \dfrac{2}{3}q = 2q$ だけ増加するので，Q の状態値は前回の A 君の操作直後と変わらず，これは R の状態値についても同様である．したがって，A 君は，ある回の操作で Q および R の状態値を 60 以上にしておけば，その次の回の操作ですべてのカップの状態値を 60 以上にすることができる．これは，A 君がすべてのカップの状態値を 60 以上に保ち続けられることを意味する．

B 君は，あるカップの状態値を 60 以上から負にするのに 30 グラムを超える紅茶を注ぐ必要がある．したがって，2 個のカップを同時に良いミルクティーにすることは不可能である．

● 中級

1. l 手目までに両プレイヤーが言い合った数を記録した列 $(N_1, \cdots, N_l)$ を，l 手目までの「履歴」という．また，$j \neq N_1, \cdots, N_l$ をみたす数 j は，$l + 1$ 手目において「自由」であるという．

n が 6 を法として $0, 4, 5$ に合同ならば先手必勝であり，n が 6 を法として $1, 2, 3$ に合同ならば後手必勝であることを示す．

まず，$0 \leq n \leq 5$ のときを考える．$0 \leq n \leq 2$ で主張が正しいことは明らかであろう．

$n = 3$ のとき，2 手目において後手が 1 または 2 と言えば，ゲーム終了時に先手の言った数の和は 5 または 4 である．したがって，後手必勝である．

$n = 4$ のとき，先手が 1 手目において 2 と言い，3 手目において 1 または 4 と言えば，ゲーム終了時に先手の言った数の和は 3 または 6 である．したがって，先手必勝である．

$n = 5$ のとき，1 と 4，2 と 5 をペアにして考えよう．先手は 1 手目において 3 と言い，それ以降は直前に後手が言った数のペアを言っていけば必ず勝つことができる．これで，$0 \leq n \leq 5$ においては主張が正しいことが示された．

$n = k$ で主張が正しければ，$n = k + 6$ でも主張が正しいことを示す．先手，後手のうち $n = k$ において必勝法をもつプレイヤーを A，もう一方のプレイヤーを B とおく．このとき，A は $n = k + 6$ においても次のような必勝法をもつ．$M = \{n+1, n+2, n+3, n+4, n+5, n+6\}$ とおき，$n+1$ と $n+4$，$n+2$ と $n+5$，$n+3$ と $n+6$ をペアにして考える．l 手目を A の手番とする．

(1) l 手目において，M の元以外の自由な数が存在するなら，A は次のようにする．

   (a) A が先手で，かつ $l = 1$ のとき，A は $n = k$ のときの必勝法に従って，1 手目に言うべき数 j を言う．

   (b) B が $l-1$ 手目で M の元 i を言ったとき，A は l 手目で i のペア $j \in M$ を言う．

   (c) B が $l-1$ 手目で M 以外の元 i を言ったとき，$l-1$ 手目までの履歴 $c = (N_1, \cdots, N_{l-1})$ から M の元をすべて除き，それ以外の数を c と同じ順番に並べた列を $c' = (N_1', \cdots, N_{l-1}')$ とおく．ここで，c' が $n = k$ における履歴とみなすことができる．(1) (b) より，B が $m-1$ 手目に M の元を言ったならば（ただし，$m < l-1$），A も m 手目に M の元を言っている．したがって，l' と l の偶奇は一致する．そこで，A は $n = k$ における必勝法に従って，履歴 c' が与えられたとき l' 手目に言うべき数 j を決定し，その j を l 手目に言う．

(2) l 手目において，自由な数がすべて M の元なら，A は次のようにする．

   (a) b が $l-1$ 手目で M の元を言っていないとき，(1) (b) より，l 手目において M の元 i が自由なら，そのペアとなる元 j も自由であることに注意せよ．

     このとき，A は l 手目で適当な M の元 j_0 を言い，$l+1 \leq l'$ 手目は次のようにする：

     $l'-1$ 手目に B が言った元を i' とし，そのペアを j' とする．l' 手目において j' が自由ならば，A は l' 手目に j' を言う．l' 手目において自由な数が存在しなければ終了する．それ以外の場合は，A は l' 手目に適当な M

の元 i'' を言う.

A が以上の戦略をとったとき, 次の 2 つが成り立つ.

- 数を言い終わった時点で, A の言った数 $1 \leq j \leq n$ の総和は 3 の倍数.
- 数を言い終わった時点で, A と B は, 互いにペアとなる M の元を 1 つずつ言っている.

したがって, 数を言い終わった時点で, A の言った数の総和は 3 の倍数である. したがって, A は必ず勝つことができる. これで主張が示された.

ゆえに, 求めるべき条件は, n が 6 を法として $0, 4, 5$ と合同なこと,

$$n \equiv 0,\ 4,\ 5 \pmod{6}$$

である.

2. $3 \leq k \leq 200$ のとき, A さんは 1 以上 100 以下の整数を, いずれも 2 回以下しか言わないように, 合計 k 回言うことができる. このとき, 同じ数の書き込まれる相異なる 3 頂点は存在しないので, B さんが整数をどのように書き込んでも A さんが勝つ.

次に, $k \geq 201$ のとき, A さんの行動によらず, B さんが勝つことができることを示す.

連続する 201 個の頂点をとり, 順に $Q_{100}, \cdots, Q_2, Q_1, P, R_1, R_2, \cdots, R_{100}$ とおく. B さんは P に整数を書き込むまで, 次を行う.

　　整数 i を A さんが言ったとする. A さんが i を言うのが一度目のとき Q_i に, 二度目のとき R_i に, 三度目のとき P に i を書き込む.

P に整数を書き込んだ後は, A さんの言った整数を, まだ整数を書き込んでいない頂点のいずれか 1 つに書き込む. P に書き込んだ数を n とすると, Q_n, R_n にも n を書き込んでおり, 線分 PQ_n, PR_n の長さは等しいので, P, Q_n, R_n は条件をみたす 3 頂点であり, B さんが勝つ.

したがって, 求める k は **201 以上の整数すべて**である.

3. B 君が必ずゲームを終了させることができることを示す.

ゲームのある時点でマス目に書かれている整数を左から $x_1, \cdots, x_N$ と書き, $x_0 = 0$ とおく. $x_i > x_{i+1}$ をみたす最小の $i\,(1 \leq i \leq N-1)$ を**完成度**と言うことにする. ただし, そのような i が存在しない場合, 完成度は N とする. 完成度

が N であれば，ゲームは終了する.

完成度 j が N より小さいときを考える. A 君がいかなる整数 a を指定しても，B 君は以下のように行動することによって，「完成度が増加する」「完成度は変わらず，マス目に書かれている整数の総和が減少する」のいずれかをみたすことができる:

- $x_j \leq a$ のとき:

x_{j+1} を a に書き換える. 完成度は $j+1$ 以上に増加する.

- $x_j > a$ のとき:

$x_0 \leq x_1 \leq \cdots \leq x_j$ であるから，$x_{i-1} \leq a \leq x_i$ をみたす i $(1 \leq i \leq j)$ が一意に存在する. その i をとって，x_i を a に書き換える. 書き換えた後も完成度は j 以上となり，マス目に書かれている整数の総和は減少する.

マス目に書かれている整数は非負整数であるから，完成度が一定のまま総和が減少し続けることはない. よって，完成度は有限回の繰り返しのうちに増加していき，最終的に N に達するので，ゲームは終了する.

● 上級

1. B の集合 S についての質問に対する A の回答が整数 i と**合致しない**とは，回答が「はい」かつ $i \notin S$ であるか，回答が「いいえ」かつ $i \in S$ であることをいうものとする.

1. B が x を含む大きさ m の集合 T を特定したと仮定する. この仮定は，ゲームの開始時には，$m = N$，$T = \{1, 2, \cdots, N\}$ に対してみたされている. $m > 2^k$ のとき，B は x と確実に異なる $y \in T$ を 1 つ見つけることができることを示そう. その手順を繰り返すことによって，B は T の大きさを $2^k \, (\leq n)$ 以下にすることができ，勝つことができる.

集合 T はその大きさだけが関係するので，$T = \{0, 1, \cdots, 2^k-1, 2^k, \cdots, m-1\}$ と仮定してよい. B はまず $S = \{2^k\}$ とした質問を繰り返し行う. もし A が $k+1$ 回連続で「いいえ」と答えたならば，そのうち少なくとも 1 回の回答が真実であることから，$x \neq 2^k$ がわかる. そうでない場合，A が「はい」と答えた時点で B は $S = \{2^k\}$ という質問を止める. 続いて B は，各 $j = 1, 2, \cdots, k$ に対して，S として「2 進表記で下から j 桁目が 0 である整数の集合」を指定し質問をする. すると，A がこの k 回の質問にどのように答えても，k 回の回答のいずれにも合致

しない整数 $y \in \{0, 1, \cdots, 2^k - 1\}$ が 1 つ存在する．さらに，y はこの k 回の直前の $S = \{2^k\}$ とした質問への「はい」という回答にも一致しないため，$x \neq y$ がわかる．

以上により，いずれの場合でも，B は T に属する x でない整数を 1 つ特定することができることがわかり，題意は示された．

2. λ を $1 < \lambda < 2$ をみたす実数とする．$n = \lfloor (2 - \lambda)\lambda^{k+1} \rfloor - 1$ に対して，A は B が勝つことを防げることを示す．

λ を $1.99 < \lambda < 2$ をみたすようにとれば，十分大きい k に対して，

$$n = \lfloor (2 - \lambda)\lambda^{k+1} \rfloor - 1 \geq 1.99^k$$

であるから，証明が完結する．

A の戦略を述べる．まず，$N = n + 1$ とし，$x \in \{1, 2, \cdots, n+1\}$ を任意に選ぶ．A は各回答後，各 $i = 1, 2, \cdots, n+1$ について，その時点で直近のちょうど t_i 回の質問への回答が i と合致しないとしたとき，

$$\phi = \sum_{i=1}^{n+1} \lambda^{t_i}$$

という量を考える．B の各質問に対し，A は回答後の新しい ϕ の値が最小になるように回答する．

この戦略により，つねに $\phi < \lambda^{k+1}$ が保たれることを示す．ゲーム開始時においてはどの i についても $t_i = 0$ なので，

$$\phi = \sum_{i=1}^{n+1} 1 = n + 1 \leq (2 - \lambda)\lambda^{k+1} < \lambda^{k+1}$$

であるからよい．ある時点で $\phi < \lambda^{k+1}$ が成り立っているとし，次に B が集合 S について質問したとする．A が「はい」または「いいえ」のいずれで答えるかによって，新しい ϕ の値は次のようになる：

$$\phi_1 = \sum_{i \in S} 1 + \sum_{i \notin S} \lambda^{t_i+1} \quad \text{または} \quad \phi_2 = \sum_{i \in S} \lambda^{t_i+1} + \sum_{i \notin S} 1$$

となる．すると，

$$\min\{\phi_1, \phi_2\} \leq \frac{1}{2}(\phi_1 + \phi_2)$$
$$= \frac{1}{2}\left(\sum_{i \in S}(1 + \lambda^{t_i+1}) + \sum_{i \notin S}(\lambda^{t_i+1} + 1) \right)$$

$$= \frac{1}{2}(\lambda\phi + n + 1)$$

$$< \frac{1}{2}(\lambda^{k+2} + (2-\lambda)\lambda^{k+1})$$

$$= \lambda^{k+1}$$

であるから，新しい ϕ の値も λ^{k+1} 未満であることが示された．

$\phi < \lambda^{k+1}$ であることから，任意の i に対して，$t_i < k+1$ が保たれることがわかる．すなわち，任意の i に対して，A は i と合致しない回答を高々 k 回までしか連続で行わないことになる．特に $i = x$ に対してもそうであるから，A は高々 k 回までしか連続して嘘をつかないので，この戦略はルールに反さない．この戦略は x に一切依存しないので，B は x についての推論を行うことができず，勝つことはできない．

2. 任意の正の整数 k について A 君が勝つことができることを示す．

A 君が印を付ける位置を直線 $x + y = 2^{k+1}k$ 上の点のみに制限する．また，A 君が行動において印を付けないことを認める．このとき，A 君がうまく行動することで，B 君の行動に依らず，駒が $x + y = 2^{k+1}k$ 上に移動することがないようにできることを示せばよい．

$ik \le x + y < (i+1)k$ の領域を I_i とする．駒が I_i にあるとき，次の B 君の行動後に駒は I_i または I_{i+1} にある．よって，駒が $x + y = 2^{k+1}k$ 上に辿り着くためには，各 $i\,(i = 1, 2, \cdots, 2^{k+1})$ について，I_i に駒がある状態で 1 回以上 B 君の行動が終わらなければならない．駒が $I_{2^{k+1}-2^s}$ に初めて辿り着いた後の最初の A 君の行動までをフェイズ s とよぶことにする（$s = k+1, k, \cdots, 2$）．

フェイズ s について考える．駒が B 君の行動の途中または最後に $x + y = (2^{k+1} - 2^s + t)k$ 上の点 (x', y') に移動したとき，

$$X_{s,t} = \{(x,y) \mid x + y = 2^{k+1}k,\ (2^{s-1} - t)k + x' \le x \le 2^{s-1}k + x'\}$$

とする（$t = 1, 2, \cdots, 2^{s-1}$）．$X_{s,1} \subset X_{s,2} \subset \cdots \subset X_{s,2^{s-1}}$ であることは容易に確かめられる．

h_s を $0 \le h_s < k$ をみたす整数とする．このとき，$X_{s,t}$ の元のうち $x \equiv h_s \pmod{k}$ なるものは t 個または $t+1$ 個である（$t+1$ 個であるのは $2^{s-1}k + x' \equiv h_s \pmod{k}$ のときのみである）．

ここで，A 君の戦略を次のように定める：

駒が $I_{2^{k+1}-2^k+t}$ に初めて辿り着いたときに, $X_{s,t}$ の元のうち $x \equiv h_s \pmod{k}$ なるものであって, 印が付いていないものがあればそれに印を付ける.

　ただし, そのようなものが 2 つ以上あるときは

$$((2^{s-1}-t)k+x', (2^{k+1}-2^{s-1}+t)k-x') \text{ か } (2^{s-1}k+x', (2^{k+1}-2^{s-1})k-x')$$

のどちらかに印が付いていないようにする.

　それ以外の場合は印を付けない.

このようにすることで, A 君の行動直後は $X_{s,t}$ の元であって, $x \equiv h_s \pmod{k}$ なるもののうち t 個以上に印が付いている状態を維持できることが, t に関する帰納法で容易に示せる. さらに, $X_{s,t}$ の元であって, $x \equiv h_s \pmod{k}$ なるもので印が付いていないものがあるならば, それは $((2^{s-1}-t)k+x', (2^{k+1}-2^{s-1}+t)k-x')$ か $(2^{s-1}k + x', (2^{k+1} - 2^{s-1})k - x')$ であることも同様に帰納法で示せる.

$X_{s,2^{s-1}}$ とは, 駒が $x+y = (2^{k+1}-2^{s-1})k$ 上に辿り着いた時点から, 印を無視して移動した場合に辿り着ける $x+y = 2^{k+1}k$ 上の点全体である. よって,

$$X_{k+1,2^k} \supset X_{k,2^{k-1}} \supset \cdots \supset X_{2,2}$$

が成立するので, 上記の戦略を各フェイズ $s\,(s = k+1, k, \cdots, 2)$ において, h_s がすべて異なるようにして行うことで, フェイズ 2 の終了後には $X_{2,2}$ の元のうち印が付いていないものは高々 1 つになる. このとき, 駒が辿り着くことができる $x+y = 2^{k+1}k$ 上の点は, $X_{2,2}$ の元のみであり, 駒は $I_{s^{k+1}-2}$ にあるため, $x+y = 2^{k+1}k$ 上に駒を移動させるには B 君は少なくとも 2 回行動する必要がある. よって, A 君は少なくともあと 1 回は行動できるため, $X_{2,2}$ の元のうち印が付いていないものがあればそれに印を付けることで B 君は駒を $x+y = 2^{k+1}k$ 上に移動させることは不可能になる. よって, 証明が完了した.

3. 2 つの補題を用意する.

補題 1　$1 \le i \le n$, $0 \le x \le n-1$ に対し, 操作 i で番号 x のカードがひっくり返されるならば,

$$\left\lceil \frac{i(x+1)}{n} \right\rceil - \left\lceil \frac{ix}{n} \right\rceil = 1$$

であり, そうでなければ,

$$\left\lceil \frac{i(x+1)}{n} \right\rceil - \left\lceil \frac{ix}{n} \right\rceil = 0$$

である.

証明 $\dfrac{i(x+1)}{n} - \dfrac{ix}{n} = \dfrac{i}{n}$ であり，これは 0 以上 1 以下なので，$\left\lceil \dfrac{i(x+1)}{n} \right\rceil - \left\lceil \dfrac{ix}{n} \right\rceil$ は 0 か 1 であることに注意する.

操作 i で番号 x のカードがひっくり返される

$$\iff \quad \left\lfloor \frac{nj}{i} \right\rfloor = x \text{ となる非負整数 } j \text{ が存在する}$$

$$\iff \quad x \leq \frac{nj}{i} < x+1 \text{ となる非負整数 } j \text{ が存在する}$$

$$\iff \quad \frac{ix}{n} \leq j < \frac{i(x+1)}{n} \text{ となる非負整数 } j \text{ が存在する} \qquad (*)$$

が成り立つ.

一般に，非負実数 r に対し，r 未満の非負整数は $\lceil r \rceil$ 個存在するので，$0 \leq r < s$ のとき，r 以上 s 未満の非負整数は $\lceil s \rceil - \lceil r \rceil$ 個存在する. よって，$(*)$ は $\left\lceil \dfrac{i(x+1)}{n} \right\rceil - \left\lceil \dfrac{ix}{n} \right\rceil > 0$ と同値であり，これと証明冒頭の注意から，主張が示された. ∎

$1 \leq i \leq n-1$ に対し，操作 i と操作 $n-i$ を続けて行うという操作を，操作 $(i, n-i)$ とよぶことにする.

補題 2 操作 $(i, n-i)$ の前後でカード x の向きが逆になる
$$\iff \quad \frac{i(x+1)}{n}, \ \frac{ix}{n} \text{ はいずれも整数でない.}$$

証明 一般に，$r + s$ が整数になるような実数 r, s に対し，

$$\lceil r \rceil + \lceil s \rceil = \begin{cases} r + s & \text{if } r \in \mathbb{Z} \\ r + s + 1 & \text{if } r \notin \mathbb{Z} \end{cases}$$

が成り立つことに注意する.

補題 1 より,

操作 $(i, n-i)$ の前後でカード x の向きが逆になる

$$\Longleftrightarrow \left(\left\lceil \frac{i(x+1)}{n} \right\rceil - \left\lceil \frac{ix}{n} \right\rceil\right) + \left(\left\lceil \frac{(n-i)(x+1)}{n} \right\rceil - \left\lceil \frac{(n-i)x}{n} \right\rceil\right) = 1$$

$$\Longleftrightarrow \left(\left\lceil \frac{i(x+1)}{n} \right\rceil + \left\lceil \frac{(n-i)(x+1)}{n} \right\rceil\right) - \left(\left\lceil \frac{ix}{n} \right\rceil + \left\lceil \frac{(n-i)x}{n} \right\rceil\right) = 1$$

$$(**)$$

が成り立つ. 上の注意より,

$$\left\lceil \frac{i(x+1)}{n} \right\rceil + \left\lceil \frac{(n-i)(x+1)}{n} \right\rceil = \begin{cases} x+1 & \text{if} \quad \dfrac{i(x+1)}{n} \in \mathbb{Z} \\ x+2 & \text{if} \quad \dfrac{i(x+1)}{n} \notin \mathbb{Z}, \end{cases}$$

$$\left\lceil \frac{ix}{n} \right\rceil + \left\lceil \frac{(n-i)x}{n} \right\rceil = \begin{cases} x & \text{if} \quad \dfrac{ix}{n} \in \mathbb{Z} \\ x+1 & \text{if} \quad \dfrac{ix}{n} \notin \mathbb{Z} \end{cases}$$

が成り立つので,

$$(**) \iff \frac{i(x+1)}{n}, \frac{ix}{n} \text{ がともに整数であるかともに整数でない}$$

となる. $\dfrac{i(x+1)}{n} - \dfrac{ix}{n} = \dfrac{i}{n}$ は整数でないので, $\dfrac{i(x+1)}{n}, \dfrac{ix}{n}$ がともに整数になることはない. よって, 主張が示された. ∎

$$\frac{ix}{n} \text{ が整数} \iff x \text{ が } \frac{n}{\gcd(i,n)} \text{ の倍数}$$

$$(\text{ただし, } \gcd(i,n) \text{ は } i \text{ と } n \text{ の最大公約数})$$

だから, 補題 2 より,

操作 $(i, n-i)$ の前後でカード x の向きが逆になる

$$\iff x \text{ も } x+1 \text{ も } \frac{n}{\gcd(i,n)} \text{ の倍数でない} \tag{***}$$

がわかる.

操作 $1, 2, \cdots, 2013$ はどのような順番で行っても結果が変わらないことに注意すると, 操作 $(1, 2012)$, 操作 $(2, 2011)$, $\cdots$, 操作 $(1006, 1007)$ および操作 2013

を任意の順番で行ったとみなしてよい.

$2013 = 3 \times 11 \times 61$ より, $i = 1, 2, \cdots, 2012$ のうちで,

$$\gcd(i, 2013) = 1 \text{ となるものは } (3-1)(11-1)(61-1) = 1200 \text{ 個,}$$
$$\gcd(i, 2013) = 3 \text{ となるものは } (11-1)(61-1) = 600 \text{ 個,}$$
$$\gcd(i, 2013) = 11 \text{ となるものは } (3-1)(61-1) = 120 \text{ 個,}$$
$$\gcd(i, 2013) = 61 \text{ となるものは } (3-1)(11-1) = 20 \text{ 個,}$$
$$\gcd(i, 2013) = 3 \times 11 \text{ となるものは } 61-1 = 60 \text{ 個,}$$
$$\gcd(i, 2013) = 3 \times 61 \text{ となるものは } 11-1 = 10 \text{ 個,}$$
$$\gcd(i, 2013) = 11 \times 61 \text{ となるものは } 3-1 = 2 \text{ 個}$$

存在する. $\gcd(i, 2013) = \gcd(2013-i, 2013)$ であるから, $i = 1, 2, \cdots, 1006$ のうちでは, それぞれ, 上の半分の $600, 300, 60, 10, 30, 5, 1$ 個存在する. 特に, $i = 1, 2, \cdots, 1006$ のうち, $\gcd(i, 2013) = 3 \times 61, 11 \times 61$ となるものは奇数個, それ以外の値となるものは偶数個ずつ存在する. (***) より, $\gcd(i, 2013)$ が同じであるような偶数個の i について操作 $(i, 2013-i)$ を行うと元の状態に戻るので, 結局,

(a) $\gcd(i, 2013) = 3 \times 61$ となる i に対応する操作 $(i, 2013-i)$,

(b) $\gcd(i, 2013) = 11 \times 61$ となる i に対応する操作 $(i, 2013-i)$,

(c) 操作 2013

を 1 回ずつ行った結果を求めればよい.

(***) より, 操作 (a) では, 番号を 11 で割った余りが $1, 2, \cdots, 9$ であるようなカードの向きが, 操作 (b) では, 番号を 3 で割った余りが 1 であるようなカードの向きが逆になる. よって, 中国の剰余の定理より, 操作 (a) と (b) を行った後で裏向きになっているカードは $9 \times 1 + (11-9) \times (3-1) = 793$ 枚ある. 操作 (c) ではすべてのカードの向きが逆になるので, 結局, すべての操作が終わったときに表向きになっているカードの枚数は **793** である.

> 注　中国の剰余の定理については, 例えば『初等整数パーフェクト・マスター』（日本評論社, 2016）の第 14 章を参照されたい.

索引

鈴木晋一 (すずき・しんいち)

略歴

1941 年　北海道釧路市に生まれる.

1965 年　早稲田大学理工学部数学科を卒業.

1967 年　早稲田大学大学院理工学研究科を修了.
　　　　　その後, 上智大学, 神戸大学を経て, 早稲田大学教育学部教授.

2011 年　早稲田大学を定年退職. 名誉教授.
　　　　　理学博士. 専門はトポロジー.

現　　在　公益財団法人数学オリンピック財団理事. 2014 年 6 月—2018 年 6 月　理事長.

主な著書・訳書

『曲面の線形トポロジー』上下, 槙書店, 1986 年-1987 年.

『結び目理論入門』サイエンス社, 1991 年.

N. ハーツフィールド, G. リンゲル『グラフ理論入門』サイエンス社, 1992 年.

『幾何の世界』朝倉書店, 2001 年.

『集合と位相への入門——ユークリッド空間の位相』サイエンス社, 2003 年.

『位相入門——距離空間と位相空間』サイエンス社, 2004 年.

『理工基礎 演習 集合と位相』サイエンス社, 2005 年.

『数学教材としてのグラフ理論』編著, 学文社, 2012 年.

『平面幾何パーフェクト・マスター』編著, 日本評論社, 2015 年.

『初等整数パーフェクト・マスター』編著, 日本評論社, 2016 年.

『代数・解析パーフェクト・マスター』編著, 日本評論社, 2017 年.

など.

組合せ論パーフェクト・マスター —— めざせ, 数学オリンピック

2019 年 1 月 25 日　第 1 版第 1 刷発行

編著者……………………鈴木晋一 ©

発行所……………………株式会社 日本評論社
　　　　　　　　　　　〒170–8474 東京都豊島区南大塚 3–12–4
　　　　　　　　　　　TEL：03–3987–8621［販売］　　https://www.nippyo.co.jp/

企画・制作………………亀書房［代表：亀井哲治郎］
　　　　　　　　　　　〒264–0032 千葉市若葉区みつわ台 5–3–13–2
　　　　　　　　　　　TEL & FAX：043–255–5676　　E-mail：kame-shobo@nifty.com

印刷所……………………三美印刷株式会社

製本所……………………株式会社難波製本

装　訂……………………銀山宏子

組版・図版………………亀書房編集室

ISBN 978–4–535–79820–5　　Printed in Japan